Curt Agte · Rudolf Kohlermann · Ernst Heymel

SCHNEIDKERAMIK

CURT AGTE · RUDOLF KOHLERMANN · ERNST HEYMEL

SCHNEIDKERAMIK

Herstellung,

Eigenschaften und Anwendung

Mit 158 Abbildungen und 42 Tabellen

AKADEMIE-VERLAG · BERLIN
1959

Erschienen im Akademie-Verlag GmbH, Berlin W 8, Mohrenstr. 39
Lizenz-Nr. 202 • 100/641/59

Gesamtherstellung: VEB Druckerei „Thomas Müntzer" Bad Langensalza
Bestell- und Verlagsnummer: 5335
Printed in Germany
ES 20 G 3

VORWORT

In den letzten Jahren ist in verschiedenen Industriestaaten ein neuer Hochleistungs-Schneidwerkstoff geschaffen worden, der in der jüngsten Vergangenheit zu einer so wesentlichen Vollkommenheit entwickelt wurde, daß er in der nächsten Zukunft eine breite Anwendung in der Zerspanungstechnik finden wird. Die wirtschaftliche Auswirkung, die die Einführung des neuen Schneidwerkstoffes in der spanabhebenden Bearbeitung metallischer und nichtmetallischer Werkstoffe haben wird, kann derzeit in vollem Umfange noch nicht übersehen werden. Sicher ist aber, daß dadurch auf dem Sektor der Zerspanungstechnik eine entscheidende Umwälzung stattfindet, die auch die zukünftige Entwicklung des Werkzeugmaschinenbaues stark beeinflussen wird. Es wird möglich sein, weit höhere Schnittgeschwindigkeiten, als sie bisher üblich waren, zur Anwendung zu bringen. Dadurch wird die Wirtschaftlichkeit der Bearbeitungsverfahren zwar nicht in allen Fällen, so doch aber zum mindesten beim Schlichten stark, teilweise um ein vielfaches, erhöht.

Das neue Schneidmaterial gehört seinen Eigenschaften und seiner Zusammensetzung nach nicht mehr zu den metallischen, sondern zu den „keramischen" Werkstoffen. Aus diesem Grunde hat sich dafür der Begriff „Schneidkeramik" eingebürgert.

Die Schneidkeramik, in ihren verschiedenen Sorten und Abarten, steht zweifellos zur Zeit im Brennpunkt des Interesses der Zerspanungstechniker, wie u. a. auch die im Herbst 1957 in Leipzig durchgeführte Technologenschau der Deutschen Demokratischen Republik bewiesen hat. Sie stellt eine echte Weiterentwicklung der derzeit bekannten Hochleistungs-Schneidwerkstoffe und das augenblickliche Endglied des bisher erreichten Fortschrittes dar.

Trotz der in kurzer Zeit lawinenartig angeschwollenen in- und ausländischen Literatur über diesen Gegenstand fehlt bisher eine zusammenfassende Darstellung über den erreichten Entwicklungsstand und das Anwendungsgebiet der Schneidkeramik, das sich inzwischen herausgeschält hat. Das vorliegende Buch versucht, diese Lücke zu schließen. Es darf daher angenommen werden, daß es ein breiteres Interesse finden wird, und zwar nicht nur auf der Erzeugungsseite, sondern in noch stärkerem Maße bei den Anwendern des neuen Schneidwerkstoffes. Es darf jedoch dabei nicht verschwiegen werden, daß die Entwicklung der Schneidkeramik noch in Fluß ist und daß weitere Fortschritte in absehbarer Zeit erwartet werden dürfen.

Die Herausgabe eines Buches „Schneidkeramik“ in der Deutschen Demokratischen Republik rechtfertigt sich zweifellos auch deswegen, weil gerade in unserem Lande eine intensive und erfolgreiche Forschung auf diesem Sektor betrieben wurde und wesentliche Erkenntnisse gesammelt werden konnten.

Das vorliegende Buch behandelt, wie aus seinem Untertitel ersichtlich ist, sowohl die Herstellung als auch die Eigenschaften und schließlich die Anwendung der Schneidkeramik. Es wird zunächst die historische Entwicklung der Schneidwerkstoffe besprochen, wie sie vor der Schaffung der Schneidkeramik verlaufen ist (Kapitel 1.00). Ausführlicher wird dann die Entwicklung behandelt, die die Schneidkeramik in den verschiedenen Ländern erfahren hat (Kapitel 2.00). Es ist verständlich, wenn dabei der Ablauf der Entwicklung in der Deutschen Demokratischen Republik eine besondere Berücksichtigung findet.

Es wird zwischen drei Hauptarten der Schneidkeramik unterschieden:

1. die oxydische Schneidkeramik mit und ohne Glasphase,
2. Verbundsysteme auf Oxyd-Metall-Basis, die unter dem Begriff „Cermets“ zusammengefaßt werden,

und schließlich

3. die Oxyd-Karbid-Keramik (Kapitel 3.00).

In einem weiteren Abschnitt (Kapitel 4.00) werden die Verfahren zur Herstellung der einzelnen Sorten der Schneidkeramik und die dazu notwendigen Einrichtungen behandelt. Dabei erwies es sich als notwendig, auf die Analogie mit der pulvermetallurgischen Herstellungstechnik der Sinterhartmetalle (normales Sinterverfahren, Druckverdichtung) näher einzugehen.

Eine breite Behandlung haben in Kapitel 5.00 die Eigenschaften der verschiedenen Sorten der Schneidkeramik erfahren, wobei im besonderen auf die mechanisch-technologischen, die physikalischen und chemischen Eigenschaften sowie auf das Verschleißverhalten näher eingegangen wurde. Dies erscheint deswegen notwendig, weil die genannten Eigenschaften im einzelnen und im gesamten maßgebend die praktische Anwendung der schneidkeramischen Erzeugnisse bestimmen. Auch hier wurde Wert darauf gelegt, die Parallelen mit den Eigenschaften der Sinterhartmetalle aufzuzeigen, da dies für die Abgrenzung der Anwendungsgebiete beider Schneidwerkstoffsorten von Bedeutung ist.

Die schlifftechnische Untersuchung der Schneidkeramik (Kapitel 6.00) stellt ein wertvolles Hilfsmittel zur Beurteilung der Güte dieses Schneidwerkstoffes dar.

Die Besonderheiten der Schneidkeramik machten es erforderlich, ausführlich die zerspanungstechnischen Grundlagen dieses Schneidwerkstoffes zu behandeln (Kapitel 7.00), da diese in mancherlei Beziehung von den z. B. bei Sinterhartmetallen gewonnenen Erkenntnissen abweichen und für die Anwendung der Schneidkeramik von entscheidender Bedeutung sind. Es wurde daher im einzelnen auf den Einfluß der verschiedenen Zerspanungsgrößen, auf die Schneidengeometrie sowie auf das Verhalten bei unterbrochenem Schnitt eingegangen.

In einem weiteren Abschnitt (8.00) wird die Herstellung von Werkzeugen mit Schneidkeramikplatten erörtert. Hierzu gehört die Befestigung der Schneidplatten auf Werkzeugträgern oder in Drehstahlhaltern sowie das Schleifen der Keramikplatten. Letzteres ist trotz der Bestrebungen, sogenannte „Wegwerfplatten" zum Einsatz zu bringen, die im allgemeinen von den Erzeugern geschliffen werden, für den Anwender nicht unwichtig.

Eine wesentliche Bedeutung für den Einsatz der Schneidkeramik haben zweifellos die Ausführungen in Kapitel 9.00 über die Anwendung bei der Bearbeitung der verschiedenen Werkstoffe und bei den wichtigsten Zerspanungsverfahren (Drehen, Fräsen usw.).

Die Bedeutung der Schneidkeramik liegt nicht allein in ihrer gegenüber anderen Schneidwerkstoffen höheren Schneidleistung, sondern auch darin, daß zu ihrer Herstellung nur relativ geringe Mengen an devisenbelasteten Rohstoffen benötigt werden. Hierdurch und infolge des geringeren Preises der Ausgangsstoffe werden wirtschaftliche Gesichtspunkte allgemeiner Natur berührt, auf die in Kapitel 10.00 näher eingegangen wird.

Es ist klar, daß die Entwicklung der Schneidkeramik, wie schon erwähnt, wesentliche Rückwirkungen auf den Werkzeugmaschinenbau haben wird. Mit dieser Frage beschäftigt sich ein besonderer Abschnitt (Kapitel 11.00).

Am Schluß wird (in Kapitel 12.00) versucht, die voraussichtliche perspektive Entwicklung der Schneidkeramik aufzuzeigen. Ein weiteres intensives Studium läßt wesentliche Verbesserungen in der Herstellung sowie den Eigenschaften erwarten und macht eine Verbreiterung der künftigen Anwendung mehr als wahrscheinlich.

Der größte Teil der in dem vorliegenden Buch mitgeteilten umfangreichen neuen Versuchsergebnisse sind in den Laboratorien, dem Versuchsbetrieb und dem Prüffeld der Forschungsstelle des VEB Hartmetallwerk Immelborn gewonnen worden. Es ist den Verfassern eine angenehme Pflicht, allen denjenigen Kollegen und Mitarbeitern herzlich zu danken, die an den Forschungs- und Entwicklungsarbeiten beteiligt waren, die auf dem Gebiet der Schneidkeramik in Immelborn durchgeführt wurden.

An der technologischen Entwicklung der Oxyd–Karbid-Schneidkeramik war im besonderen Ing. W. Dübel maßgeblich beteiligt. Bei der Ermittlung physikalischer Eigenschaftswerte haben sich die Kollegen Ing. K. Voss und Ing. H. Warkentien verdient gemacht.

Besonders umfangreich und zeitraubend waren die im Prüffeld der Forschungsstelle durchgeführten Zerspanungsarbeiten. Wertvolle Hilfe leisteten dabei die Kollegen Ing. G. Prosch, der die Zerspanungsversuche leitete, Ing. K. Reumschüssel, der die Konstruktion der Prüfeinrichtungen und der Werkzeughalter durchführte, sowie das Dreherkollektiv des Prüffeldes.

Nicht unerwähnt soll der wesentliche Anteil an der Entwicklung der Schneidkeramik in der Deutschen Demokratischen Republik bleiben, den Herr Prof. Dr.-Ing. habil. A. RICHTER und die Mitarbeiter des Institutes für Fertigungstechnik der Technischen Hochschule Dresden, im besonderen Herr Obering. W. WOLF, gehabt haben. Den Herren Dipl.-Ing. W. RICHTER und Ing. G. KAMMERICH vom VEB Porzellanwerk Neuhaus, die die Entwicklung der „Cermetschneidkeramik" A 10 durchgeführt haben, sei für anregende Diskussionen gedankt, ebenso den in Betracht kommenden Mitarbeitern des Institutes für Technologie und Organisation, Karl-Marx-Stadt.

Dr.-Ing. CURT AGTE
Ing. ERNST HEYMEL
Ing. RUDOLF KOHLERMANN

INHALTSVERZEICHNIS

1.00 Historische Entwicklung der Schneidwerkstoffe

(C. Agte und R. Kohlermann)

Wenn man zu der Frage der Anwendung keramischer Werkstoffe für Schneidvorgänge — entsprechend dem Zweck des vorliegenden Buches — Stellung nimmt, dann erscheint es zunächst notwendig, die geschichtliche Entwicklung der modernen Schneidwerkstoffe wenigstens in großen Zügen zu schildern. Stellt doch die Schneidkeramik in ihren verschiedenen Arten und Zusammensetzungen das vorläufige Endglied einer Entwicklung dar, die die Zerspanungstechnik in den letzten 60 Jahren entscheidend und revolutionierend beeinflußt hat. Dieser Zeitraum ist zweifellos, gemessen an der sich über mehrere tausend Jahre erstreckenden Schaffung und Entwicklung metallischer und nichtmetallischer Werkstoffe, ein verschwindend kleiner. Erst mit der Einführung und Gestaltung einer ingenieur- und geistesmäßig fundierten Technik, etwa seit Mitte des vergangenen Jahrhunderts, bildete sich, geschichtlich betrachtet, der Begriff des Maschinenzeitalters heraus. Dieses hat von Grund auf das moderne Leben der Menschheit beeinflußt, gestaltet sowie umgeformt und tut es auch weiterhin in entscheidender Weise. Mit der Entstehung und Vervollkommnung der Maschinentechnik ist nicht nur die Entwicklung von Werkzeugmaschinen, sondern in ebenso starkem Maß auch diejenige der Fertigungshilfsmittel, wie der Werkzeuge und Schneidwerkstoffe, auf das engste verbunden. Diese sind bestimmend für die Geschwindigkeit und Leistung sowie zum Teil auch für die Genauigkeit des Bearbeitungsvorganges.

Der erwähnte Zusammenhang zwischen dem allgemeinen Fortschritt der Technik und dem der Werkzeugmaschinen sowie der Schneidwerkstoffe wird besonders augenfällig und deutlich, wenn man ihn, wie dies in Abb. 1 geschehen ist, in zeitlicher Ordnung veranschaulicht und gegenüberstellt. Im Gegensatz zu E. Hirschfeld [1], der früher schon eine ähnliche Darstellung gewählt hat, beschränken wir uns dabei auf die Entwicklung in den letzten 200 Jahren (also seit etwa 1760), und somit auf einen Zeitraum, der von den ersten bescheidenen Anfängen des Maschinenzeitalters bis in die jüngste Gegenwart reicht.

Betrachtet man die in Abb. 1 gegebene Übersicht, so stellt man fest, daß die Entwicklung von Werkzeug- und Bearbeitungsmaschinen als gestaltendes Element der Technik bereits etwa um das Jahr 1800 begonnen hat, daß aber von einer Schaffung hochwertiger Schneidwerkstoffe erst von dem Übergang vom 19. in das 20. Jahrhundert gesprochen werden kann.

[1] Hirschfeld, E., Hartmetalle. Schweizer Druck- und Verlagshaus A. G., Zürich 1949, S. 15 ff. sowie die 2. Ausgabe dieses Buches.

Der Geschwindigkeit des Bearbeitungsvorganges und der Zerspanungsleistung waren also zunächst durch die Eigenschaften der damals bekannten Schneidwerkstoffe Grenzen gesetzt. Erst später zwang die immer größer werdende Leistung der ständig weiterentwickelten Schneidwerkstoffe den Werkzeugmaschinenbau dazu, sich dieser Tatsache anzupassen und Maschinen höherer Leistung,

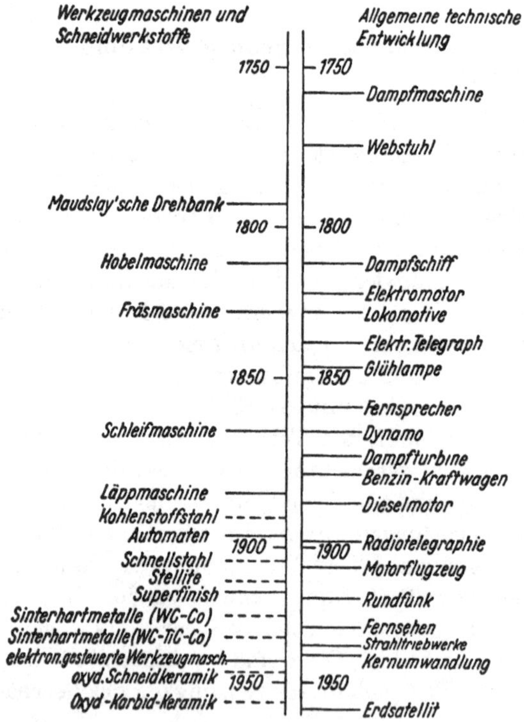

Abb. 1. Geschichtliche Entwicklung der Technik

größerer Geschwindigkeit und besserer Genauigkeit zu schaffen. Während in früheren Perioden zweifellos die Schneidwerkstoffe hinsichtlich ihrer Leistung hinter der Entwicklung des Maschinenparkes zurückgeblieben waren, ist heute der Umstand zu verzeichnen, daß mit der Einführung der Hartmetalle, und vor allem der Schneidkeramik, die Schneidwerkstoffe einen Vorsprung gegenüber den Bearbeitungsmaschinen aufweisen. Dabei hat sich die Entwicklung von Werkzeugmaschinen einerseits und von Werkzeugen sowie Schneidwerkstoffen andererseits gegenseitig befruchtet und gefördert.

Zu Beginn der Zerspannngstechnik konnte man kaum von einer Schnittgeschwindigkeit sprechen. Der bis zur Jahrhundertwende ausschließlich benutzte Kohlenstoffstahl (Tiegelstahl) ließ nur Schnittgeschwindigkeiten von wenigen m/min beim Einsatz der Drehwerkzeuge zu. Erst die Einführung der höher legierten Werkzeugstähle und später des Schnellstahls um 1900 durch F. W. Taylor und M. White ermöglichte eine entscheidende Erhöhung der Schnittgeschwindigkeit auf 20 bis 40 m/min beim Drehen. Eine weitere Verbesserung brachte die Entwicklung erschmolzener Stellite durch E. HAYNES 1909 mit sich. Diese Schneidwerkstoffe haben aber in der Zerspanungstechnik keine größere Anwendung gefunden. Sie wurden bereits etwa 1922 durch die gesinterten, auf Karbidbasis aufgebauten Hartmetallegierungen des Systems WC–Co [2] in ihrer Leistung entscheidend überholt. Die Sinterhartmetalle, die zunächst nur für die Bearbeitung kurzspanender Werkstoffe, wie Guß, wirtschaftlich in Betracht kamen, brachten den für die moderne Zerspanungstechnik entscheidenden Fortschritt. Die Entwicklung von gesinterten Hartmetallegierungen des Systems WC–TiC–Co [3], bei denen mehrere Schwermetallkarbide in Form von Mischkristallen Verwendung fanden, führten zu sehr beachtlichen Leistungserhöhungen bei der Bearbeitung von langspanenden Werkstoffen, wie Stählen der verschiedensten Art und Zusammensetzung, durch die die anwendbare Schnittgeschwindigkeit auf 100 m/min und mehr gesteigert werden konnte.

Ebenso wie die Schnellstähle haben auch die Sinterhartmetalle im Laufe der letzten 20 Jahre eine ständige Weiterentwicklung und Verbesserung erfahren. Hierauf soll jedoch nicht näher eingegangen werden, da — neben zahlreichen Veröffentlichungen, die in die Tausende gehen — ausführliche Sammeldarstellungen über dieses Spezialgebiet vorliegen, von denen die wertvollste die bekannte Monographie „Hartstoffe und Hartmetalle" von R. KIEFFER und P. SCHWARZKOPF [4, 5, 6] sein dürfte.

Ein weiterer entscheidender Schritt, dessen Tragweite und Bedeutung für die Zerspanungstechnik erst in den kommenden Jahren in vollem Umfange abzusehen sein dürfte, wurde mit der Entwicklung der sogenannten Schneidkeramik getan. Auf die geschichtliche Entwicklung, die diese neue Gattung von Schneidwerkstoffen durchgemacht hat, wird in einem besonderen Kapitel (2.00) näher eingegangen. Hier sei zunächst nur vermerkt, daß die Einführung dieser neuen Schneidwerkstoffe zu einer weiteren, und zwar erheblichen Erhöhung der Schnittgeschwindigkeit in der Zerspanung geführt hat.

Über die Steigerung der Schneidleistung, die beim Drehen von Stahl durch Einsatz der neuentwickelten Schneidwerkstoffe seit dem Jahre 1900 erreicht werden konnte, gibt Abb. 2 auf Grund einer Darstellung von F. RAPATZ, H. POLLACK und J. HOLZBERGER [7] in überzeugender Weise Aufschluß. Noch eindeutiger zeigt sich der auf dem Zerspanungssektor erzielte Fortschritt in einem Schaubild von H. LAUSSMANN [8] (Abb. 3).

---

[2] SCHRÖTER, K., DRP 420 689 (1923), DRP 434 527 (1925) u. weitere.

[3] AGTE, C., SCHRÖTER, K., MOERS, K., WOLFF, H., DRP 622 347 (1931).

[4] KIEFFER, R. und SCHWARZKOPF, P., Hartstoffe und Hartmetalle. Springer-Verlag Wien (1953); vgl. auch die Monographie von

[5] AGTE, C. und PETRDLÍK, R., Tvrdékovy, Prace, Praha 1951, sowie

[6] das Buch von AGTE, C. und BECKER, K., Hartmetallwerkzeuge, Verlag Chemie G. m. b. H. Berlin (1937) 2. Auflage.

[7] RAPATZ, F., POLLACK, H. und HOLZBERGER, J., „Stahl und Eisen", 58, 265 (1938).

[8] LAUSSMANN, H., Vortrag Berlin 1951.

Bei den Verhältnissen der Abb. 3 ist die Zerspanung von SM-Stahl einer Festigkeit von 90 bis 100 kg/mm² zugrunde gelegt ($a = 5$ mm, $s = 1{,}1$ mm/U,

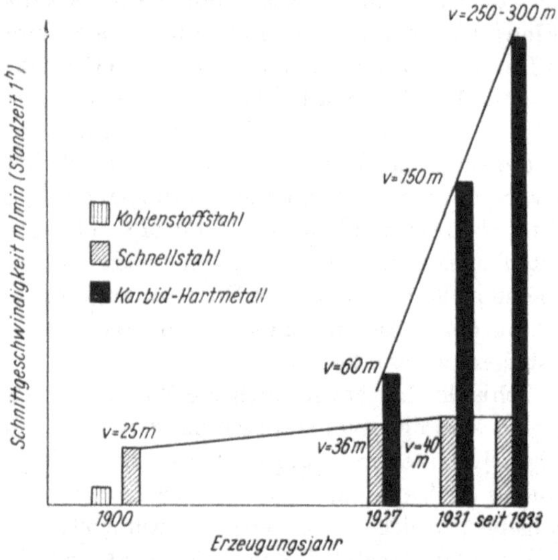

Abb. 2. Die Steigerung der Schnittgeschwindigkeit beim Drehen von Stahl seit dem Jahre 1900 (nach F. Rapatz, H. Pollack und J. Holzberger)

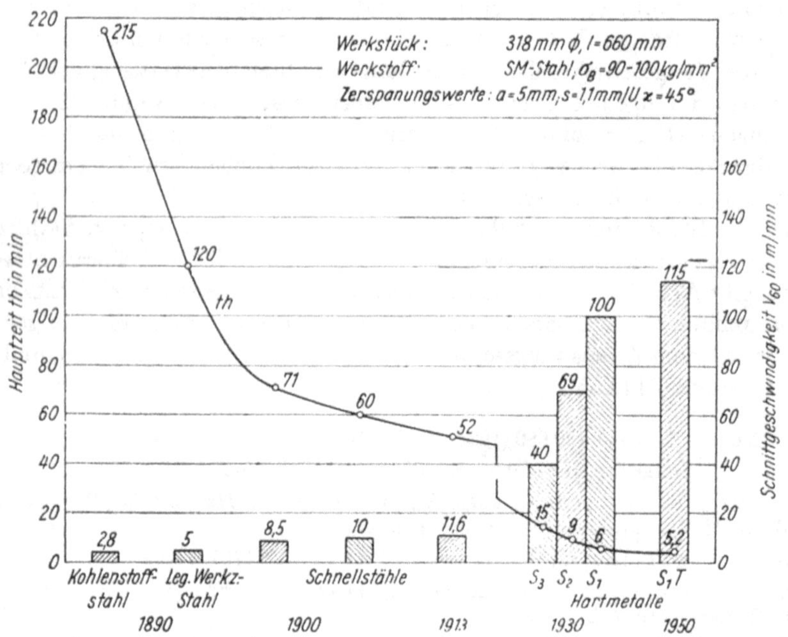

Abb. 3. Steigerung der Schnittgeschwindigkeit, bzw. Senkung der Hauptzeit (reine Schnittzeit) im Verlauf der Entwicklung der Schneidwerkstoffe (nach H. Laussmann)

$\varkappa = 45°$). Es ist daraus zu entnehmen, in welch starkem Maße sich im Laufe der Zeit die Hauptzeit (reine Schnittzeit) geändert hat. Beim Einsatz von Hartmetallen ist die Bearbeitungszeit im Vergleich zu Schnellarbeitsstahl auf rund $^1/_{10}$ gefallen. Bei der Anwendung von Schneidkeramik (in der Abbildung nicht eingezeichnet) sind die möglichen Einsparungen noch wesentlich größer, da bei der Zerspanung von Stahl C 60 in diesem Fall Schnittgeschwindigkeiten von 250 m/min und mehr in Betracht kommen.

In Tabelle 1 sind die wesentlichsten Entwicklungen, die die Schneidwerkstoffe im Laufe ihrer geschichtlichen Entwicklung erfahren haben, in Form einer Übersicht zusammengefaßt.

Wie sich der Gefügeaufbau der Schneidwerkstoffe im Laufe der Entwicklung von den Stählen (C-Stähle, legierte Stähle, Schnellarbeitsstähle) über die Stellite

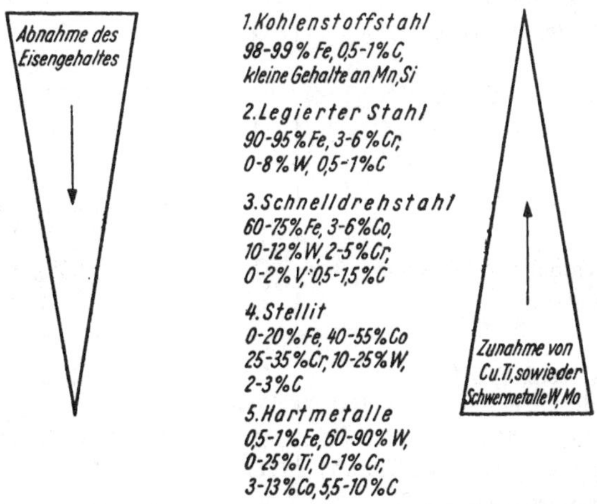

Abb. 4. Zunahme des Schwermetallkarbidgehaltes auf Kosten des Eisenanteils im Laufe der geschichtlichen Entwicklung der Schneidwerkstoffe (nach R. Kieffer und P. Schwarzkopf)

zu den Sinterhartmetallen geändert hat, ist schematisch in Abb. 4 dargestellt. Der Anteil der Schwermetallkarbide, welche die Träger der Härte und der Schneidhaltigkeit sind, wächst in dem Maße, wie der Gehalt an Eisenmetallen fällt.

In den legierten Stählen ist der Anteil an Schwermetallkarbiden noch relativ gering. In den Schnellarbeitsstählen ist er bereits höher und in den Stelliten noch größer. Bei den Sinterhartmetallen besteht der überwiegende Anteil der Legierungen aus harten Karbiden von Schwermetallen der 4., 5. und 6. Gruppe des periodischen Systems.

Diese hier gekennzeichnete Entwicklung auf dem Gebiete der Schneidwerkstoffe, die bis zu den Sinterhartmetallen führt, wird beim Übergang zur Schneidkeramik in zweierlei Beziehung unterbrochen. An Stelle der Schwermetallkarbide tritt einerseits ein anderer, noch härterer, und zwar ein oxydischer Hartstoff (meist Al_2O_3). Der Anteil an metallischem Binder andererseits verschwindet meist ganz oder bis auf einen — bei den „Cermets" — relativ geringen Gehat. Die Bindung

Tabelle 1

Übersicht über die wichtigsten Stadien der geschichtlichen Entwicklung von Schneidwerkstoffen
(Stähle und Hartmetalle nach R. Kieffer und P. Schwarzkopf)

Jahr	Schneidwerkstoff	Bemerkungen (Legierungselemente)
bis 1894	Kohlenstoffstahl (Tiegelstahl	C-Gehalt 1,0–1,5%
bis 1900	selbsthärtender Stahl (Mushet-Stahl)	C 2,0 – 2,2% Mn 1,5– 2,5% Si 1,0 – 1,1% W 5,0– 5,5%
1900	erste Schnellarbeitsstähle	C 1,8 – 1,9% Cr 4,0– 5,5% W ca. 8%
1906–1913	verbesserte Schnell- arbeitsstähle	C 0,65– 0,8% Cr 4,0– 5,5% W 16 –21 % V 0,3– 1,2%
1909–1914	Stellite	C 1,5 – 3,0% Cr 20 –35 % W 10 –25 % Co 40 –55 %
1914	geschmolzene Wolfram- karbide	C 4,0 – 4,5% Cr 0 –10 % Fe 1 – 3 % Rest W
1922	Gesinterte WC–Co- Legierungen (erstes Widia)	C 5,5 – 6,0% Co 3,5–12 % Rest W
1929	Gesinterte Mo_2C–TiC–Ni- Legierungen (erstes Titanit)	C 9 –11 % Mo 35 –40 % Ti 35 –40 % Ni 8 –15 %
1930	Gesinterte TaC–Ni–Co- Legierungen (Ramet)	C 5,5 – 6 % Ta 60 –86 % Ni–Co 8 –13 %
1931	Gesinterte WC–TiC–Co- Legierungen (Widia X)	C 6,5 – 7,5% W 77 –82 % Co 5 – 6 % Ti 6 – 8 %
1932	Gesinterte WC–TiC–TaC- Co-Legierungen (Firthite)	C 5,5 –10 % W 33 –75 % Ta 5 –42 % Co 1 –30 % Ti 0,5 –24 %
	WC–Co-Sinterhartmetalle	C 4 – 6 % W 66 –90 % Co 5 –30 %
heute	WC–TiC–Co-Sinterhart- metalle	C 6 –10 % W 53 –83 % Co 5 –18 % Ti 1,5–34 %
	WC–TiC–TaC(NbC)–Co- Sinterhartmetalle	C 6 –10 % W 50 –73 % Ta(Nb) 2 – 9,5% Ti 3 –34 %
1938	Erste Oxydkeramik	Al_2O_3
1954	Erste Cermet-Keramik	Mo(Cr) 2 –10 % Rest Al_2O_3
1955	Erste Oxyd–Karbid-Keramik	Schwermetallkarbide 20–40% Rest Al_2O_3

der harten Oxydkörner untereinander wird, wie später noch näher ausgeführt wird, auf andere Weise zu erreichen versucht. In jüngster Zeit sind einige Keramiksorten für Schneidzwecke entwickelt worden, bei denen als harte Bestandteile Kombinationen von Oxyden (Al_2O_3) mit einem oder mehreren Schwermetallkarbiden Verwendung finden.

Ein sehr weitgehendes gemeinsames Merkmal besteht in den Verfahren, die zur Herstellung von Platten aus Sinterhartmetallen und aus Schneidkeramik angewendet werden. In beiden Fällen kommen „keramische" Erzeugungsverfahren zur Anwendung, da die pulvermetallurgische — früher auch „metallkeramisch" genannte — Verfahrenstechnik der Sinterhartmetalle weitgehend identisch mit der klassischen keramischen Erzeugungsmethode ist, auf jeden Fall aber große Gemeinsamkeit mit dieser aufweist.

Der Abschnitt über die geschichtliche Entwicklung der modernen Schneidwerkstoffe kann nicht abgeschlossen werden, ohne wenigstens kurz auf eine in den letzten Jahren in Erscheinung getretene, bemerkenswerte Tendenz auf dem Gebiet der Weiterentwicklung von Hartmetallen einzugehen. Diese Entwicklungsrichtung ist dadurch gekennzeichnet, die Verschleißfestigkeit von Sinterhartmetallen bei ihrer Anwendung im Schlichtschnitt weiter zu erhöhen [9]. Möglichkeiten hierzu bieten sich in verschiedenen Richtungen an. Einmal in der Schaffung hilfsmetallarmer oder hilfsmetallfreier Hartmetallegierungen [10], und zum anderen in einem Übergang von den bisherigen, auf WC- oder WC–TiC-Basis aufgebauten Hartmetallen zu solchen, bei denen der karbidische Bestandteil vorwiegend oder allein aus dem sehr verschleißfesten und relativ oxydationsbeständigen Titankarbid besteht [11, 12].

Durch die beiden genannten Maßnahmen[1]) kann man die Verschleißfestigkeit von Sondersorten des Hartmetalles ganz erheblich erhöhen, ohne daß ihre Zähigkeit wesentlich beeinträchtigt wird. Die Biegebruchfestigkeit der genannten Hartmetallegierungen liegt nur wenig unter 100 kg/mm² und übertrifft diejenige einer guten Schneidkeramik, die meist 40 kg/mm² nicht übersteigt, noch beträchtlich. Dadurch ist es möglich, die neuentwickelten Sonderqualitäten des Hartmetalles,

[1]) Hilfsmetallarme Harith-Hartmetallsorten des VEB Hartmetallwerk Immelborn (Markenbezeichnung HF 1 und HH 1) einerseits und eine auf TiC-Basis aufgebaute Harith-Hartmetallsorte HT 1 andererseits.

[9] Agte, C., Entwicklung der Hartmetalltechnik während der letzten Jahre in der Deutschen Demokratischen Republik. „Neue Hütte", 2, 537 (1957) (Vortrag auf der 1. Internationalen pulvermetallurgischen Tagung 1957 in Eisenach).

[10] Agte, C. und Kohlermann, R., Hilfsmetallarme Hartmetallegierungen. „Die Technik" 12, 686 (1957) (Vortrag auf der 1. Internationalen pulvermetallurgischen Tagung 1957 in Eisenach).

[11] Agte, C. und Wehner, R., Schneidwerkstoffe für hohe und höchste Schnittgeschwindigkeiten. „Neue Hütte" 1, 7, 421 (1955/56).

[12] Wehner, R. und Kohlermann, R., Hartmetalle auf TiC-Basis für Schneidzwecke. „Fertigungstechnik" 7, 498 (1957) (Vortrag auf der 1. Internationalen pulvermetallurgischen Tagung 1957 in Eisenach).

die eine gegenüber der Schneidkeramik höhere Zähigkeit und geringere Störanfälligkeit zeigen, bei Schnittgeschwindigkeiten einzusetzen, die den bei der Schneidkeramik benutzten nahekommen.

Schneidkeramik und Sinterhartmetalle werden wahrscheinlich in Zukunft in noch stärkerem Maß als bisher miteinander in wirtschaftlichen Wettbewerb treten. Dabei wird sich dieser Wettbewerb keineswegs auf metallische Karbide, die die Härteträger der heutigen Sinterhartmetalle sind, beschränken, sondern sich auch auf andere metallische Hartstoffe erstrecken. Als solche bieten sich nach neueren Untersuchungen vor allem Schwermetallboride — und hier im besonderen das Titandiborid TiB_2 — an, worüber kürzlich von amerikanischer Seite berichtet wurde [13]. Mit der Schaffung einer Oxyd–Karbid-Keramik ist ein Weg beschritten worden, nicht nur einen Übergang vom Sinterhartmetall zur Schneidkeramik herzustellen, sondern auch neue Schneidwerkstoffe zu erzeugen, die sich durch sehr bemerkenswerte Eigenschaften auszeichnen.

---

[13] Vgl. auch SIEBEL, H. und FLECK, R., „Industrie-Anzeiger", 273 (1957),

2.00 Geschichtliche Entwicklung der Schneidkeramik in den verschiedenen Ländern, unter besonderer Berücksichtigung derjenigen in der Deutschen Demokratischen Republik

(C. Agte und R. Kohlermann)

2.10 Allgemeine Gesichtspunkte

Im vergangenen Kapitel ist der Versuch gemacht worden, die Entwicklung der Schneidkeramik in den allgemeinen geschichtlichen Ablauf des Fortschrittes auf dem Gebiet der Schneidwerkstoffe einzuordnen. Bevor nun auf die geschichtliche Entwicklung der Schneidkeramik im besonderen eingegangen wird, ist es notwendig, zunächst einen Überblick über die technischen und wirtschaftlichen Gründe zu geben, die derartige Werkstoffe für Schneidzwecke oder als auf Verschleiß beanspruchtes Material geeignet erscheinen lassen.

In Tabelle 2 sind die physikalischen Eigenschaften einiger Härteträger (Hartstoffe), die für die Entwicklung neuer Hochleistungs-Schneidwerkstoffe von Bedeutung sind oder unter Umständen noch von praktischer Wichtigkeit werden können, zusammengestellt. Es sind dies neben hochschmelzenden Oxyden die Karbide, Nitride, Boride und Silizide hochschmelzender Metalle der 4., 5. und 6. Gruppe des periodischen Systems. Die Eigenschaften dieser Hartstoffe wurden in der Tabelle 2 in Vergleich zu denen der Hartmetalle gesetzt. Die Tabelle enthält Angaben über die Kristallgitter der einzelnen Hartstoffe, über ihren Schmelzpunkt, über ihre Wichte, ihre Druck- und Biegefestigkeit sowie über die Mikrohärte. An Stelle der Mikrohärte tritt in den Fällen, in denen die Literaturangaben nicht ausreichen oder ungenügend sind, die Härte nach Moß, die eine rohe Einteilung der Hartstoffe nach ihrer Härte ermöglicht.

Neben den Karbiden von Schwermetallen der 4., 5. und 6. Gruppe des periodischen Systems, die in der Hartmetalltechnik eine ausschlaggebende Rolle spielen und die weitgehend einen metallischen Charakter zeigen, zeichnen sich Boride und in geringerem Maße auch Nitride und Silizide der genannten Schwermetalle durch eine hohe Härte aus.

Im besonderen zeigt Titandiborid [14, 15] eine sehr hohe Härte, die derjenigen des Titankarbides überlegen ist [16]. Boride und Nitride von Schwermetallen haben jedoch bisher in der Zerspanungstechnik keine Bedeutung erlangt, sicher zum Teil dadurch bedingt, daß sie sehr spröde sind. Erst dann, wenn es gelingt,

---

[14] Hersteller: Rand Development Corp., Cleveland, vgl. auch

[15] Böhne, C., „Maschinenmarkt“, 58, 15 (1957).

[16] Benesovsky, F., „Neue Hütte“, 2, 545 (1957).

Tabelle 2

Physikalische Eigenschaften einiger Härteträger (Hartstoffe)

Werkstoff		Kristallgitter	Schmelztemperatur °C	Wichte γ kg/cm³	Druckfestigkeit σ_D kg/mm²	Biegefestigkeit σ_B kg/mm²	Mikrohärte H_V (50 g Belastung) kg/mm²
1	2	3	4	5	6	7	8
Nichtmetallische Hartstoffe	Diamant	Diam.	3750	3,52	~200	~30	8000
	B_4C	Diam.	2450	2,52	180	30	3700
	SiC	Diam.	2200	3,17	100	10	3500
Oxyde	Al_2O_3	Hex.	2050	3,95	300	~30	2500—3000
	MgO	NaCl-Typus	2800	3,57	—	—	—
	ZrO_2	—	2690	5,80	210	σ_Z=14,8	H_M=900
	BeO	Hex.	2530	3,02	80	σ_Z=14,1	H_M=2500
	ThO_2	Kubo-Oktaeder Fluorit-Typ	3050	9,70	150	σ_Z=9,8	—
Karbide hochschmelzender Metalle	TiC	NaCl-Typus	3140	4,9	—	—	3200
	ZrC	,,	3530	6,9	—	—	2600
	HfC	,,	3890	12,7	—	—	(2600)
	VC	,,	2830	5,4	—	—	2800
	NbC	,,	3500	7,8	—	—	2400
	TaC	,,	3880	14,5	—	—	1800
	Cr_3C_2	Rhomb.	1895	6,7	—	—	1300
	Mo_2C	Hex.	2690	9,2	—	—	1500
	WC	dicht gep. Hex.	2870	15,7	300	45	2400
	W_2C	Hex.	2860	17,2	200	35	(3000)
							Härte nach Moß
Nitride	TiN	NaCl-Typus	2950	5,2	—	—	8—9
	ZrN	,,	2980	6,9	—	—	8
	HfN	,,	3300	—	—	—	—
	VN	,,	2050	6,0	—	—	9
	NbN	,,	2050	8,4	—	—	8
	TaN	Hex.	3090	14,1	—	—	8
	CrN	kubisch fl. z.	—	6,1	—	—	—

Fortsetzung von Tab. 2

Werkstoff		Kristall-gitter	Schmelz-tempe-ratur °C	Wichte γ kg/cm³	Druck-festigkeit σ_D kg/mm²	Biege-festigkeit σ_B kg/mm²	Mikro-härte H_V (50g (Belastung) kg/mm²
1	2	3	4	5	6	7	8
Boride	HfB_2	Hex.	3060	11,2	—	—	—
	ZrB_2	,,	3000	5,6	—	—	2200
	TiB_2	,,	2900	4,4	—	—	3400
	TaB_2	,,	>3000	11,7	—	—	(Moß) 8
	NbB_2	,,	>3000	6,6	—	—	(Moß) 8
	W_2B	,,	2770	16,0	—	—	—
	MoB_2	,,	2250	8,0	—	—	1380
	VB_2	,,	2100	5,1	—	—	(Moß) 8–9
	CrB_2	,,	1850	5,6	—	—	1700
Silizide	$TiSi_2$	Ortho-Rhomb.	1540	4,4	—	—	870
	$ZrSi_2$	,,	1700	4,9	—	—	1030
	VSi_2	Hex.	1650	4,7	—	—	1090
	$NbSi_2$	,,	1950	5,3	—	—	1050
	$TaSi_2$	,,	2400	8,8	—	—	1560
	$CrSi_2$	,,	1570	4,4	—	—	1150
	$MoSi_2$	Tetrag.	2030	6,1	—	—	1290
	WSi_2	,,	2150	9,3	—	—	1090
Hart-metalle	geschmolzenes WC (zersetzt, W_2C–WC)		~2800	~16	~200	30–40	3000
	TiC, heißgepreßt		3140	4,9	300	30–40	3200
	WC, heißgepreßt		2800	15,6	300	30–50	1600–1800
	WC–Co (G 1)		—	14,8	500	150–170	1600
	WC–Co (G 2)		—	14,2	460	180–200	1400
	WC–TiC–Co (S 3)		—	13,3	460	150–160	1350–1450
	WC–TiC–Co (S 2)		—	11,2	420	130–140	1550–1650
	WC–TiC–Co (S 1)		—	11,1	430	110–125	1600–1700
	WC–TiC–Co (F 1)		—	9,6—	—	90–110	1650–1750
			—	9,8			

einen entsprechend zähen Binder für diese Verbindungen zu finden, wird an ihre breitere Anwendung für Zerspanungszwecke zu denken sein.

Es lag nahe, auch nichtmetallische Hartstoffe auf ihre Eignung als Schneidwerkstoffe zu untersuchen, zumal ein Teil von ihnen, wie das Al_2O_3, das Borkarbid und das Siliziumkarbid, die Schwermetallkarbide der Hartmetalltechnik an Härte übertreffen und in dieser Eigenschaft dem Diamanten am nächsten kommen.

Zahlreiche Versuche, Siliziumkarbid und Borkarbid als verschleißfeste Werkstoffe für die Zerspanungstechnik nutzbar zu machen[1]), haben ebenfalls zu keinem Erfolg geführt. Der Grund hierfür ist darin zu sehen, daß beide Verbindungen in allen zäheren Metallen praktisch unlöslich sind und es daher nicht gelingt, sie metallisch abzubinden. Auch ist ihre Neigung zur Mischkristallbildung sehr gering, wodurch ihre Verwendung als Zusatzkarbid in fester Lösung zu Hartmetallen ausgeschlossen wird. Auch das kubische Bornitrid ist in diesem Zusammenhang zu erwähnen [16], da es durch eine sehr hohe Härte gekennzeichnet ist. Allerdings muß die Möglichkeit einer einigermaßen wirtschaftlichen Herstellung des Bornitrides erst unter Beweis gestellt werden [20, 21].

Von den nichtmetallischen Hartstoffen, die in Tabelle 2 mit einigen ihrer physikalischen Eigenschaften aufgeführt sind, erscheint somit im besonderen das Aluminiumoxyd Al_2O_3, das als Korund schon lange als Schleifmittel technisch Verwendung findet, wegen seiner großen Härte[2]) sowie seines hohen Schmelzpunktes[2]) und seiner Verschleißfestigkeit für die Entwicklung neuer Schneidwerkstoffe geeignet. Für die Verwendung von Aluminiumoxyd sprechen im übrigen auch wirtschaftliche Momente, da es sich hierbei um billiges und leicht erhältliches Ausgangsmaterial handelt.

Die Bemühungen, Aluminiumoxyd als Verschleißmaterial und Schneidwerkstoff zu verwenden, reichen weit zurück. Hierüber hat im besonderen E. Ryschkewitsch [23] eine ausführliche Darstellung gegeben, wobei auch noch andere hochschmelzende harte Oxyde, wie BeO, ZrO_2, TiO_2, MgO usw., in den Kreis der Betrachtungen einbezogen wurden. Von allen genannten Oxyden bietet jedoch Aluminiumoxyd, für sich allein oder in Verbindung mit geringen Mengen anderer Oxyde (Mischoxyde), die besten Aussichten.

Kleine Korundkristalle, die nach dem bekannten Verfahren von Verneuil im Knallgasgebläse niedergeschmolzen werden, haben bereits frühzeitig eine technische Verwendung nicht nur als Schmucksteine, Uhrenlager usw., sondern auch als Verschleißteile gefunden. Nach dem 2. Weltkrieg sind von tschechoslowakischer Seite umfangreiche und erfolgreiche Untersuchungen durchgeführt worden, synthetische Korundkristalle auch in die Zerspanungstechnik als Ersatz für Diaman-

[1]) Vgl. die Darstellung in [17], ferner [18] sowie [19].

[2]) Härte und Schmelztemperatur stehen bekanntlich in enger Beziehung zueinander [22]. Auch die Kristallstruktur ist nicht ohne Einfluß auf die Härte eines Werkstoffes.

[17] Kieffer, R. und Schwarzkopf, P., Hartstoffe und Hartmetalle. Springer-Verlag Wien (1953) S. 329 und 330.

[18] Schröter, K. und Dawihl, W., „Werkstattstechnik", **31**, 201 (1937).

[19] Die Entwicklung des Borkarbides „Norbide" durch die Norton Corp., USA.

[20] Anonym „Management Digest" **12**, 47 (1957).

[21] Techn. Rundschau, Bern, **49**, 31 (1957) (Das besonders harte „Borazon", welches sogar den Diamanten ritzt, ist eine kubische Modifikation des Bornitrides).

[22] Novotny, H. und Vitovec, F., Vortrag Planseeseminar 1952 Reutte/Tirol.

[23] Ryschkewitsch, E., Oxydkeramik der Einstoffsysteme. Springer-Verlag, Berlin-Göttingen-Heidelberg (1948).

ten einzuführen, worüber u. a. Č. BÁRTA [24] berichtet hat. Danach haben sich Korundkristalle zur spanabhebenden Bearbeitung von Leichtmetallen und ihren Legierungen an Stelle von Diamant gut bewährt.

Bereits 1913 wurde in einem deutschen Patent [25] vorgeschlagen, Ziehsteine aus Sinterrubin (Al_2O_3 mit kleineren Zusätzen an Cr_2O_3) herzustellen. Wenn sich auch dieser Vorschlag technisch nicht durchgesetzt hat, so haben sich in der Folge auf Verschleiß beanspruchte Teile aus Sinterrubin in der Textilindustrie eingeführt [26, 27, 28], wie z. B. Fadenführer, Führungsbuchsen u. a. m [29].

Schon 1912 ist in einem Patent der British Thomson Houston Co. auf die Verwendung von Aluminiumoxyd für Schneidzwecke hingewiesen worden [30].

2.20 Entwicklung bis zum Jahre 1945

Die eigentlichen Bemühungen, Aluminiumoxyd — und zwar in gesinterter Form — zu verwenden, setzten erst viel später ein. Erstmalig wurden systematische Untersuchungen hierüber in den Laboratorien der Siemens & Halske A. G. im Jahre 1930 vorgenommen [31]. Aber erst 1938 berichtete W. OSENBERG über positive Ergebnisse. Er setzte keramische Schneidplatten aus Sinterkorund¹) bereits zum Drehen und Fräsen ein, wobei vorwiegend an die Bearbeitung von verschleißend wirkenden Kunststoffen sowie von Leichtmetallen und ihren Legierungen gedacht war. Ausgangsmaterial war nach E. RYSCHKEWITSCH reines Aluminiumoxyd ($>$ 99,5% Al_2O_3, Verunreinigungen SiO_2, NaO_2, CaO, Fe_2O_3), welches durch alkalischen Aufschluß von Bauxit gewonnen wurde.

Die damalige Technik der Herstellung von Sinterkorund entsprach den in der Keramik üblichen Verfahren. Reines Aluminiumoxyd wird durch eine entsprechende Aufarbeitung, meist Naßmahlung mit verdünnter Salpetersäure, in einen teilplastischen Zustand überführt und dann nach dem Schlickerverfahren verarbeitet. Mit geringerem Flüssigkeitszusatz wird es meist auf Strangpressen zu Profilen verpreßt. Man kann auch bei sehr geringer Befeuchtung nach dem Trokkenpreßverfahren arbeiten. Das Brennen der getrockneten, gegebenenfalls vorgebrannten und fertiggeformten Körper erfolgt bei Temperaturen über 1900° C in gasbeheizten Spezialöfen mit MgO-Muffeln [32, 33].

¹) Es hat sich teilweise auch der Ausdruck „Sintertonerde" eingebürgert.

[24] BÁRTA, Č., Vyrobá synthetického korundu a jeho vlastnosti in Pokroky práškové metalurgie, Praha 1954 NCSAV, S. 611.

[25] DRP 284 808 (1913) Allgem. Elektrizitäts-Gesellschaft A.G.

[26] JAEGER, G., „Zs. VDJ", **89**, 19 (1945).

[27] JAEGER, G., Die Umschau, Nr. 14 (1949).

[28] GEIGER, A., „Melliands Textilberichte", **31**, 671 (1950).

[29] Vgl. KIEFFER, R. und SCHWARZKOPF, P., Hartstoffe und Hartmetalle. Springer-Verlag Wien (1953) S. 332.

[30] WEILL, „L'usine nouvelle", Nr. de printemps 1957.

[31] OSENBERG, W., „Maschinenbau/Der Betrieb", **17**, 127 (1938).

[32] Vgl. RYSCHKEWITSCH, E., „Schweizer Arch. Angew. Wiss. Technik", **5**, 203 (1939) sowie

[33] RICHTER, W. und KAMMERICH, G., „Silikattechnik", **6**, 529 (1955).

Das Erscheinen von Schneidplatten aus gesintertem Korund (Al_2O_3) auf der Leipziger Frühjahrsmesse des Jahres 1937[1]) wirkte damals in der Fachwelt sensationell. Es wurden nicht nur Drehstähle mit eingeklemmten und aufgeklebten Platten, sondern auch kleinere und größere Fräswerkzeuge, ja sogar Reibahlen mit Keramikschneiden gezeigt. Das Aussehen der Werkzeuge ließ allerdings zu wünschen übrig. Im besonderen war die Schneidengüte äußerst mangelhaft. Vielfach waren Ausbrüche an den Schneidkanten vorhanden.

Sehr bald zeigte sich, daß die damals erzeugten Sinterkorundplatten zur Zerspanung von metallischen Werkstoffen ungeeignet waren. Im besonderen erwiesen sie sich den dabei auftretenden Beanspruchungen wegen ihrer Sprödigkeit nicht gewachsen. Dagegen konnten bemerkenswerte Erfolge bei der Bearbeitung von Kunststoffen, die bekanntlich stark verschleißend auf die Werkzeugschneide wirken, erzielt werden. Die starke Stumpfung der Werkzeuge bei der Bearbeitung von Kunststoffen ist einerseits auf den verhältnismäßig hohen Gehalt der Kunststoffe an organischen und anorganischen Füllstoffen zurückzuführen. Zum anderen ist der hohe Verschleiß der Werkzeuge in diesem Fall auch durch Härteunterschiede zwischen dem Füllstoff und dem eigentlichen Kunststoff bedingt [31].

Die negativen und wenig ermutigenden Ergebnisse, die bei der Zerspanung metallischer Werkstoffe Ende der dreißiger Jahre mit Keramikschneiden erzielt wurden, ließen es zunächst ruhig um die Weiterentwicklung der Keramik werden. Während des 2. Weltkrieges erhielt verständlicherweise das Problem der Schneidkeramik aus Rohstoff- und Einsparungsgründen in Deutschland neuen Auftrieb, ohne daß indessen wesentliche Erfolge bekanntgeworden sind. Auf dem Gebiete der Kunststoffbearbeitung und vor allem auf dem der Verschleißteile hat dagegen Sinterkorund schon im 2. Weltkrieg und auch später eine Rolle gespielt. So wird es z. B. von stark verschleißend wirkenden Natur- und Kunstfasern, wie TiO_2-haltiger Kunstseide, kaum angegriffen. Sinterkorund erwies sich auch gegen stark aggressive Spinnbäder völlig beständig. Weitere Teile, die aus Sinterkorund aus Verschleißgründen hergestellt wurden und werden, sind z. B. Drahtführungsnippel in Kabelmaschinen und hochbeanspruchte Lager sowie Führungsbuchsen, die nicht „fressen" sollen.

Auch in der Sowjetunion hat man sich schon sehr frühzeitig mit der Entwicklung von Keramikplatten beschäftigt. Bereits in den Jahren 1932 bis 1934 wurden derartige Schneidwerkstoffe zum ersten Mal mit Erfolg für die Zerspanung eingesetzt [34].

2.30 Neuere Entwicklungen

Nach dem 2. Weltkrieg beschäftigte man sich zunächst in der UdSSR und später auch in einigen volksdemokratischen Ländern erneut mit dem Problem der Her-

[1]) Durch die Deutsche Gold- und Silberscheideanstalt, Frankfurt am Main. Auch die Hermsdorf-Schomburger Isolatoren-Gesellschaft Hermsdorf/Thür. beschäftigte sich zu dieser Zeit mit der Entwicklung keramischer Werkzeuge („Keradur"), ohne daß es zu einer größeren fabrikatorischen Herstellung derselben gekommen ist.

[34] Vgl. Grudow, P. P. und Zyganowa, M. P., Keramikbestückte Schneidwerkzeuge, B. G. Teubner Verlagsgesellschaft Leipzig (1954) S. 4.

stellung und Anwendung von keramischen Schneidplatten. Seit einigen Jahren geschieht dies auch in ständig zunehmendem Maße in den westlichen Ländern, so daß heute fast alle maßgebenden Industriestaaten auf diesem Spezialgebiet der Schneidwerkstoffe eine intensive Forschung und Entwicklung betreiben.

Ausgelöst wurde dieser Vorgang durch die bedeutenden Erfolge, die in der UdSSR mit keramischen Platten nunmehr auch bei der Zerspanung metallischer Werkstoffe erzielt werden konnten. Im folgenden soll die Entwicklung in den einzelnen Ländern etwa in der Reihenfolge, in der die Forschung in ihnen aufgenommen wurde, beschrieben werden. Die Entwicklung in der DDR wird gesondert behandelt werden (Abschnitt 2.40).

2.31 in der UdSSR

In der UdSSR wurden nach A. Richter [35] bereits schon 1934 in dem Lomonossow-Porzellanwerk in Leningrad Versuche durchgeführt, Keramikplatten für Zerspanungswerkzeuge einzusetzen. Nach dem 2. Weltkrieg trat die UdSSR — etwa ab 1947/48 — als erstes Land mit neuen, wichtigen Forschungsergebnissen, die in der Hauptsache die Anwendung der keramischen Werkzeuge und die mit ihnen erzielten Erfolge betrafen, in Erscheinung. Es setzte eine starke Bewegung zur Lösung der sich ergebenden Aufgaben ein.

In der UdSSR sind im Laufe der Zeit eine ganze Reihe von Sorten keramischer Schneidplatten (mehr als 18 Sorten) entwickelt, hergestellt und erprobt worden, von denen nur folgende genannt seien: A, C, L 2, 207, CW, ZW 13, Thermokorund TW 14 und TW 18, Mikrolit ZM 332, Mikrolit CM 232 u. a. m. Von diesen dürfte das Mikrolit ZM 332 zur Zeit der beste keramische Schneidwerkstoff der Sowjetunion sein.

Mikrolit ist wesentlich härter und fester als Thermokorund. Letzterer Schneidwerkstoff wird bereits seit einigen Jahren in der sowjetischen Literatur nicht mehr erwähnt.

Die Eigenschaften der sowjetischen Schneidkeramik wurden ständig im Laufe der Entwicklung verbessert. Dies gilt vor allem für die Biegebruchfestigkeit, die als Maß für die Zähigkeit des Werkstoffes von besonderer Bedeutung ist. Während die sowjetischen Literaturangaben des Jahres 1952 noch von einer Biegebruchfestigkeit des Thermokorunds von 25 bis 30 kg/mm^2 sprachen, werden 1956 für Mikrolit ZM 332 Zahlenwerte von 42 bis 45 kg/mm^2 genannt [36]. In ähnlicher Weise dürften auch andere Eigenschaftswerte im Laufe der Entwicklung verbessert worden sein, wodurch zweifellos die Bruchanfälligkeit der keramischen Schneidwerkstoffe bei ihrem praktischen Einsatz erheblich verringert wurde.

Über die Entwicklung des keramischen Schneidwerkstoffes Mikrolit ZM 332 berichteten u. a. J. J. Kitaigorskij und N. M. Pavluschkin [37]. Dabei wurden folgende Angaben über die Eigenschaften dieses Werkstoffes gemacht (Tabelle 3):

---

[35] Richter, A., „Fertigungstechnik“, 7, 489 (1957).

[36] Gelfland, O. E. und Futorjan, S. B., „Westnik Maschinostroenija“, 37, 50 (1957)

[37] Kitaigorskij, J. J. und Pavluschkin, N. M., Keramika, Moskau 1953.

Tabelle 3
Eigenschaften von Mikrolit ZM 332
(nach KITAIGORSKIJ und PAVLUSCHKIN)

Eigenschaft	Zahlenwert	Bemerkungen
Wichte	3,96 g/cm³	99—99,2% Al_2O_3
Härte R_A	92—93[1])	Kristallgröße 1—3 μ
Biegebruchfestigkeit σ_B	45 kg/mm²	
max. Druckfestigkeit σ_D	500 kg/mm²	

[1]) bleibt annähernd bis 1200 °C unverändert.

In welcher intensiven Weise die Weiterentwicklung der keramischen Schneidwerkstoffe, im besonderen des Mikrolits, in der UdSSR vorangetrieben wird, ergibt sich aus der Fülle der laufend veröffentlichten Literatur. Allein im Jahre 1956 wurden folgende wichtigere Arbeiten von sowjetischer Seite publiziert: [38—47].

Aus dem Jahre 1957 sind den Verfassern bisher u. a. folgende sowjetische Veröffentlichungen bekanntgeworden: [36, 48].

Auf einen Teil dieser und früherer Arbeiten wird an anderer Stelle dieses Buches, im besonderen bei der Besprechung der zerspanungstechnischen Fragen, noch näher eingegangen werden.

Bei der sowjetischen Schneidkeramik Mikrolit handelt es sich um eine reine Oxydkeramik. Die verhältnismäßig hohe Zähigkeit und geringe Sprödigkeit des Werkstoffes wird durch den Zusatz einer „Glasphase" bewirkt, durch die eine innigere Verbindung der einzelnen Kristallite erreicht wird.[1]) Zu diesem Zweck wird das feinkörnige Aluminiumoxydpulver, dessen Ausgangskorngröße etwa bei 1 bis 3 μ liegen dürfte, mit einer geringen Menge von Mg-Fluorid (ca. 0,5%) oder anderen Zusätzen versehen, die bei der Sinterung eine Glasphase bilden. Ein Zusatz von Magnesiumfluorid verfolgt — ebenso wie ein solcher von Cr_2O_3 — den

[1]) Im Gegensatz zu den keramischen Werkstoffen früherer Zeit (z. B. Porzellan), bei denen die „Glasphase" einen wesentlichen Anteil bildet, ist diese beim Sinterkorund nur in geringem Umfang vorhanden.

[38] BELJAJEW, M. F., „Stanki i instrument", 11, 21 (1956).

[39] GRUDOW, P. P. und ZYGANOWA, M. P., Keramikbestückte Schneidwerkzeuge, B.G. Teubner Verlagsgesellschaft Leipzig 1954.

[40] KOVALENKO, G. D., „Stanki i instrument, 35, 11 (1956).

[41] LIPSKIJ, J. D. und SUKAREW, J. A., „Stanki i instrument", 37, 7 (1956).

[42] NOTIK, S. M. und KULIKOW, G. P., „Stanki i instrument", 39, 7 (1956).

[43] RASTORTSCHEW, W. J., „Westnik Maschinostroenija", 33, 6 (1956).

[44] SCHALNOW, V. A., „Stanki i instrument", 26, 1 (1956).

[45] SCHICHAREW, V. J., „Stanki i instrument", 19, 2 (1956).

[46] SCHICHAREW, V. J., „Westnik Maschinostroenija", 42, 7 (1956).

[47] SEREBROVSKIJ, V. B., Maschgio, Moskau, 1953.

[48] KACER, V. A., „Stanki i instrument", 28, 4 (1957).

Zweck, das Kornwachstum der Al_2O_3-Kristallite bei der Sinterung zu vermindern und die Sintertemperatur zu erniedrigen. Mikrolitplatten zeigen eine weiße bis leicht gelbliche Farbe und ein sehr dichtes Gefüge. Eine Porosität ist an ihnen nur in geringem Umfange festzustellen. In Abb. 5 sind einige Mikrolitplatten gezeigt.

Abb. 5. Mikrolitplatten (UdSSR)

Ob und in welchem Umfange sich in der Sowjetunion die keramischen Schneidplatten in der Industrie beim praktischen Einsatz durchgesetzt haben, ist schwer zu beurteilen. Sicher ist aber, daß das Sinterhartmetall keineswegs durch die Einführung der Schneidkeramik an Bedeutung eingebüßt hat. Wenn in der UdSSR die Schneidkeramik bisher in stärkerem Maße als in anderen Ländern praktische Anwendung gefunden hat, so dürfte dies deswegen verständlich sein, weil dort bereits viel früher und intensiver auf diesem Gebiet der Zerspanungstechnik geforscht wurde. Nach A. M. KARATAGUINE [49] soll sich die Erzeugung der sowjetischen Schneidkeramik von 1952 bis 1955 in folgender Weise gesteigert haben:

1952	100%
1953	416%
1954	640%
1955	1070%.

Trotz dieser relativ großen Steigerung in der Produktion von Schneidkeramikplatten in der UdSSR muß eine von WEILL stammende Angabe, daß der Anteil der Keramikwerkzeuge dort 15 bis 20% der gesamten Schneidwerkzeuge ausmacht, angezweifelt werden.

Im übrigen stehen sich in der UdSSR wie auch in anderen Ländern zwei verschiedene Ansichten gegenüber. Die Erzeuger der Schneidkeramik vertreten die

[49] KARATAGUINE, A. M., „Westnik Maschinostroenija“, 4 (1955).

Meinung, daß dieser Werkstoff in viel größerem Umfange als bisher in der Metallbearbeitung angewendet werden sollte. Die zweite Auffassung, die im wesentlichen von den Anwendern der Keramikwerkzeuge vertreten wird, scheint dahin zu gehen, daß erst breitere und eingehendere Erfahrungen gesammelt werden müssen, bevor zu einem Masseneinsatz der Schneidkeramik übergegangen werden kann. Derselbe Widerstreit der Meinungen ist, wie bereits erwähnt, auch in anderen Industriestaaten vorhanden.

2.32 in der ČSR

Die ČSR war das erste volksdemokratische Land, welches sich nach dem 2. Weltkrieg mit der Herstellung und Anwendung der Schneidkeramik intensiv beschäftigt hat. Die Anfänge dieser Tätigkeit reichen bis in die Jahre 1950/1951 zurück. Einen Einblick in die ersten tschechoslowakischen Entwicklungsarbeiten vermitteln Vorträge, die u. a. von Z. Videman, C. Bárta, J. Jiřiště, F. Drabek, R. Bárta und M. Bartuška auf der pulvermetallurgischen Tagung in Brno im April 1953 gehalten wurden [50].

Inzwischen ist auch in der ČSR die Entwicklung auf schneidkeramischem Gebiet weitergegangen. Es sind in den Jahren 1954 bis 1957 eine größere Anzahl von Arbeiten über dieses spezielle Fachgebiet veröffentlicht worden, vorzugsweise im Hinblick auf die Anwendung der keramischen Schneidplatten.

In der ČSR wird ebenso wie in der UdSSR eine weiße, rein oxydische Schneidkeramik mit Glasphasenbindung hergestellt, nachdem anfänglich mit Zusätzen von Bentonit und später von Cr_2O_3 gearbeitet wurde. Nach H. J. B. Wolfe [51] soll sich ein kleiner Zusatz von Cr_2O_3 günstig auf die Schneidhaltigkeit der Sintertonerde auswirken. Erzeuger der tschechoslowakischen Schneidkeramik, Markenbezeichnung KDB 8, sind die Vereinigten Carborundum- und Elektrit-Werke n.p. in Benátky n. Jiz.

Neuerdings wird in der ČSR eine weitere Sorte unter der Markenbezeichnung K 5.2 von dem gleichen Erzeuger hergestellt, über deren Eigenschaften indessen den Verfassern bisher nichts Näheres bekanntgeworden ist.

Nach Angaben von F. Vinter [52] ist, wie aus statistischen Untersuchungen geschlossen wird, die Güte der tschechoslowakischen Keramik KDB 8 stark schwankend. Hieraus ist zu schließen, daß die Sinterung, die zu möglichst dichten Produkten führen soll, nur ungenügend beherrscht wird. Es besteht ein annähernd linearer Zusammenhang zwischen Biegebruchfestigkeit und der Wichte (Abb. 6). Abb. 7 zeigt nach F. Vinter die Häufigkeitsverteilung der Biegefestigkeit von tschechoslowakischen keramischen Platten. Die Biegefestigkeit liegt sehr niedrig und streut zwischen 6 und 22 kg/mm². Es wurde festgestellt, daß die Festigkeit der keramischen Platten stark von der Korngröße abhängt. Die besten Ergebnisse erzielt man an Schneidplatten, die eine feinkörnige Struktur aufweisen. Nach

---

[50] Veröffentlicht in Pokroky práškové metalurgie, Praha 1954 NCSAV.

[51] Wolfe, H. J. B., „Machine moderne“, Aprilheft, S. 27 (1954).

[52] Vinter, F., „Strojirenska vyroba“; 8, 362 (1956).

F. VINTER gewährleistet ein dichtes Gefüge bzw. eine große Wichte eine hohe Verschleißfestigkeit.

Auf tschechoslowakische Veröffentlichungen, die sich mit der Anwendung der Schneidkeramik beschäftigen, wird bei der Besprechung der Zerspanungsvorgänge zurückzukommen sein.

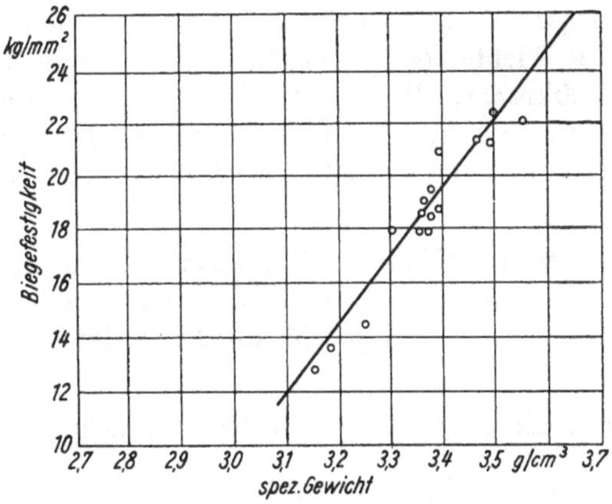

Abb. 6. Zusammenhang zwischen Biegebruchfestigkeit und Wichte bei tschechoslowakischen Keramikplatten (nach F. VINTER)

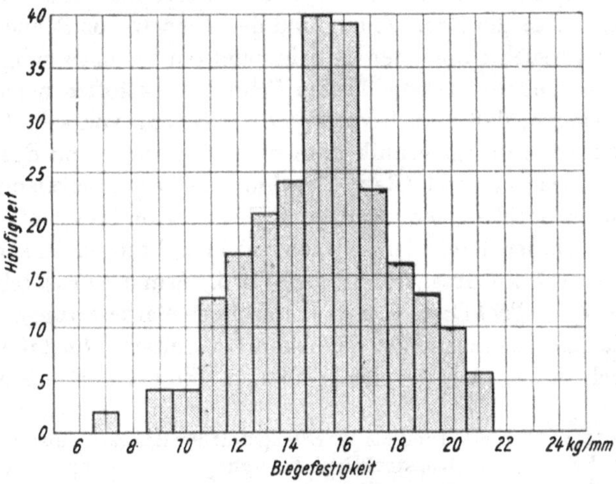

Abb. 7. Häufigkeitsverteilung der Biegefestigkeit σ_B bei tschechoslowakischen Keramikplatten (nach F. VINTER)

2.33 in der Volksrepublik Polen und anderen volksdemokratischen Ländern

Auch in der Volksrepublik Polen beschäftigt man sich seit einiger Zeit mit der Herstellung einer oxydischen Schneidkeramik. Hierüber haben in jüngster Zeit

W. Biernawski [53] und W. Biernawski, T. Gibas, A. Józefik und K. Zaleski [54] berichtet. Außerdem liegen Veröffentlichungen über diesen Gegenstand von W. Biernawski [55], W. Biernawski und J. Kaczmarek [56], T. Gibas [57] und A. Józefik [58] vor.

Die polnische Schneidkeramik wird von der IOOS in Krakau unter der Markenbezeichnung T 1 hergestellt. Es handelt sich offenbar um eine oxydische Schneidkeramik, für die eine Wichte von 3,90 bis 3,97 g/cm³, eine Rockwellhärte R_A von 86 bis 93 und eine Mikrohärte H_V von 1800 bis 2200 kg/mm² genannt wird [54]. Nach mündlichen Angaben von A. Józefik wird bei der Herstellung der polnischen Schneidkeramik dem Oxyd 3% metallisches Aluminiumpulver hinzugefügt.

Ob es indessen bisher in der Volksrepublik Polen zu einer breiteren Anwendung der dort erzeugten Schneidkeramik gekommen ist, ist zweifelhaft. Es sind jedoch die zerspanungstechnischen Unterlagen für die Anwendung derselben geschaffen worden.

Aus der Volksrepublik Ungarn liegt eine Veröffentlichung von G. Barna vor [59].

2.34 in den USA

In den Vereinigten Staaten von Nordamerika hat man sich relativ spät mit Untersuchungen über die Entwicklung und den Einsatz von Schneidkeramik beschäftigt. Man versuchte dort, den Gesichtspunkten der notwendigen Weiterentwicklung von besonders verschleißfesten Schneidwerkstoffen zunächst dadurch Rechnung zu tragen, daß man bevorzugt die Eignung von sehr harten Metallboriden für die Zerspanungstechnik untersuchte. Dabei stand das Titandiborid im Vordergrund des Interesses (Rand Development Corp., Cleveland). Es wurden aber auch andere Boridverbindungen, so z. B. eine Kombination von Molybdän, Nickel und Bor, in den Kreis der Betrachtungen einbezogen (American Electro-Metal Corp., Watertown Arsenal, Carboloy Corp., Armour Research Foundation, American Society of Tool Corp. u. a.). Wesentliche Verbesserungen des Schneidwerkstoffes, die über die Leistungen der bekannten Sinterhartmetalle hinausgehen, hat man jedoch bisher nicht erreichen können. Es existiert ein umfangreiches

---

[53] Biernawski, W., Sinterkorund als Werkzeugstoff für das Zerspanen (Vortrag auf der polnischen Fachtagung „Konstruktion, Fertigung und Benutzung von Hartmetallwerkzeugen“ im Februar 1958 in Katowice).

[54] Biernawski, W., Gibas, T., Józefik, A. und Zaleski, K., „Mechanik“, Nr. 1, 33 (1958).

[55] Biernawski, W., „Mechanik“, Nr. 5–6, 229 (1957).

[56] Biernawski, W. und Kaczmarek, J., „Mechanik“, Nr. 5 (1953).

[57] Gibas, T., „Szklo i Ceramika“, Nr. 2, 33 (1955).

[58] Józefik, A., „Mechanik“, Nr. 12 (1956).

[59] Barna, G., „Magyar Technika“, Nr. 1, 49 (1954).

Schrifttum über diesen Gegenstand [60], und man arbeitet auch weiterhin auf diesem Gebiet.

Etwa von 1954/55 ab setzten Bemühungen in den USA an vielen Stellen ein, oxydische Schneidstoffe zu entwickeln und zum Einsatz zu bringen. Die Arbeiten hierzu wurden mit allem Nachdruck betrieben, wie aus dem amerikanischen Schrifttum der letzten Jahre ersichtlich ist, welches dem Umfang nach nicht mehr dem der UdSSR nachsteht.

Besonderen Auftrieb erhielten die Untersuchungen in den USA durch Vorführungen der Schneidkeramik auf der Industrieausstellung in Chikago im März 1956, die als sensationell bezeichnet wurden. Fast alle größeren amerikanischen Hersteller von Hartmetallen und Hartstoffen beschäftigen sich zur Zeit mit der Weiterentwicklung der Schneidkeramik. Inzwischen sind zahlreiche Marken und Sorten der Schneidkeramik auf den Markt gekommen, und die einzelnen Erzeuger versuchen, sich gegenseitig in der Qualität und der Propaganda ihrer Schneidkeramik zu überbieten.

Aus den vorliegenden Literaturangaben ist zu schließen, daß der Hauptbestandteil der in den USA bekannten oxydischen keramischen Schneidwerkstoffe ebenfalls das Aluminiumoxyd (Korund) ist. Der Anteil dieses Oxydes im Werkstoff beträgt dabei zwischen 89 und 99%. Der Rest besteht aus SiO_2, MgO, Cr_2O_3, NiO und anderen Legierungselementen.

Die Verarbeitung erfolgt nach pulvermetallurgischen Gesichtspunkten, wobei die Sintertemperatur bei 1760° C und höher liegt. Die durchschnittlichen Eigenschaftswerte (Rockwell- und Knoophärte sowie Biegebruchfestigkeit) einiger amerikanischer Schneidkeramiksorten sind aus Tabelle 4 ersichtlich.

Tabelle 4

Eigenschaften amerikanischer Schneidkeramiksorten (nach H. SIEBEL und R. FLECK)

Schneidwerkstoff	Rockwellhärte R_A	Knoophärte (750 g Belastung)	Biegebruchfestigkeit kg/mm²
Keramik A	85,1	—	31
Keramik B	90,0	—	32
Keramik C	90,2	1638	49
Keramik D	92,2	2059	43
Keramik E	88,9	1498	43
Keramik F	93—94	2051	63
Keramik G	86,4	1481	27

Als Hersteller einer oxydischen Schneidkeramik treten in den USA u. a. die Adams Carbide Corp. (Markenbezeichnung OX 12, Wichte 3,85 g/cm³, Rockwellhärte R_A ca. 88) und die Carborundum Co., Latrobe, (Marke Stupalox) auf. Die

[60] Z. B. TANGERMANN, E. J., „American Machinist" **100**, 154 (1956).

Carboloy Corp. erzeugt eine „Cermetsorte“ unter der Bezeichnung 0—30 (Wichte 4,1 bis 4,2 g/cm³, Rockwellhärte R_A 93 bis 94, Biegebruchfestigkeit 56 bis 70 kg/mm²) sowie eine andere Sorte, die durch einen Zusatz von MgO und Ni gekennzeichnet ist. Die Carborundum Co., Niagara, fertigt einen Verbundwerkstoff, der aus Al_2O_3 und SiC besteht (Wichte 2,75 g/cm³, Mikrohärte $H_V = 2500$).

M. C. Shaw [61] spricht in einer kürzlich erfolgten Veröffentlichung von zwei grundverschiedenen amerikanischen Keramiksorten, die als Keramik A und B bezeichnet werden und deren Eigenschaftswerte in Tab. 5 zusammengestellt sind.

Tabelle 5

Eigenschaftswerte amerikanischer Schneidkeramiksorten (nach M. C. Shaw).

Sorte	Wichte g/cm³	Rockwellhärte R_A
Keramik A	3,75	86
Keramik B	3,99	92

Nach M. C. Shaw wird die Keramiksorte A im normalen pulvermetallurgischen Verfahren hergestellt. Die Sinterung erfolgt bei niedrigeren Temperaturen, als sie bei der Keramiksorte B angewendet werden. Die Sorte A wird ungeschliffen geliefert. Demgegenüber handelt es sich bei der Keramiksorte B um eine bei höheren Temperaturen in Grafitformen heißgepreßte Schneidkeramik, die allseitig mit Diamantschleifscheiben geschliffen wird. Sie ist demzufolge um ein mehrfaches teurer als die Keramik A[1]). Nach Angaben von M. C. Shaw ist die Keramiksorte B bei hohen Schnittgeschwindigkeiten der Keramik A um ein vielfaches überlegen, was von ihm durch entsprechende Standzeituntersuchungen belegt wird. Dagegen soll sich die billigere amerikanische Schneidkeramik A bei Schnittgeschwindigkeiten unter 100 m/min bei der Zerspanung von Stahl besser verhalten als die Schneidkeramik B.

Nach einer von den Verfassern durchgeführten Untersuchung wurde in einer besonders harten und verschleißfesten amerikanischen Keramiksorte (Hersteller unbekannt) ein Gehalt von ca. 7% Titan festgestellt, welches zum Teil mit Kohlenstoff abgebunden war. Auch hier finden wir also eine gewisse Parallele zu der Entwicklung in der DDR (Oxyd–Karbid-Keramik).

2.35 in Schweden

Auch in anderen Ländern hat man sich in der letzten Zeit mit der Entwicklung von Werkstoffen aus Schneidkeramik beschäftigt und ihre Erzeugung aufge-

[1]) Vgl. hierzu die Entwicklung in der DDR (deutsche Sorte SK, Kapitel 2.40).

[61] Shaw, M. C., „Industrie-Anzeiger“, März 1957, 282.

nommen. H. WOLFF [62] berichtet z. B. über die Entwicklung eines oxydkeramischen Schneidwerkstoffes (Realox genannt) durch die Söderfors Bruk A.B. in Schweden. Für Realox wird eine Vickershärte H_V von 1400 und eine stark schwankende Biegebruchfestigkeit von 30 bis 40 kg/mm² angegeben. Es handelt sich auch in diesem Fall um eine oxydische Schneidkeramik (Wichte ca. 4,0 g/cm³). Außerdem erzeugt die Fagersta Bruks A.B., die Herstellerin des bekannten schwedischen Hartmetalles „Seco", eine oxydische Schneidkeramik unter der Markenbezeichnung „Secoramic".

Neuerdings ist den Verfassern eine schwedische Schneidkeramiksorte „Coromant RVX" bekannt geworden, deren Untersuchung ergeben hat, daß es sich um eine Oxyd–Karbid-Keramik handelt (Wichte 6,91 g/cm³), die einen verhältnismäßig hohen Gehalt an Wolframkarbid aufweist.

Es ist interessant, allgemein und in fast allen Ländern festzustellen, daß sich mit der Entwicklung der Schneidkeramik vornehmlich diejenigen Werke beschäftigt haben, die Sinterhartmetalle erzeugen. Die „keramische" Industrie ist bisher weniger an der Entwicklung beteiligt, sofern man von den ersten Bemühungen der Deutschen Gold- und Silberscheideanstalt sowie der Hermsdorf-Schomburger Isolatoren G.m.b.H. absieht. Dies ist deswegen verständlich, weil die Hartmetallerzeuger naturgemäß in besonderem Maße an der Schaffung hochwertiger Schneidwerkstoffe interessiert sind, und weil das Herstellungsverfahren der Schneidkeramik sehr der pulvermetallurgischen Erzeugung von Sinterhartmetallen ähnelt.

2.36 in Frankreich und anderen westeuropäischen Ländern

In einer sehr ausführlichen Arbeit geht WEILL [63] auf die Entwicklung der Schneidkeramik in Frankreich ein. Darüber hinaus macht er interessante Angaben über die Eigenschaften der in Frankreich hergestellten oxydischen Schneidkeramik und über die dabei verwendeten Prüfverfahren. WEILL gibt weiterhin einen Vergleich zwischen den Eigenschaften von Sinterkorund zu anderen klassischen keramischen Werkstoffen (Porzellan, Steatit), vgl. Tabelle 6.

Tabelle 6

Eigenschaften von Sinterkorund im Vergleich zu Porzellan und Steatit (nach WEILL)

Eigenschaft		Sinter-korund	Porzellan	Steatit
Zerreißfestigkeit	kg/mm²	12,81	2,975	5,6
Druckfestigkeit	kg/mm²	168	77	84
Biegebruchfestigkeit	kg/mm²	33,88	9,8	12,6
Wichte	g/cm³	3,65	2,4	2,6
Wärmeleitfähigkeit	cal/cm · sec · °C	0,054	0,0024	0,0035
Spezifische Wärme	cal/g °C	0,175	0,25	—

[62] WOLFF, H., „Teknisk Information", Stockholm, 1, 1 (1957).

[63] WEILL, „L'usine nouvelle", Nr. de printemps 185, 1957.

WEILL zieht aus den Werten der Tabelle 6 den Schluß, daß besonders die Biegebruchfestigkeit und die thermische Leitfähigkeit des Sinterkorunds gegenüber den klassischen keramischen Werkstoffen stark erhöht ist. So beträgt die Biegefestigkeit von Sinterkorund etwa das 3,5fache von Porzellan. Die Wärmeleitfähigkeit von Sinterkorund ist mehr als 20mal so groß als die von Porzellan. Die relativ hohe Druckfestigkeit des Sinterkorunds läßt nach WEILL erkennen, daß eine Anwendung der oxydischen Schneidkeramik beim Arbeiten mit negativen Spanwinkeln möglich sein muß.

Es wird in Übereinstimmung mit anderweitig gewonnenen Erkenntnissen ausgeführt, daß für die Qualität einer oxydischen Schneidkeramik die Kornfeinheit und Reinheit des Ausgangsmaterials von erheblicher Bedeutung für die Leistung dieses Schneidwerkstoffes ist. Die Hauptschwierigkeit bei der Herstellung brauchbarer Erzeugnisse wird darin erblickt, daß eine innige Verbindung der einzelnen Kristallite durch die Wärmebehandlung erreicht werden muß. Es muß also möglichst eine Diffusion der einzelnen Komponenten oder die Ausbildung einer intermediären Phase stattfinden. Dies ist offenbar der Fall, wenn Zusätze von Chromoxyd zum Aluminiumoxyd erfolgen. Aber auch Magnesiumfluorid ist geeignet, um ein besseres Zusammenfritten der Körner zu ermöglichen.

In Frankreich beschäftigt man sich seit einigen Jahren an mehreren Stellen mit der Entwicklung von oxydischer Schneidkeramik. Seit 1957 ist man in die laufende Erzeugung von keramischen Schneidplatten eingetreten.

Auch in England stellt man Schneidplatten aus oxydischer Keramik her, so z. B. die Marke Sintox, die in erster Linie für die Bearbeitung von Kunststoffen gedacht ist. Für Sintox wird eine Wichte von 3,8 g/cm^3, eine Rockwellhärte R_A von etwa 90 und eine Biegebruchfestigkeit von 34 kg/mm^2 angegeben. Herstellerin ist die Lodge Plugs Ltd. Das von der Wickman Ltd., Coventry, erzeugte „Sintered oxyde" zeigt eine Wichte von 3,85 g/cm^3 [1]).

Einer Mitteilung von F. KÖLBL [120] ist zu entnehmen, daß man sich auch in Österreich der Entwicklung und Erzeugung schneidkeramischer Werkstoffe angenommen hat. Nach mündlicher Mitteilung von F. KÖLBL erzeugt man bei der Metallwerk Plansee A. G., Reutte, eine Oxyd–Karbid-Keramik, die in bezug auf Menge und Art des Karbidanteiles von der in der Deutschen Demokratischen Republik hergestellten Sorte abweicht.

2.37 in der Deutschen Bundesrepublik

In Deutschland wurde, veranlaßt durch den Mangel an Wolfram und Kobalt, bereits in den Kriegsjahren an einer Weiterentwicklung von Sinteroxyden für Schneidzwecke und als Baustoff für Turbinenschaufeln gearbeitet, ohne daß indessen wesentliche Erfolge erreicht werden konnten. Bei diesen Versuchen, die u. a. von der Osram K.G., Berlin, und der Widia-Fabrik Fried. Krupp, Essen, durchgeführt wurden, berücksichtigte man auch den Zusatz metallischer Bindemittel, vornehmlich solcher der Eisengruppe.

---

[1]) Nach Angaben von W. BIERNAWSKI, T. GIBAS, A. JÓZEFIK und K. ZALESKI [54].

In der Deutschen Bundesrepublik setzten nach dem 2. Weltkrieg intensive Arbeiten zur Entwicklung einer Schneidkeramik erst ziemlich spät ein, und zwar erst dann, als sich die ersten bemerkenswerten Erfolge in den USA auf der Industriemesse in Chikago im März 1956 abzeichneten. Wiederum waren es die größeren Hartmetallerzeuger, die vornehmlich die Initiative ergriffen, also vor allem die Widia-Fabrik Fried. Krupp, Essen, die Deutschen Edelstahlwerke A.G., Krefeld, und die Gebr. Böhler & Co. A.G., Düsseldorf-Oberkassel. Daneben traten auch Spezialbetriebe, wie die Südplastik G.m.b.H., Plochingen am Neckar, in Erscheinung. Auch die Deutsche Gold- und Silberscheideanstalt (Degussa), die in den dreißiger Jahren eine Pioniertätigkeit auf dem Gebiet der Schneidkeramik geleistet hat, tritt neuerdings in Erscheinung (1958)[1]. Seit 1956 wird in der Bundesrepublik also an vielen Stellen mit Nachdruck an den Problemen der Schneidkeramik gearbeitet.

Bereits auf der 5. Werkzeugmaschinenausstellung in Hannover im März 1957 traten die obengenannten westdeutschen Hartmetallerzeuger mit Schneidplatten aus oxydischer Keramik auf den Markt (Widalox, Titoxit, Böloxit). Die oxydkeramischen Schneidstoffe bilden nach Angaben der Hersteller in der Feinbearbeitung wegen ihrer besonderen Eigenschaften eine willkommene Ergänzung zu den Sinterhartmetallen. Ihr Einsatz wird vor allem bei hohen Schnittgeschwindigkeiten und bei der Bearbeitung schwer zu zerspanender Werkstoffe empfohlen.

Die neuen oxydkeramischen Schneidwerkstoffe der Deutschen Bundesrepublik bestehen aus Aluminiumoxyd als Härteträger unter Zumischung geringerer Mengen anderer Oxyde und Metalle als Bindemasse. Die Verbesserung der Zähigkeit und Biegefestigkeit wurde durch systematische Erforschung des Gefügeaufbaues erreicht.

In einem Prospekt der Fried. Krupp Widia-Fabrik, Essen, wird erwähnt, daß neben dem „normalen“ oxydischen Widalox eine weitere Sorte hergestellt wird, bei der dem Grundmaterial aus Aluminiumoxyd Schwermetallkarbide als Zusätze, insbesondere zwecks Steigerung der Zähigkeit, beigegeben werden. Damit schloß man sich in Westdeutschland einer Entwicklung an, die bereits vorher in der DDR durchgeführt worden war. Auf die Vorteile, die eine Oxyd–Karbid-Keramik gegenüber der reinen und vorwiegend oxydischen Keramik wegen ihrer höheren Zähigkeit und besseren Schleifbarkeit zu bieten vermag, wird an anderer Stelle dieses Buches noch zurückzukommen sein.

In einem Prospekt der Deutschen Edelstahlwerke A.G. (herausgegeben im Frühjahr 1957) werden die Eigenschaften des Sinteroxydes Titoxit denen des Stahles und des Sinterhartmetalles gegenübergestellt (vgl. Tabelle 7). Zugrunde gelegt ist offenbar eine oxydische Schneidkeramik.

Abb. 8 gibt das Gefüge einer oxydkeramischen Platte (Widalox) wieder. Der Aufbau ist nach J. Hinnüber [64] ähnlich wie bei einer Karbidlegierung. Die Aluminiumoxydkristalle treten an die Stelle der Karbid- und Karbidmischkri-

---

[1]) Markenbezeichnung Degussit, DD.

[64] Hinnüber, J., „Industrie-Anzeiger“, 71/72, 1082 (1956).

Tabelle 7

Vergleich der Eigenschaften einer oxydischen Schneidkeramik mit Stahl und Hartmetall

Eigenschaften	Stahl	Hartmetall	Oxydkeramik (Titoxit)
Wichte (g/cm^3)	7,85	8–15	3,9
Wärmedehnzahl (1/°C)	$11—15 \cdot 10^{-6}$	$5—7 \cdot 10^{-6}$	ca. $8 \cdot 10^{-6}$
Wärmeleitfähigkeit $\left(\frac{\text{cal}}{\text{cm} \cdot \text{sec} \ {}^\circ\text{C}}\right)$	0,07–0,10	0,05–0,18	ca. 0,05
E-modul (kg/mm^2)	21000	45000–60000	30000–40000
Druckfestigkeit (kg/mm^2)	je nach Legierung und Wärmebehandlung	400– 560	300
Biegefestigkeit (kg/mm^2)		90– 220	30– 50
Vickershärte (kg/mm^2)		1300– 1800	1300– 1500
Erweichungstemperatur (°C)	200– 500	1100– 1200	1500
Zunderbeginn (°C)	600–1000	600– 800	–

stalle. Sie sind in einer silikatischen Bindemasse eingelagert, welche ähnliche Funktionen ausübt, wie die bei Hartmetallen übliche Bindemetallphase (Kobalt).

Bei der Oxydkeramik arbeitet man in der Bundesrepublik bei der neueren Entwicklung meist mit Zusätzen von Kieselsäure, Magnesiumoxyd und Chromoxyd.

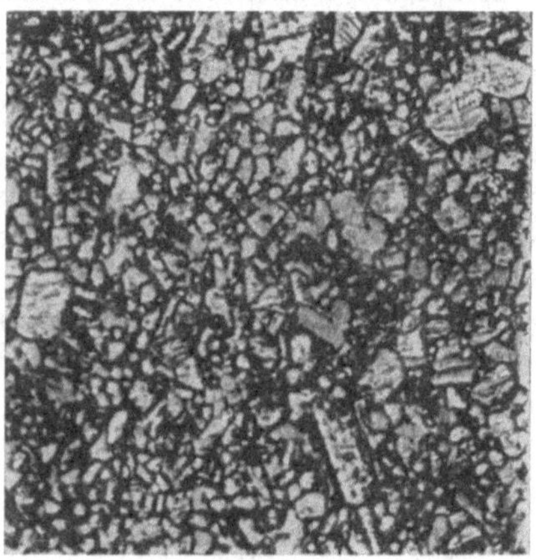

Abb. 8. Gefüge von Widalox (Korngrenzen der Kristallite) V = 500 x

Es wurde von J. Hinnüber festgestellt, daß durch kleinere Zusätze von SiO_2 und MgO die Biegefestigkeit mit steigender Temperatur wesentlich zunimmt. Dies hat zur Folge, daß die Biegefestigkeit gerade im Bereich der bei der Zerspanung auftretenden Schneidentemperaturen besonders günstig liegt. In diesem Zusammenhang sei auf die bei hohen Schnittemperaturen auftretende plastische Verformung der Hartmetalle hingewiesen [65], ein Verhalten, das Schneidkeramik nicht zeigt.

Besonders propagiert wurde in Westdeutschland die Einführung der Schneidkeramik durch die Südplastik und -keramik G.m.b.H., Plochingen am Neckar, die der Feldmühle A.G. nahesteht. Nach Prospekten dieser Firma (1956) handelt es sich um die Verwendung von reinem Al_2O_3 einer Korngröße von 3 bis 5 μ, welches zu Platten verpreßt und anschließend bei hoher Temperatur dicht gesintert wird.

2.40 in der Deutschen Demokratischen Republik [66]

In der Deutschen Demokratischen Republik hat man sich etwa seit dem Jahre 1952 mit den Problemen der Schneidkeramik beschäftigt, im wesentlichen veranlaßt durch die Initiative von A. Richter, Dresden [67, 68]. Die Verhältnisse in der Rohstofflage ließen die Frage eines billigen und nicht devisenbelasteten Ausgangsstoffes für die Herstellung von Hochleistungsschneidwerkstoffen besonders aktuell und wichtig erscheinen. Seit dieser Zeit, vor allem aber in den letzten Jahren, wurde eine lebhafte Forschungs- und Entwicklungstätigkeit in der Deutschen Demokratischen Republik durchgeführt, die zu bemerkenswerten Erfolgen geführt hat. Der Schwerpunkt der Untersuchungen lag zunächst im Institut für Fertigungstechnik der Technischen Hochschule Dresden sowie im VEB Porzellanwerk Neuhaus, Neuhaus-Schierschnitz. Später trat dann im zunehmenden Maße der VEB Hartmetallwerk Immelborn in Erscheinung.

Die ersten Bemühungen galten der Entwicklung eines auf reiner Oxydbasis aufgebauten keramischen Schneidwerkstoffes, Keramik „S" genannt, der vorwiegend für die Bearbeitung von Kunststoffen der verschiedensten Art (wie Preßstoffe, Isolationsmaterial, Hartgummi, Polyester usw.) gedacht war, und der sich dabei als durchaus geeignet erwies [69, 70, 71]. Aber auch Magnesiumlegierungen waren mit der Schneidkeramik S wirtschaftlich zerspanbar. Ihre Herstellung erfolgte damals — und erfolgt auch heute noch — im VEB Porzellanwerk Neuhaus-Schierschnitz (ab Juli 1952).

In Zusammenarbeit zwischen Neuhaus und dem VEB Hartmetallwerk Immelborn wurde 1953 eine sehr harte und dichte Schneidkeramik unter der Markenbezeichnung „SK" entwickelt. Diese Sorte wurde nach dem von der Hartmetalltechnik her bekannten Drucksinterverfahren, also durch Heißpressen von reinem

---

[65] Hinnüber, J., Fortschrittliche Fertigung und moderne Werkzeugmaschinen. „Eisen", 56 (1954).

[66] Vgl. auch Kohlermann, R., in Fachkunde Spitzendreher Teil I Kapitel Schneidkeramik, Verlag Volk und Wissen, Berlin (erscheint demnächst).

[67] Richter, A., „Fertigungstechnik", **3**, 479 (1953).

[68] Richter, A., „Fertigungstechnik", **2**, 291 (1952).

[69] Wolf, W., „Technische Gemeinschaft", **3**, 298 (1955).

[70] Wolf, W., „Der Maschinenbau", **3**, 122 (1954).

[71] Vgl. auch Prospekt „Keramische Schneidplatten — Typ S" (1954) DHZ Maschinen- und Fahrzeugbau, Niederlassung Eisenach, Referat Hartmetall, Immelborn/Thür.

Aluminiumoxyd, hergestellt, wobei kleinere Mengen von Kohle [72] aus den Preßformen in den Preßkörper gelangten. Die Sorte SK entsprach somit herstellungsmäßig weitgehend der nach Mitteilung von M. C. SHAW in den letzten Jahren in den USA hergestellten „Keramik B". Sie gestattete die Bearbeitung von Stahl verschiedener Festigkeit bei geringen Vorschüben und Schnittiefen bei Schnittgeschwindigkeiten bis zu 1200 m/min [69, 73].

Die heißgepreßte Schneidkeramik ist als die verschleißfesteste und härteste aller bisher bekannten Sorten anzusehen. Sie ist — durch das Herstellungsverfahren bedingt — spröder als die später entwickelten Sorten, übertrifft diese aber in bezug auf ihre Verschleißfestigkeit. In eine technische Großerzeugung der Schneidkeramik SK wurde in der Deutschen Demokratischen Republik nicht eingetreten, da das Herstellungsverfahren sehr kompliziert ist, und die Erzeugnisse daher im Vergleich zu den später zu besprechenden Sorten um ein mehrfaches teurer sind. Außerdem kann die hohe Schneidleistung der druckverdichteten Sorte SK zur Zeit deswegen nicht ausgenutzt werden, weil Werkzeugmaschinen fehlen, die die Anwendung höchster Schnittgeschwindigkeiten gestatten. Es ist aber nach M. C. SHAW [61] möglich, daß die heißgepreßte Schneidkeramik noch einmal eine gewisse Bedeutung erlangen wird, wenn sehr schnellaufende Werkzeugmaschinen genügender Starrheit und Stabilität entwickelt worden sind. Hierzu bedarf es jedoch zweifellos einer längeren Entwicklungszeit und durchgreifender neuer Konstruktionen.

Ausgehend von der Tatsache, daß der — zum mindesten in der Deutschen Demokratischen Republik zur Zeit vorhandene — Maschinenpark eine volle Ausnutzung der der oxydischen Schneidkeramik innewohnenden Leistungen nicht gestattet, tauchte der Gedanke auf, eine Keramiksorte zu entwickeln, deren Verschleißfestigkeit einen Einsatz derselben unter Zerspanungsbedingungen erlaubt, die denen der Hartmetallsorte S 1 bei der Stahlbearbeitung entsprechen. Dabei sollte gleichzeitig angestrebt werden, die Zähigkeit der Schneidkeramik zu verbessern.

Diese Gedanken führten das Kollektiv A. RICHTER [72] 1954 zur Verwendung der sogenannten „Cermets", also von Verbundwerkstoffen, die neben dem oxydischen, aus Al_2O_3 bestehenden Grundmaterial metallische Zusätze enthielten. Über die Entwicklung, die im wesentlichen im VEB Porzellanwerk Neuhaus-Schierschnitz durchgeführt wurde, haben ausführlich W. RICHTER und G. KAMMERICH [33] berichtet. Die in Neuhaus entwickelte Cermetsorte, Markenbezeichnung A, ist durch einen Zusatz von Molybdänmetall in Mengen von 2 bis 10% (Sorten A 2 bis A 10) gekennzeichnet. Molybdän scheint besonders als Zusatz zum Al_2O_3 geeignet zu sein. Es kommen jedoch auch andere Metalle als Zusatzelemente in Betracht, wie z. B. Chrom. Am günstigsten scheinen sich Metalle zu verhalten, die bei Sintertemperaturen von 1700 bis 1850° C noch nicht schmelzen

[72] WP 88 86 (1955) (RICHTER, A., WOLF, W. und WEBER, H., Oxydkeramische Schneidkörper mit Kohle- oder Metallzusatz).

[73] „Tägliche Rundschau" vom 17. 11. 1953.

und verdampfen, die aber dabei in einen teilplastischen Zustand übergehen. Aus diesem Grunde haben sich Metalle der Eisengruppe als Zusätze in Schneidkeramik nicht sonderlich bewährt, da einerseits bei niedrigeren Sintertemperaturen ungenügende Dichten erreicht werden [74 bis 80] und andererseits bei höheren Sintertemperaturen Verdampfungserscheinungen auftreten (Austreten von Schmelzperlen).

In Tabelle 8 ist auf Grund von Angaben von W. Richter und G. Kammerich [33] die Rohwichte von Verbundwerkstoffen des Systems Al_2O_3-Mo wiedergegeben, und zwar bei Mo-Zusätzen bis zu 50%. Die heißgepreßte Keramik zeigt erwartungsgemäß eine etwas höhere Wichte als die im „normalen" Sinterverfahren hergestellten Sorten.

Tabelle 8

Rohwichte von Verbundwerkstoffen des Systems Al_2O_3-Mo (Schneidkeramik A) (nach W. Richter und G. Kammerich)

Herstellungsverfahren	Gewichts-% Mo			
	2	10	25	50
gesintert im Kohlerohrofen bei etwa 1800°C	3,96	4,07	4,30	5,47
im Heißpreßverfahren hergestellt	4,01	—	4,46	—

Der Einfluß der Metallmenge (Molybdän) in der Schneidkeramik A der Deutschen Demokratischen Republik auf die Standzeit derselben bei verschiedenen Schnittgeschwindigkeiten ($v = 120$ m/min und $v = 500$ m/min) wurde von W. Wolf [69] genauer untersucht. Aus den Abbildungen 9 und 10 läßt sich deutlich der prinzipielle Einfluß der Größe des Metallzusatzes im System Al_2O_3-Mo auf die Standzeit der Schneidkeramik A erkennen. Angaben über die Standzeit von Mischkörpern des Systems Al_2O_3-Mo mit verschiedenen Zusätzen von Molybdänmetall bei der Zerspanung mehrerer Stahlsorten wurden auch von W. Richter und G. Kammerich [33] gemacht.

Der Verlauf der von W. Wolf wiedergegebenen Kurven zeigt, daß bei hohen Schnittgeschwindigkeiten ($v = 500$ m/min) ein geringer Metallzusatz (z. B. 2% Mo) für die Standzeit der Schneidkeramik A günstig ist. Ein höherer Metallzusatz

[74] Blackburn, A. R., Shevlin, T. S. und Lowers, H. R., „Journ. Americ. Ceram. Soc.", **32**, 81 (1949).

[75] Koshuba, W. J. und Stavrolakis, J. A., „Iron Age", **168**, Nr. 22, (1951) 77 und **168**, Nr. 23, 154 (1951).

[76] Meyer-Hartwig, E., „Mitt. Deutsche Luftfahrtforschung", Nr. 785 (1944).

[77] Seith, W. und Schmecken, H., Heraeus Festschrift, Hanau 1950, 218.

[78] Dawihl, W., „Metallkunde", **43**, 295 (1952).

[79] Shevlin, T. S., „Eng. Exp. Stat. News Ohio Univ.", **22**, 22 (1950).

[80] Eisenkolb, F. und Richter, W., „Wiss. Zeitschrift der Techn. Hochschule Dresden", **3**, 71 (1953/54).

(z. B. 10% Mo) macht die Schneidkeramik A zwar verschleißempfindlicher, steigert aber ihre Zähigkeit. Aus diesem Grunde ist bei niedrigeren Schnittgeschwindigkeiten ($v = 120$ m/min) eine Cermetsorte mit höheren Metallzusätzen (A 10) zu empfehlen.

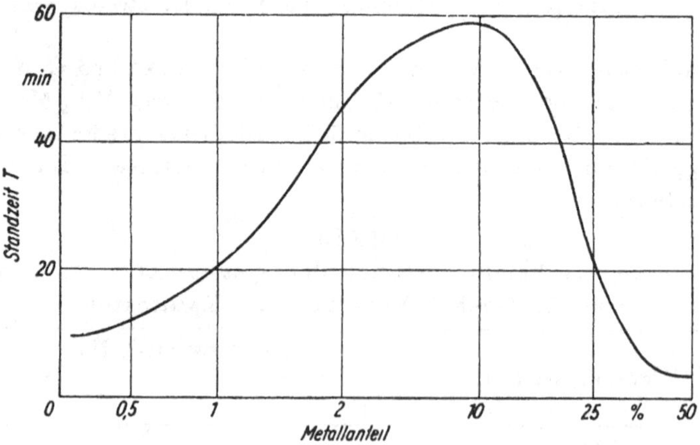

Abb. 9. Einfluß der Metallmenge (Molybdän) auf die Standzeit der Schneidkeramik A (v = 120 m/min) (nach W. WOLF)

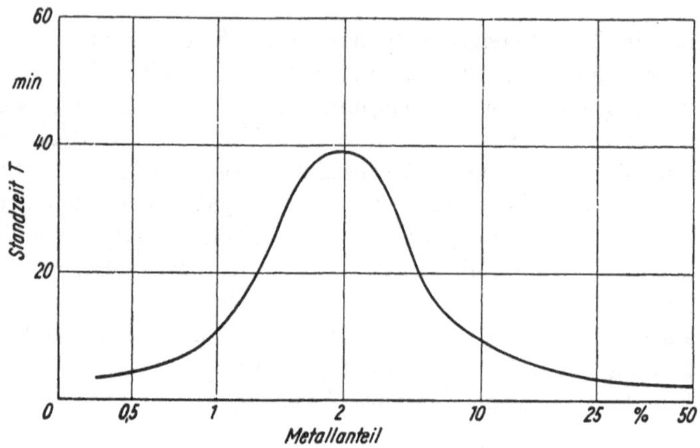

Abb. 10. Einfluß der Metallmenge (Molybdän) auf die Standzeit der Schneidkeramik A (v = 500 m/min) (nach W. WOLF)

Bei der Sinterung der Schneidkeramik A, die — worauf noch zurückzukommen sein wird — in einer kohlenden Atmosphäre durchgeführt wird, traten anfänglich an der Oberfläche der Schneidplatten sehr starke Rauhigkeiten ein, die zunächst ein allseitiges Schleifen derselben erforderlich machten. Die Technik der Sinterung läßt sich nach C. AGTE und W. DÜBEL [81] durch verschiedene Maßnahmen wesent-

[81] AGTE, C. und DÜBEL, W., WP angemeldet (1955) — 401/39821.

lich verbessern, so daß bei nachstellbaren Platten ein allseitiges Schleifen überflüssig wird.

Die Sinterung der Schneidkeramik A wurde anfänglich in einem offenen Kohlerohrofen durchgeführt, wobei sich eine CO-haltige Atmosphäre ausbildet. Von C. Agte [82] wurde durch analytische und röntgenographische Untersuchungen nachgewiesen, daß es dabei in größerem Umfang zu einer Karburierung des Molybdäns kommt, die sich nicht nur auf die Randzone beschränkt. In Abb. 11 ist das Röntgenogramm der Schneidkeramik A im Vergleich zum Mo und Mo_2C gezeigt. Im Röntgenogramm der Schneidkeramik A 10 sind neben schwachen Linien des Mo wesentlich stärkere des Mo_2C zu erkennen.

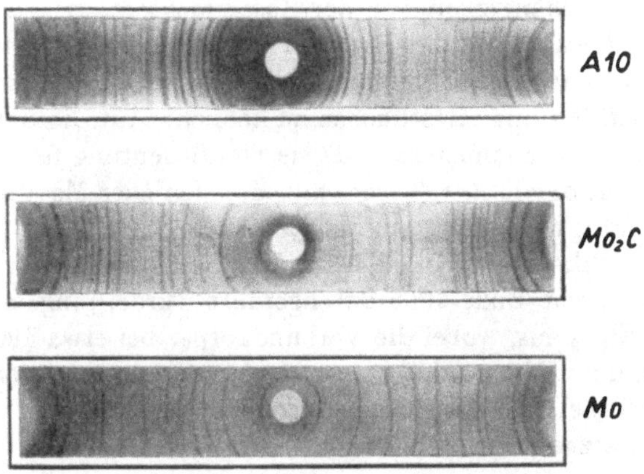

Abb. 11. Röntgenogramm der Schneidkeramik A 10 im Vergleich zu Mo und Mo_2C (nach C. Agte)

Es handelt sich somit bei der früher als „Cermet“ angesprochenen Schneidkeramik A in Wahrheit um eine Oxyd–Metall–Karbid-Keramik mit anteilmäßig geringen Mengen an Karbid und Metall [82].

Es nimmt daher nicht Wunder, daß man sich in der Deutschen Demokratischen Republik, aufbauend auf der Erkenntnis, daß bei der Herstellung der Keramik A eine Bildung von Mo_2C eintritt, in der Folge — und zwar im VEB Hartmetallwerk Immelborn — intensiv mit Untersuchungen von Oxyd–Karbid-Systemen beschäftigte [35]. Dieser Entschluß erwies sich als sehr glücklich und erfolgreich.

Verbundkörper aus harten hochschmelzenden Oxyden, wie Al_2O_3, mit Schwermetallkarbiden[1]) sind bereits seit langem bekannt. Sie haben bei der Entwicklung von hochwarm- und zunderfesten Werkstoffen eine Rolle gespielt. Dagegen ist der Vorschlag, sie als Schneidwerkstoff zu verwenden, relativ neu [83].

---

[1]) Es sind dies Karbide von Schwermetallen der 4., 5. und 6. Gruppe des periodischen Systems.

[82] Agte, C., „Fertigungstechnik“, 7, 10, 446 (1957) (Vortrag auf der 1. Internationalen pulvermetallurgischen Tagung 1957 in Eisenach).

[83] Richter, A. und Mitarbeiter, WP angemeldet (1956).

Von den hier interessierenden Oxyd–Karbid-Verbundwerkstoffen ist besonders eingehend das System TiC–Al_2O_3 durch H. N. BARR, G. D. CRAMER und W. J. KOSHUBA [84] untersucht worden. Mit Verbundkörpern des Systems MgO–TiC beschäftigte sich H. F. G. UELTZ [85]. Im Gegensatz zu den Verhältnissen im System TiC–Al_2O_3 kommt es offenbar im System MgO-TiC zu Umsetzungen zwischen den Partnern (vgl. 3.30).

Verbundwerkstoffe aus Mo_2C und Al_2O_3 haben W. SEITH und H. SCHMECKEN [77] hergestellt. Ihre Untersuchungen, die an bei 1900° C gesinterten Strangpreßkörpern und Pulverpreßlingen vorgenommen wurden, erstreckten sich auf Messungen der Wichte, der Biegebruchfestigkeit, der Wärmeleitfähigkeit und der elektrischen Leitfähigkeit in Abhängigkeit von der Zusammensetzung[1]). Da die thermische und elektrische Leitfähigkeit höher als bei reinem Mo_2C liegt, glaubten die genannten Autoren auf chemische Umsetzungen sowie auf das Auftreten metallischer Phasen zwischen Mo und Al schließen zu können. Auf diese Erscheinung wird später noch zurückzukommen sein, da sie von Bedeutung für die wichtige Frage der Benetzbarkeit oxydischer Körner mit Metallen oder Metallverbindungen und somit für die Zähigkeit der Verbundkörper ist.

Bei der Entwicklung einer Oxyd–Karbid-Keramik, wie sie im VEB Hartmetallwerk Immelborn seit Ende 1955 durchgeführt wurde, ging man zunächst vom System Mo_2C-Al_2O_3 aus, wobei die Verbundkörper bei etwa 1800 bis 1850° C im Kohlerohrofen unter Verwendung einer H_2-Atmosphäre gesintert wurden. Dabei wurden die in Tabelle 9 angegebenen Werte für die Wichte in Abhängigkeit von der Zusammensetzung ermittelt.

Tabelle 9

Wichte von Verbundkörpern aus Mo_2C-Al_2O_3 in Abhängigkeit von der Zusammensetzung

Zusatz von Mo_2C %	Wichte g/cm^3
10	4,15
15	4,30
20	4,45
30	4,75
40	5,15
50	5,50

Die erste Oxyd–Karbid-Schneidkeramik der Deutschen Demokratischen Republik erhielt die Markenbezeichnung B. Durch Untersuchungen, die sowohl im

[1]) Auf diese wichtige Arbeit wird in Kapitel 3.00 zurückzukommen sein.

[84] BARR, H. N., CRAMER, G. D. und KOSHUBA, W. J., Vortrag Electrochem. Soc., Cleveland 1950, „Ref. Powder Mat. Bull", **5**, 62 (1950).

[85] UELTZ, H. F. G., „Journ. Americ. Ceram. Soc.", **33**, 340 (1950).

VEB Hartmetallwerk Immelborn durch C. Agte und E. Heymel als auch am Lehrstuhl für Fertigungstechnik Dresden durch A. Richter und W. Wolf durchgeführt wurden [82], ergab sich, daß das Maximum der Schneidhaltigkeit bei der Schlichtbearbeitung von Stahl (St 60.11, C 35 und C 60) im System Mo_2C–Al_2O_3 bei einer Zusammensetzung von 40% Mo_2C und 60% Al_2O_3 liegt, und zwar ziemlich unabhängig von der Schnittgeschwindigkeit.

In Abb. 12 ist das Standzeitverhalten der Schneidkeramik B in Abhängigkeit von der Zusammensetzung auf Grund der Untersuchungen der Technischen Hoch-

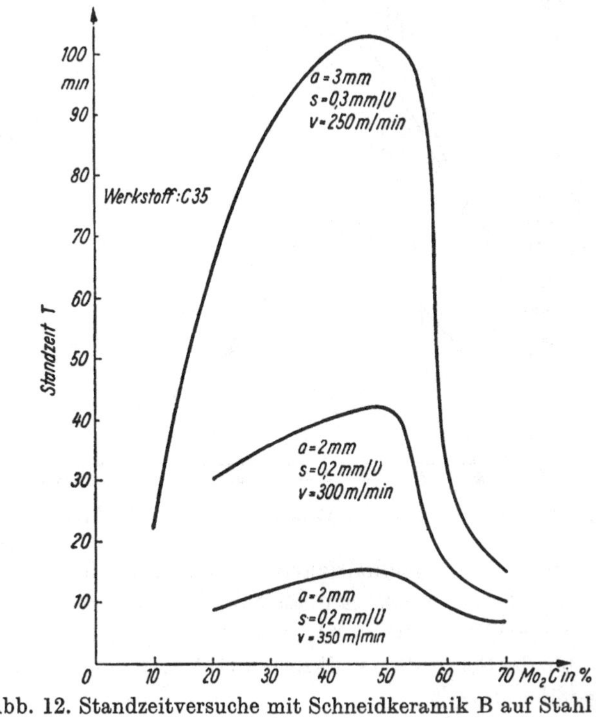

Abb. 12. Standzeitversuche mit Schneidkeramik B auf Stahl C 35 (Technische Hochschule Dresden)

schule Dresden, Institut für Fertigungstechnik (Bearbeitung von Stahl C 35) einerseits und in Abb. 13 nach Messungen von Immelborn (Bearbeitung von Stahl St 60.11 und C 60) anderseits dargestellt. Beide Untersuchungen stimmen in ihrem Ergebnis gut miteinander überein.

Die Oxyd–Karbid-Keramik B wurde jedoch nicht fabrikatorisch hergestellt. Sie wurde sehr bald (Ende 1956) abgelöst durch die Schneidkeramik C, die eine wesentliche Verbesserung gegenüber der früheren Sorte B darstellte. Bei der neuen Sorte C wird als karbidischer Bestandteil ein Mischkristall aus WC–Mo_2C verwendet [86].

[86] Agte, C., Kohlermann, R. und Dübel, W., WP angemeldet (1957) Auslandspatente beantragt.

Auch hier ergibt sich das Maximum der Schneidhaltigkeit bei einer Zusammensetzung von 60% Oxyd (Al_2O_3) und 40% Mischkarbid, wie aus Abb. 14 ($v = 200$ m/min) und Abb. 15 ($v = 400$ m/min) hervorgeht.

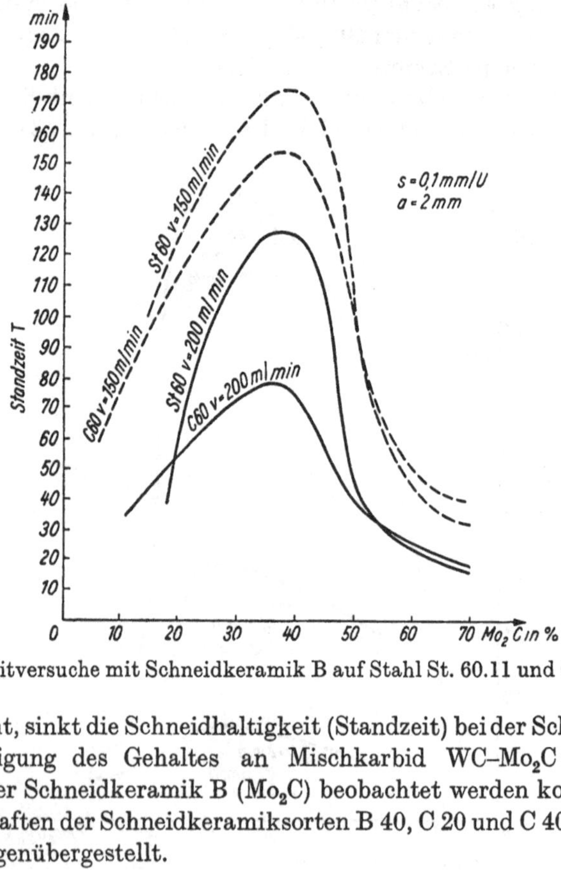

Abb. 13. Standzeitversuche mit Schneidkeramik B auf Stahl St. 60.11 und C 60 (Immelborn)

Wie man sieht, sinkt die Schneidhaltigkeit (Standzeit) bei der Schneidkeramik C durch Erniedrigung des Gehaltes an Mischkarbid WC–Mo_2C weniger stark ab, als es bei der Schneidkeramik B (Mo_2C) beobachtet werden konnte.

Die Eigenschaften der Schneidkeramiksorten B 40, C 20 und C 40 sind in Tabelle 10 einander gegenübergestellt.

Tabelle 10

Eigenschaften verschiedener Sorten der Oxyd-Karbid-Keramik

Sorte	Wichte g/cm³	Biegebruch-festigkeit kg/mm²	Rockwell-härte R_A	Mikrohärte (50 g Belastung)
B 40	5,15	25–35	92–94	Oxyd 2550 Karbid 1600–1800
C 20	4,65	32–45	92–94	Oxyd 2600 Karbid 1800–2050
C 40	5,35	35–50	92–94	Oxyd 2650 Karbid 1800–2050

Das besondere Kennzeichen der Schneidkeramik C im Vergleich zur Schneidkeramik B ist ihre höhere Zähigkeit, als deren Maß die Biegebruchfestigkeit ange-

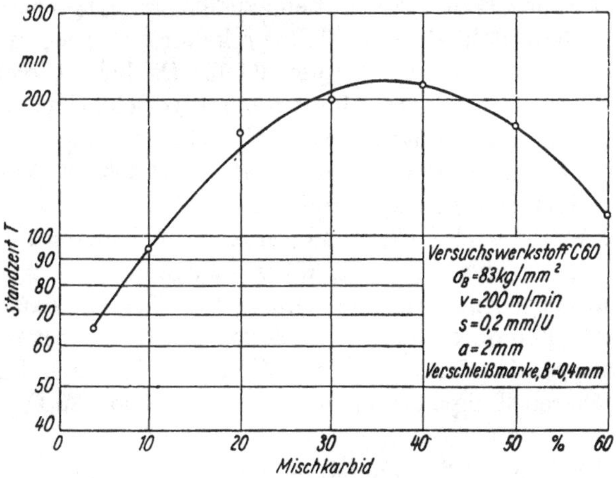

Abb. 14. Standzeitversuche mit Schneidkeramik C (Werkstoff: Stahl C 60, v = 200 m/min a = 2 mm, s = 0,2 mm/U)

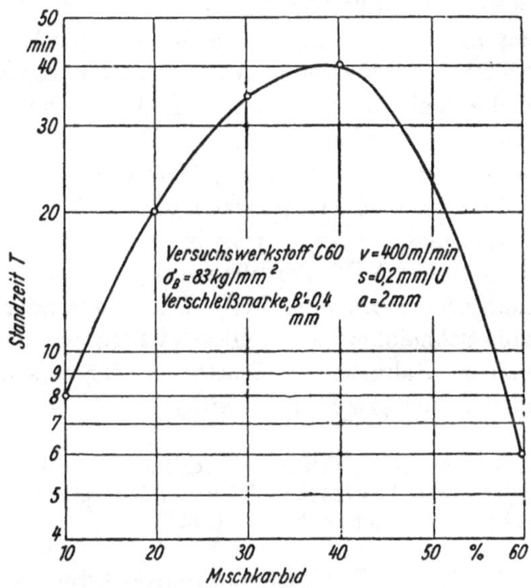

Abb. 15. Standzeitversuche mit Schneidkeramik C (Werkstoff Stahl C 60, v = 400 m/min a = 2 mm, s = 0,2 mm/U)

sehen werden kann. Dies gilt im besonderen für die in Kapitel 5.132 zu besprechende Warmbiegefestigkeit.

In den Abbildungen 16 bis 19 sind Gefügeaufnahmen der Schneidkeramiksorten A 10 (Abb. 16), B 40 (Abb. 17), C 40 (Abb. 18) und C 20 (Abb. 19) gezeigt. Aus ihnen ist ersichtlich, daß die Verteilung der karbidischen Komponente im Grundoxyd bei der Schneidkeramik C 40 wesentlich gleichmäßiger und besser ist als bei der Schneidkeramik B 40. Letztere zeigt zudem ein viel gröberes Gefüge. Die Karbide sind im Gefügebild als helle Stellen erkennbar; sie liegen meist in Form von kugelförmigen Körnern vor (Kapitel 6.00). Da bei Überschreitung einer Sintertemperatur von 1900° C stark aluminiumhaltige Schmelzperlen an der Oberfläche festgestellt werden konnten, darf in Übereinstimmung mit W. SEITH und H. SCHMECKEN [77] angenommen werden, daß Oberflächenreaktionen zwischen den Oxyd- und Karbidkörnern stattfinden und möglicherweise intermetallische Phasen von der Art des Al_4Mo (47,1% Mo) in geringem Umfang auftreten. Hierin wird ein wesentlicher Umstand für die höhere Zähigkeit der untersuchten Oxyd–Schwermetallkarbidsysteme vermutet. Im übrigen ist auf Grund von Untersuchungen von G. ECONOMOS und W. D. KINGERY [87, 88] bekannt, daß Oberflächenreaktionen des Oxydes längs seiner Korngrenzen durch Einwirkung von Metallen bei höheren Temperaturen — z. B. von Ti auf Al_2O_3 — stattfinden können.

α-Al_2O_3 und Mo_2C sowie WC gehören dem gleichen Kristallsystem (hexagonal) an, was möglicherweise in diesem Zusammenhang von Bedeutung sein kann. Allerdings ist der Gitterparameter des α-Al_2O_3 mit $a = 1{,}92$ Å wesentlich kleiner als der von Mo_2C ($a = 3{,}004$ Å) und der von WC ($a = 2{,}900$ Å).

Zum Vergleich ist in Abb. 20 das Gefüge der sowjetischen Schneidkeramik Mikrolit und in Abb. 21 dasjenige der in Abschnitt 2.32 besprochenen tschechoslowakischen Schneidkeramik KDB 8 gezeigt. In beiden Fällen handelt es sich um eine Oxydkeramik mit Glasphase.

Die Schneidkeramik C 40 wird seit Anfang 1957 von der Forschungsabteilung des VEB Hartmetallwerk Immelborn im betrieblichen Maßstab hergestellt. Sie wurde auf der Technologenschau in Leipzig im September 1957 — ebenso wie die Schneidkeramik A 10 des VEB Porzellanwerk Neuhaus-Schierschnitz — an Hand von Produktionsbeispielen vorgeführt[1]). Über die mit der Cermetsorte A 10 und der Oxyd-Karbid-Schneidkeramik C 40 erreichten wirtschaftlichen Erfolge wird in Kapitel 9.00 im Rahmen der Erörterung der zerspanungstechnischen Untersuchungen im einzelnen gesprochen werden.

---

[1]) Vgl. auch die zahlreichen Kontroversen, die sich im Zusammenhang mit der Technologenschau bezüglich der Keramiksorten A und C in der Tagespresse der Deutschen Demokratischen Republik abgespielt haben (z. B. [89 bis 92]).

[87] ECONOMOS, G. und KINGERY, W. D., „Journ. Americ. Ceram. Soc.", **36**, 403 (1953). dieselben zitiert in

[88] EISENKOLB, F., Die neuere Entwicklung der Pulvermetallurgie. VEB Verlag Technik, Berlin, 1955, S. 416.

[89] „Technische Gemeinschaft", **5**, 444 (1957).

[90] JOKIEL, „Kirow-Echo" vom 30. 8. 1957.

[91] ALLIHN, W., „Sächs. Landeszeitung" vom 21. 9. 1957.

[92] JUROWIECZ, K., „Neues Deutschland" vom 11. 10. 1957.

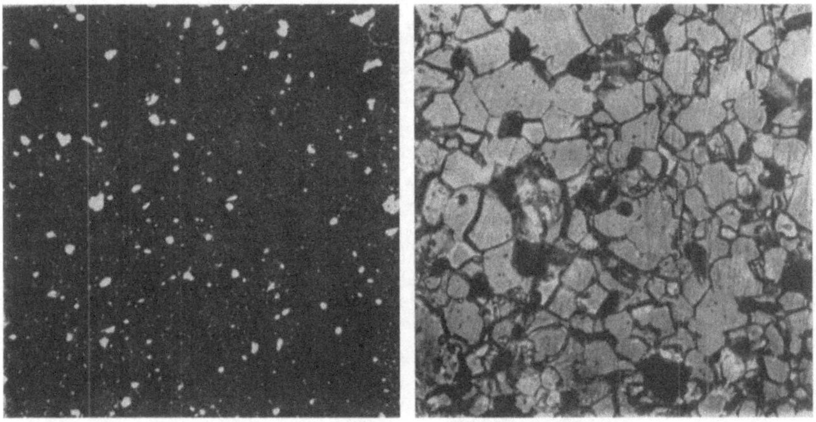

Abb. 16. Schneidkeramik A 10

a) Verteilung der Metallkomponente (V = 160 ×)   b) Korngrenzen der Kristallite (V = 500 ×)

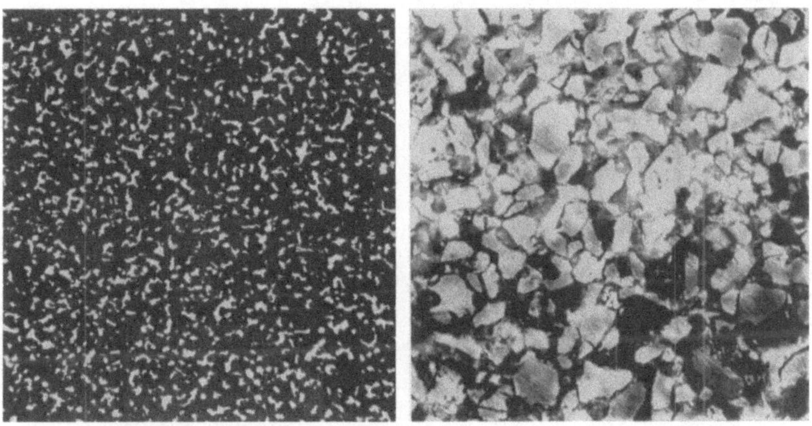

Abb. 17. Schneidkeramik B 40

a) Verteilung der Karbidkomponente (V = 160 ×)   b) Korngrenzen der Kristallite (V = 500 ×)

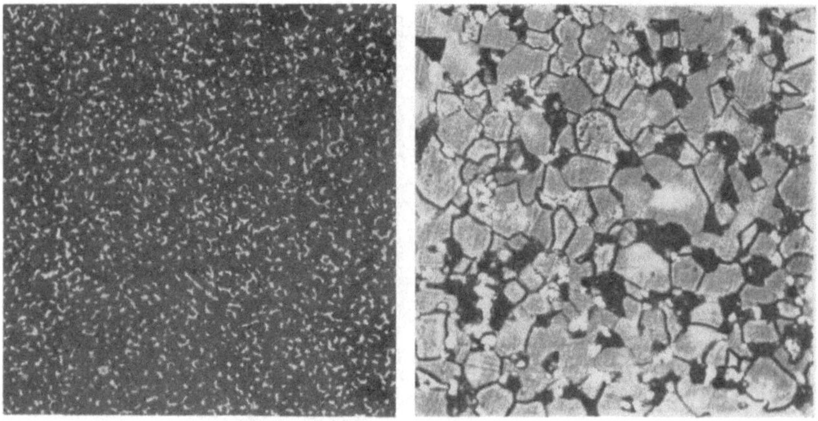

Abb. 18. Schneidkeramik C 40

a) Verteilung der Karbidkomponente (V = 160 ×)
b) Korngrenzen der Kristallite (V = 500 ×)

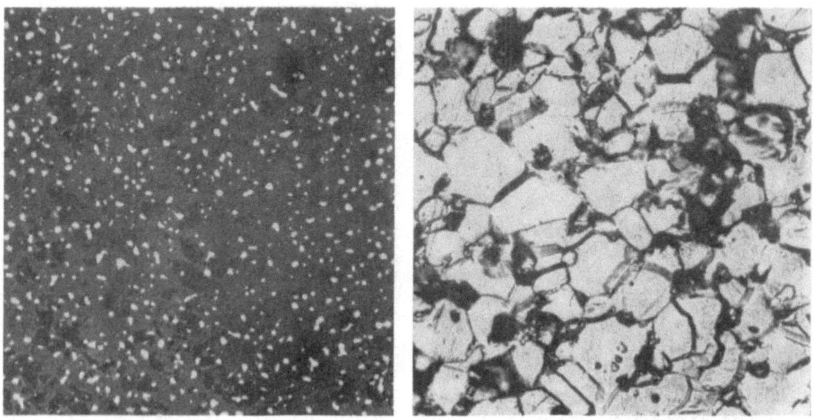

Abb. 19. Schneidkeramik C 20

a) Verteilung der Karbidkomponente (V = 160 ×)
b) Korngrenzen der Kristallite (V = 500 ×)

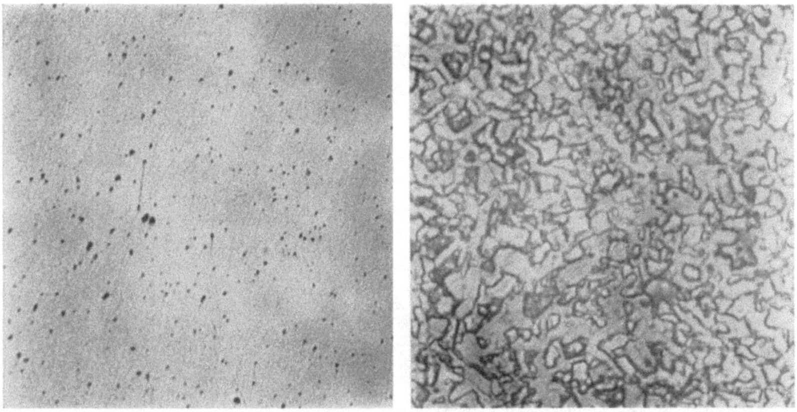

Abb. 20. Sowjetische Schneidkeramik Mikrolit

a) Porosität (V = 160 ×) b) Korngrenzen der Kristallite (V = 500 ×)

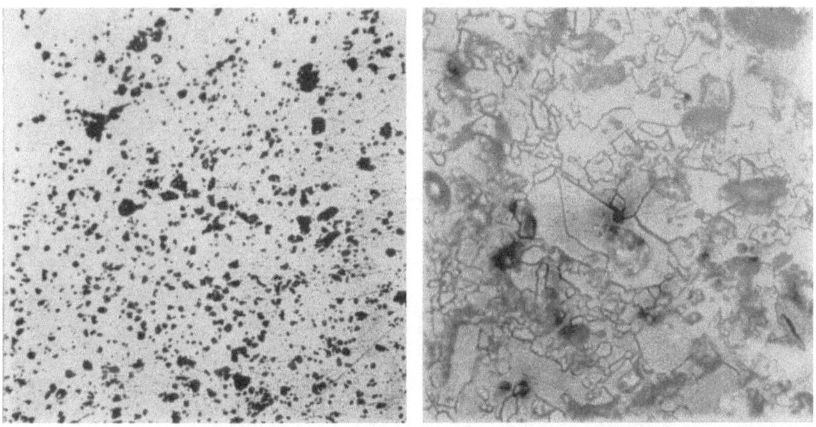

Abb. 21. Tschechoslowakische Schneidkeramik KDB 8

a) Porosität (V = 160 ×) b) Korngrenzen der Kristallite (V = 500 ×)

Mit der Entwicklung der Cermetsorte A 10 und der Oxyd–Karbid-Keramik C 40 sind die Möglichkeiten zur Verbesserung dieser beiden Keramiksorten keineswegs erschöpft.

Im VEB Hartmetallwerk Immelborn konnte nachgewiesen werden, daß es eine ganze Anzahl von Karbidkombinationen gibt, die, an Stelle des in der Schneidkeramik C benutzten WC–Mo_2C-Mischkarbides eingesetzt, zu noch höheren Schneidleistungen der Keramik führen. Dies geht aus Abb. 22 hervor, in der die Schneidleistungen verschiedener Oxyd–Karbid-Systeme mit denen der Schneidkeramik C 40 verglichen werden. Dabei handelt es sich nicht nur um binäre, sondern zum Teil auch um ternäre Karbidsysteme.

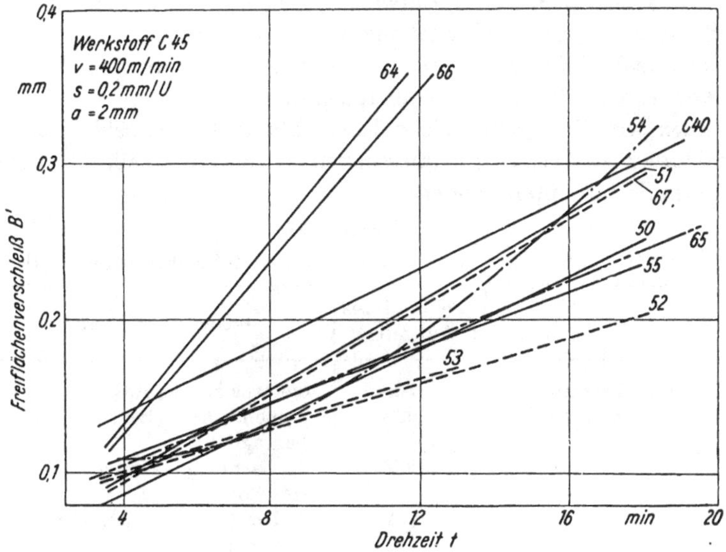

Abb. 22. Schneidleistungen verschiedener Oxyd-Karbid-Verbundkörper im Vergleich zur Schneidkeramik C 40

Inzwischen ist auf Grund der gewonnenen Erkenntnisse in der Deutschen Demokratischen Republik durch die Forschungsabteilung des VEB Hartmetallwerk Immelborn von C. Agte, R. Kohlermann und W. Dübel unter der Versuchsnummer „D 25" eine neue Oxyd–Karbid-Keramiksorte entwickelt worden, die sich bei etwa gleich großer Zähigkeit durch eine wesentlich bessere Verschleißfestigkeit als die Sorte C 40 auszeichnet[1]). Mit der Aufnahme der Erzeugung dieser neuen Qualität kann im Frühjahr 1959 gerechnet werden.

Eine weitere Verbesserung, im besonderen eine Steigerung der Zähigkeit, von Oxyd–Karbid-Verbundkörpern ist möglich und auch in Immelborn festgestellt worden, wenn metallische Zusätze in kleinerer Menge zu den Oxyd–Karbid-Mischungen oder innerhalb der Fertigung bei der Karburierung der Mischkarbide

[1]) Vgl. E. Heymel, Vortrag auf der zerspanungstechnischen Tagung in Leipzig, Anfang November 1958.

erfolgen. Es erscheint verfrüht, diese Entwicklung im einzelnen schon jetzt darzulegen.

Schließlich sei noch erwähnt, daß unter Umständen auch Oxyd–Schwermetallborid-Systeme von Bedeutung bei der weiteren Entwicklung der Schneidkeramik sein können. So weist z. B. J. Hinnüber [64] darauf hin, daß teilweise bereits Zusätze von Molybdänborid zum Aluminiumoxyd verwendet worden sind.

Während der Drucklegung dieses Buches ist von amerikanischer Seite aus (anonym) ein Aufsatz erschienen [231], in welchem eine Zusammenstellung der in den verschiedenen europäischen Ländern entwickelten und hergestellten Schneidkeramiksorten gegeben wird. In Erweiterung der im vorliegenden Buch gebrachten Darstellung wird auch auf die Entwicklung der Schneidkeramik in Italien und in der Schweiz eingegangen. Es wird dabei ferner eine kritische Einschätzung der Qualität der verschiedenen Erzeugnisse gegeben, die jedoch in einigen Fällen nicht mit den Erfahrungen der Verfasser übereinstimmt.

Überblicken wir die geschichtliche Entwicklung der Schneidkeramik in den Jahren nach dem 2. Weltkrieg, dann können wir die in Tabelle 11 aufgeführten verschiedenen Sorten unterscheiden.

Tabelle 11

Übersicht über die verschiedenen Arten der Schneidkeramik

Sorte	Beginn ihres Auftretens	erster Entwickler
Oxydkeramik (Sinterkorund)	1930	Siemens-Halske A.G.
	1934	Lomonossow-Porzellanwerke Leningrad
	1938	W. Osenberg (Degussa und Hescho)
	1952	A. Richter — Neuhaus-Schierschnitz (Sorte S)
gesinterte Oxydkeramik mit Glasphase	1948	Thermokorund, Mikrolit (UdSSR)
heißgepreßte Oxydkeramik	1953	Richter-Immelborn (DDR) — Sorte SK —
Schneidkeramik in Form von Cermets (Oxyd–Metall-Verbundwerkstoffe)	1954	Richter-Neuhaus (DDR) — Sorte A —
Oxyd—Karbid—Keramik (mit Einzelkarbid)	1955	Agte-Immelborn (DDR) — Sorte B —
Oxyd–Karbid-Keramik (mit mehreren Karbiden und mit oder ohne Metallzusätzen)	1956	Agte-Kohlermann-Dübel Immelborn (DDR) — Sorte C —

[231] Anonym: American Machinist, April 21, 1958, S. 122.

Diese einzelnen Sorten werden zum Teil nebeneinander in verschiedenen Abarten in vielen Ländern zur Zeit hergestellt. Sie unterscheiden sich teilweise erheblich in ihren technologischen und physikalischen Eigenschaften sowie ihrer Schneidleistung voneinander. Dies erscheint nicht verwunderlich, wenn man bedenkt, daß man auf dem Gebiet der Schneidkeramik noch am Anfang einer Entwicklung steht [93]. Die günstigsten sowie wirtschaftlichsten Anwendungsgebiete der einzelnen Keramiksorten müssen sich zweifellos noch klarer als bisher herausschälen.

---

[93] Agte, C. und Kohlermann, R., „Fertigungstechnik", 8, 4 (1958).

3.00 Die wichtigsten Sorten der Schneidkeramik

(C. Agte und R. Kohlermann)

Aus der im vorhergehenden Abschnitt (2.00) beschriebenen geschichtlichen Entwicklung der Schneidkeramik geht hervor, daß — zumindesten gemessen an den Verhältnissen der Deutschen Demokratischen Republik — sich bisher drei grundverschiedene Keramiksorten als wichtig und bedeutungsvoll herausgeschält haben. Es sind dies

a) die reine Oxydkeramik, mit oder ohne Glasphase,

b) Mischkörper von Metalloxyd (Al_2O_3)-Metallsystemen und

c) Verbundwerkstoffe von Metalloxyd-Schwermetallkarbidsystemen.

Es erscheint notwendig, auf diese drei Sorten der Schneidkeramik näher einzugehen.

3.10 Oxydkeramik

Das Sinterverhalten sehr reiner Tonerde ist von E. Ryschkewitsch [94] genauer untersucht worden. In Abb. 23 ist die Abhängigkeit der Schwindung von der Sintertemperatur nach den Messungen des genannten Verfassers wiedergegeben.

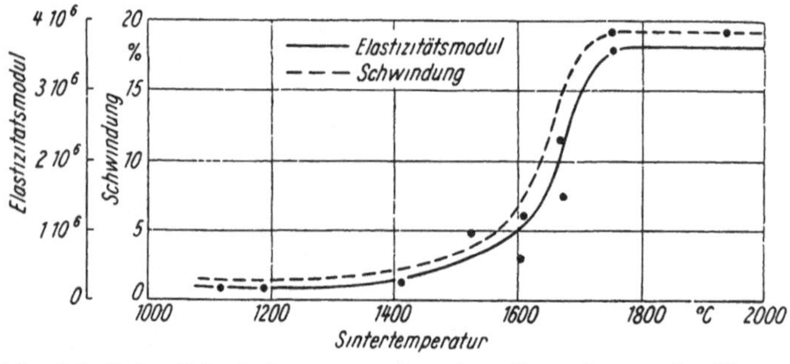

Abb. 23. Abhängigkeit der Schwindung von sehr reiner Tonerde von der Sintertemperatur (nach E. Ryschkewitsch)

Wie man sieht, beginnt die Schwindung etwa bei 1600° C. Sie läuft in einem relativ kleinen Temperaturintervall ab. Bei einer Sintertemperatur von 1800° C nähert sich die Wichte einem Höchstwert. Die Schwindung betrug bei den Versuchen von E. Ryschkewitsch etwa 20%.

Das Ergebnis der Messungen von E. Ryscwkewitsch konnte im großen und ganzen von W. Richter und G. Kammerich [33] bestätigt werden. Die letzt-

[94] Ryschkewitsch, E., „Ber. Dtsch. keram. Ges.“, **25**, 95 (1944).

genannten Autoren ermittelten die Biegefestigkeit und die Wichte nach verschiedenen Sintertemperaturen, wobei technische Tonerden aus zwei Erzeugungsstätten zur Anwendung kamen. Das Ergebnis dieser Untersuchungen ist in Tabelle 12 wiedergegeben.

Tabelle 12

Biegefestigkeit und Rohwichte von technischen Tonerden nach verschiedenen Sintertemperaturen (nach W. Richter und G. Kammerich)

Herkunft der techn. Tonerde	Eigenschaften	Glühtemperatur °C				
		1360	1620	1730	1800	1825
Tonerde Martinswerk	Biegefestigkeit kg/mm²	—	—	9,2	14,0	14,5
	Rohwichte g/cm³	1,66	—	2,64	3,36	3,66
Ungarische Tonerde	Biegefestigkeit kg/mm²	1,5	—	12,0	15,0	17,5
	Rohwichte g/cm³	2,29	2,92	3,39	3,70	3,80

Um Bestwerte der mechanischen Eigenschaften zu erhalten, muß von feinkörnigem Ausgangspulver ausgegangen werden. W. Richter und G. Kammerich [33] geben die in Tabelle 13 wiedergegebene durchschnittliche Korngrößenverteilung der bei ihren Versuchen verwendeten Tonerde an, wobei die Korngröße unter Verwendung von $Na_4P_2O_7$ als Dispersionsmittel bestimmt wurde. γ-Tonerde (Wichte nach E. Ryschkewitsch 3,65 g/cm³) wurde durch Glühen (Kalzinieren) bei 1400 bis 1600° C in α-Tonerde (Wichte 3,95 g/cm³) umgewandelt. Dabei wird die in HCl lösliche γ-Modifikation in die außerordentlich beständige α-Tonerde, die ein hexagonales Gitter rhomboedischer Koordination mit zwei Molekülen in der Zelle besitzt, überführt [95]. Die Vollständigkeit der Umwandlung von γ- in

Tabelle 13

Durchschnittliche Korngrößenverteilung aufbearbeiteter Tonerde (nach W. Richter und G. Kammerich)

Korngröße in μ	Korngrößenverteilung in %	Σ%
15—20	2— 3	2— 3
10—15	5— 7	8— 10
7—10	7— 9	19— 22
5— 7	10—12	26— 30
3— 5	15—20	44— 50
1— 3	33—36	75— 80
< 1	18—30	100

[95] Glocker, R., Materialprüfung mit Röntgenstrahlen, Springer-Verlag, 3. Auflage (1949) S. 252.

α-Tonerde kann nach W. RICHTER und G. KAMMERICH [33] durch Anfärben mit Alizarinlösung überwacht werden.

Durch Zusätze (Mineralisatoren) ist einer auftretenden Sammelkristallisation (Kornvergröberung) bei der Sinterung zweckmäßig entgegenzuwirken. Gewisse Zusätze, wie z. B. TiO_2, unter 1% können allerdings ein starkes Kornwachstum verursachen [96, 97]. Andere Zusätze wirken in entgegengesetztem Sinne. Eine besonders hohe Feinkörnigkeit im Sinterkörper und eine weitgehende Unempfindlichkeit gegenüber schwankenden Sintertemperaturen scheint man durch Zusatz kleinerer Mengen von Magnesiumfluorid erreichen zu können.

W. RICHTER und G. KAMMERICH [33] haben weiterhin den Einfluß von kleineren Zusätzen an Fremdoxyden und anderen Fremdstoffen auf die Rohwichte und die Härte von Sintertonerde untersucht, wobei als Ausgangsmaterial ungarische Tonerde zur Anwendung kam und die Sinterung bei 1800° C erfolgte. Das Ergebnis der Untersuchungen ist in Tabelle 14 wiedergegeben.

Tabelle 14

Rohwichte und Härte von Tonerde mit Zusätzen (nach W. RICHTER und G. KAMMERICH)

Zusatz (1%)	Fe_2O_3	Ga_2O_3	La_2O_3	Cr_2O_3	MgF_2 (0,5%)
Rohwichte g/cm³	3,65	3,83	3,81	3,70	3,83
Rockwellhärte R_c	57	59	65	68	07

Bei der oxydischen Schneidkeramik „S" der Deutschen Demokratischen Republik handelt es sich um einen Schneidwerkstoff, der entsprechend der letzten Spalte der Tabelle 14 zusammengesetzt ist (Zusatz von Magnesiumfluorid)[1]).

3.20 Mischkörper aus Metalloxyd-Metall

Über die Eigenschaften von Mischkörpern aus Metalloxyd-Metall, den sogenannten „Cermets", ist eine umfangreiche Literatur erschienen [74, 98 bis 103]. Auf eine eingehende Diskussion derselben wird im Rahmen der vorliegenden Darstellung verzichtet und nur auf solche Systeme eingegangen, die für die Ent-

1) Mündliche Angabe von W. RICHTER.

[96] GRAMES, A., „Silikattechnik", 6, 347 (1955).
[97] SMOTHERS, W. J. und REYNOLDS, H. J., „Journ. Americ. Ceram. Soc.", 37, 588 (1954).
[98] CAMPBELL, J. B., Materials and Methods, May 1950.
[99] FAHLENBRACH, H., „ETZ", 71, 295 (1950).
[100] HAUSNER, H. H., „Metal Industry", 14, 405 (1948).
[101] SKAUPY, F., „Technik", 7, 157 (1947).
[102] SKAUPY, F., Metallkeramik. Verlag Chemie, Neueste Ausgabe, Weilheim.
[103] HAUSNER, H. H., Internationale pulvermetallurgische Tagung 1948, Graz, (vorgetragen von F. Held, Zürich).

wicklung und Anwendung der Schneidkeramik von Bedeutung sind. Der Schwerpunkt der Verwendung von Cermets liegt nach dem augenblicklichen Stand der Technik zweifellos auf dem Gebiet der warm- und zunderfesten Werkstoffe, während „Cermets" für Schneidzwecke erst in jüngster Zeit ein Interesse gefunden haben.

Eine sehr ausführliche Darstellung dieser Frage haben W. Seith und H. Schmekken [77] in einer Arbeit gegeben, die nach der Meinung der Autoren dieses Buches besonders wertvoll und aufschlußreich erscheint. Leider haben sich W. Seith und H. Schmecken vornehmlich auf die Gebiete von mittleren Mischungsverhältnissen in den untersuchten Systemen beschränkt. Untersucht wurden u. a. die Kombinationen Pythagorasmasse-Eisen, Kaolin-Eisen, Quarzpulver-Eisen und vor allem in systematischer Weise die Systeme Al_2O_3-Fe und Al_2O_3-Ni sowie das im nächsten Unterabschnitt (3.30) zu behandelnde Oxyd-Karbid-System Al_2O_3–Mo_2C.

Die Versuche von W. Seith und H. Schmecken [77] erscheinen deswegen so bemerkenswert, weil aus ihnen interessante Schlußfolgerungen über den Zusammenhang und das Zusammenwirken der einzelnen Komponenten bei der Sinterung gezogen werden konnten, und zwar auf Grund von Bestimmungen der Wichte, der Bruchfestigkeit sowie der elektrischen und thermischen Leitfähigkeit. Bei den Systemen Al_2O_3-Fe und Al_2O_3–Ni trat während der Sinterung bei 1850 bis 1900° C eine flüssige Phase auf, deren eigentümliches Verhalten ebenso wie das Gebiet der Mischungsverhältnisse, in denen eine Sinterung erzielt werden kann, eingehend diskutiert wurde. Ähnliche Untersuchungen führten F. Eisenkolb und W. Richter [80] durch, wobei Systeme mit Tonerde, Quarz und Steingut als keramische und Eisenpulver als metallischer Bestandteil verwendet wurden.

Neuerdings haben W. Jellinghaus und Toshimori Shuin [104] eingehende Untersuchungen über Cermets aus Aluminiumoxyd und Eisen oder Eisenlegierungen durchgeführt, wobei im besonderen das Gebiet der oxydischen Verbundwerkstoffe behandelt und der Einfluß von Nickel-, Chrom- und Molybdänzusätzen auf die Warmfestigkeitseigenschaften der Fe-Al_2O_3-Cermets bestimmt wurde.

Mischkörper mit hohem Schmelzpunkt, guter Temperaturwechselbeständigkeit und Wärmeleitfähigkeit für spezielle Probleme der Elektrotechnik stellte L. J. Cronin [105] her. Am geeignetsten erwies sich eine Kombination aus Thoriumoxyd und Molybdän mit Teilchengrößen um 2 μ.

Auf Cermets von der Art des bekannten Werkstoffes SAP, der aus Aluminiummetall mit relativ großen Mengen an Aluminiumoxyd besteht, sei hier nicht näher eingegangen [106]. Die Bedeutung des SAP liegt infolge seines hohen Metallgehaltes nicht auf schneidtechnischem Gebiet, sondern ausschließlich darin, daß dieser Werkstoff eine Warmfestigkeit zeigt, die zwischen 400 und 550° C höher als die der besten rein metallischen ausscheidungshärtenden Aluminiumlegierungen liegt.

[104] Jellinghaus, W. und Toshimori Shuin, „Stahl und Eisen", **78**, 419 (1958).
[105] Cronin, L. J., Refractory Cermets, Americ. Bull. Ceram. Soc., **30**, 234 (1957).
[106] Irmscher, R., „Schweiz. Arch. angew. wiss. Technik", **20**, 327 (1954).

Metallkeramische Werkstoffe mit 34% Al_2O_3, 35% Cr und 13% Mo untersuchten T. S. SHEVLIN und C. A. HAUCK [107] vorwiegend im Hinblick auf ihr Verhalten als warmfestes Material.

Für Zwecke der Schneidkeramik interessieren vor allem die keramometallischen[1]) Systeme Al_2O_3-Cr und Al_2O_3-Mo. R. A. BLACKBURN und T. S. SHEVLIN [108] untersuchten „Cermets" aus Al_2O_3 und 30% Chrom, wobei die Sinterung in feuchtem Wasserstoff bei etwa 1700° C erfolgte. Die Temperaturwechselbeständigkeit des Wasserstoffes ist eine überraschend gute, zumal sich eine Festigkeitserhöhung durch die Behandlung mit feuchtem Wasserstoff ergab, was auf die Ausheilung von Oberflächenrissen zurückgeführt wird. Der Werkstoff wird, da auch die Wichte desselben mit 4,7 g/cm³ niedrig ist, zur Verwendung in Gasturbinen für geeignet gehalten. Die Biegefestigkeit von Sinterkörpern aus 70% Al_2O_3 und 30% Chrom wurde bei höheren Temperaturen an Vierkantstäben bestimmt (vgl. Abb. 24). Es tritt nur eine verhältnismäßig geringe Erniedrigung der Biegefestigkeit im Temperaturgebiet zwischen 900 und 1200° C gegenüber Raumtemperatur ein.

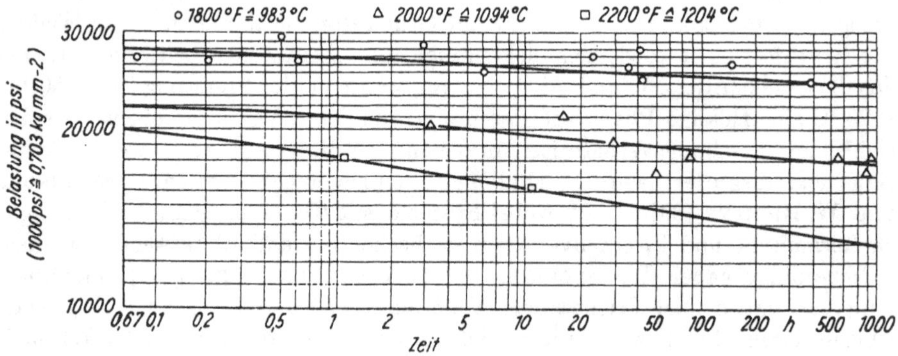

Abb. 24. Biegefestigkeit von Mischkörpern aus 70% Al_2O_3 und 30% Cr bei höheren Temperaturen (nach R. A. BLACKBURN und T. S. SHEVLIN)

Weitere Untersuchungen an warmfesten Cermet-Sinterwerkstoffen aus Al_2O_3 und Chrom führte S. TACVORIAN für sich allein [109] und in Zusammenarbeit mit A. HILVERT [110] sowie mit J. MASHINAT [111] durch. A. CARTER [112] behandelte im Zusammenhang mit hochtemperaturfesten gesinterten Legierungen ebenfalls

[1]) Dieser Ausdruck wird von W. Seith an Stelle des bisher üblichen „Cermet" vorgeschlagen.

[107] SHEVLIN, T. S. und HAUCK, C. A., „Journ. Americ. Ceram. Soc.", **39**, 64 (1956).
[108] BLACKBURN, R. A. und SHEVLIN, T. S., „Journ. Americ. Ceram. Soc.", **34**, 327 (1951).
[109] TACVORIAN, S., „Recherche Aéronautique", **33**, 51 (1953).
[110] HILVERT, A. und TACVORIAN, S., „Rev. Métallurg, Mém.", **54**, 57 (1957).
[111] MASHINAT, J. und TACVORIAN, S., „Rev. Métallurg. Mém.", **54**, 65 (1957).
[112] CARTER, A., „Metallurgia", **49**, 8 (1954).

Werkstoffe aus Aluminiumoxyd und Chrom. Auch W. RICHTER und G. KAMMERICH [33] beschäftigten sich mit Untersuchungen des Systems Al_2O_3-Cr. Sie gaben die in Tabelle 15 wiedergegebenen Rohwichten für derartige Mischkörper bei verschiedenen Zusammensetzungen an.

Tabelle 15

Rohwichte von Mischkörpern aus Tonerde-Chrom (nach W. RICHTER und G. KAMMERICH)

Verfahren	Gewichts-% Cr			
	2	10	25	50
Gesintert im Kohlerohrofen bei etwa 1800°C	3,70	3,93	4,13	4,43[1])
hergestellt im Heißpreßverfahren	3,89	4,10	4,23	4,89

[1]) An der Oberfläche vorhandene Schmelzperlen aus Cr wurden vor der Dichtebestimmung entfernt. Der Verbundkörper enthielt nach dem Sintern nur noch 35% Cr.

F. EISENKOLB und W. SCHATT [113, 114] haben ebenfalls das System Al_2O_3–Cr im Hinblick auf die warmfesten Eigenschaften der Mischkörper untersucht. Es wurde u. a. die Biegebruchfestigkeit bei Raum- und höheren Temperaturen sowie die Zerreißfestigkeit in Abhängigkeit vom Chromgehalt bestimmt. Ferner wurde von den genannten Verfassern die Schlagbiegefestigkeit in Abhängigkeit von der Prüftemperatur bei verschiedenen Chromgehalten ermittelt. Es wurden Oxydationskurven in Abhängigkeit von der Prüfdauer bei veränderter Prüftemperatur und verschiedenen Chromgehalten aufgenommen. Schließlich wurde auch noch der spezifische elektrische Widerstand in Abhängigkeit vom Chromgehalt bei veränderter Mahldauer festgestellt. Metallographische Untersuchungen des Cermet-Systems Al_2O_3-Cr ergänzen das auf Grund der Eigenschaftswerte ermittelte Bild.

Außerdem hat auch E. M. ONITSCH-MODL [179] das System Cr-Al_2O_3 untersucht, jedoch mit überwiegendem Cr-Anteil.

Untersuchungen an den technisch für die Schneidkeramik wichtigen Verbundwerkstoffen des Systems Al_2O_3-Mo (Schneidkeramik A der Deutschen Demokratischen Republik) führten W. RICHTER und G. KAMMERICH [33] durch. Die Rohwichte von Mischkörpern aus Al_2O_3 und Mo ist in Tabelle 8 auf Seite 29 angegeben.

Das Heißpreßverfahren führt auch hier wieder zu besseren Ergebnissen. Es ist jedoch aus wirtschaftlichen Gründen technisch nur in beschränktem Umfange anwendbar. Metallographische Untersuchungen zeigten, daß das Metall im Ton-

[113] EISENKOLB, F. und SCHATT, W., „Wiss. Zeitschrift der Techn. Hochschule Dresden", 6, 283 (1956/57).

[114] EISENKOLB, F. und SCHATT, W., „Die Technik", 12, 824 (1957).

[179] ONITSCH-MODL, E. M., in BENESOVSKI, F., 2. Planseeseminar „De re metallica", Springer-Verlag Wien (1956) S. 427.

erdekörper fein verteilt ist. Das Metall haftet nach Auffassung von W. RICHTER und G. KAMMERICH sehr fest an der Oberfläche der Tonerdeteilchen. Es ist nach C. AGTE sicher, daß dabei die Bildung von Mo_2C eine Rolle spielt.

3.30 Metalloxyd-Metallkarbid-Systeme

Auch über Metalloxyd-Metallkarbid-Mischkörper liegen einige Literaturangaben vor. Unter Metallkarbiden sind dabei Karbide von Schwermetallen der 4., 5. und 6. Gruppe des periodischen Systems zu verstehen.

Mit Cermets auf TiC-Basis beschäftigten sich vom Standpunkt der Entwicklung von oxydationsbeständigen und temperaturwechselfesten Werkstoffen

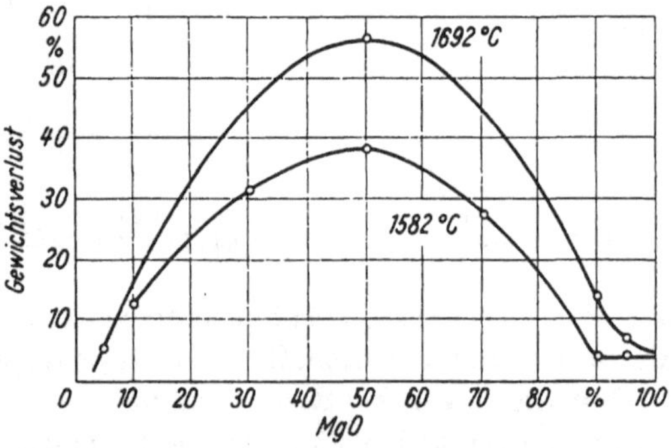

Abb. 25. Gewichtsverluste von Proben aus MgO und TiC durch Glühen bei 1582° C bzw. 1692° C (nach H. F. G. UELTZ)

C. C. MC. BRIDE, H. M. GREENHOUSE und T. S. SHEVLIN [115]. Als Metallzusätze wurden u. a. Cr, Fe, Co, Ni, NiAl und Ferrosilizium sowie Eisen mit 14% Silizium verwendet.

H. F. G. UELTZ [85] untersuchte den Verbundwerkstoff MgO-TiC. Das genannte System erscheint deswegen besonders interessant, weil MgO und TiC die gleiche Gitterstruktur (Steinsalztyp) mit wenig unterschiedlichen Gitterparametern besitzen. Diese Ähnlichkeit läßt die Möglichkeit zu, daß zwischen MgO und TiC Mischkristallbildung eintreten kann. Auf Grund von Bestimmungen des Gewichtsverlustes (vgl. Abb. 25) darf angenommen werden, daß es zwischen den Komponenten bei den Sintertemperaturen zu chemischen Reaktionen kommt. Die Sinterung wurde in einer Heliumatmosphäre durchgeführt.

Die erwähnten Reaktionen verlaufen in folgender Weise. Zunächst reagieren bei den untersuchten Temperaturen von 1550 bis 1700° C MgO und TiC miteinander. Dabei bildet sich TiO und Mg_2TiO_4. MgO wird vom TiC reduziert, wobei eine merkliche Verflüchtigung von Mg und die Bildung von CO stattfindet. MgO und TiO bilden Mischkristalle, ebenso TiO und TiC.

Dieses Beispiel zeigt, daß unter Umständen in Metalloxyd-Metallkarbid-Systemen erhebliche chemische Umsetzungen eintreten können. In anderen Systemen

[115] MC. BRIDE, C. C., GREENHOUSE, H. M. und SHEVLIN, T. S., „Journ. Americ. Ceram. Soc.", **35**, 28 (1952).

dieser Art kommt es zu keinen oder nur geringen Oberflächenreaktionen, wie am Beispiel des Systems Al_2O_3-Mo_2C noch ausgeführt werden wird. Solche Oberflächenreaktionen sind aber von erheblicher Bedeutung für die Benetzbarkeit des Metalloxydes durch die Karbidkomponente und wahrscheinlich ein Grund für die vergleichsweise nicht unbeträchtliche Festigkeit und Zähigkeit des Verbundwerkstoffes.

Oberflächenreaktionen der verschiedensten Art können auch zwischen Metalloxyden und der Metallkomponente, also in den Cermets, auftreten. Es kann, nach G. Economos und W. D. Kingery [87], die Bildung einer neuen Phase an der Grenzfläche stattfinden, und es kann ein gleichmäßiger Angriff des Oxydes durch das Metall entstehen. Dieser beschränkt sich unter Umständen auf die Korngrenzen des Oxydes. Der letztere Fall liegt offensichtlich im System Al_2O_3-Mo vor. Schließlich kann auch überhaupt keine physikalische Unterbrechung der Grenzschicht (Beispiel TiO-Mo) stattfinden. Neben diesen Einflüssen spielt auch die Oberflächenspannung und Adhäsion zwischen Metallen und keramischen Stoffen eine Rolle [116].

Von besonderer technischer Bedeutung für die Schneidkeramik ist das System Al_2O_3-Mo_2C (Schneidkeramik B der DDR). Dieses wurde bereits durch W. Seith und H. Schmecken [77] eingehend von der sintertechnischen Seite her untersucht.

Beim Sintern von Mischungen aus Aluminiumoxyd und Molybdänkarbid tritt — im Gegensatz zu den meisten Metalloxyd-Metall-Verbundsystemen, die im vorhergehenden Abschnitt behandelt wurden, — keine flüssige Phase auf, da der Schmelzpunkt des Mo_2C mit 2690° C [117, 118] höher liegt als der des Al_2O_3 (2050° C). Die Sinterung wurde von W. Seith und H. Schmecken [77] in einem Wolframofen unter Wasserstoff als Schutzgasatmosphäre bei (1900°) C durchgeführt. Die Wichten und Bruchfestigkeiten sowie die elektrischen und thermischen Leitfähigkeiten sind in den Abbildungen 26,27 28 und 29 in Abhängigkeit von dem Gehalt an Mo_2C dargestellt.

Vergleicht man die Bruchfestigkeit der gesinterten Mischungen mit denen von Tonerde- und Mo_2C-Preßlingen, die unter gleichen Bedingungen gesintert wurden, so stellt man durchweg höhere Festigkeiten bei den keramometallischen Proben fest. Die elektrische Leitfähigkeit setzt bei allen Preßlingen zwischen 40 und 50% Mo_2C ein. Sie erreicht schon bei 65 Gewichts-% die Werte der entsprechenden Proben aus reinem Karbid. Diese steigen aber dann noch weiter an und haben bei 80 Gewichts-% ein Maximum, das höher liegt als die Leitfähigkeit der reinen Mo_2C-Sinterstäbe. Die gesetzmäßige Übereinstimmung zwischen der elektrischen und thermischen Leitfähigkeit, die von Metallen bekannt ist (Wiedemann-Franzsches Gesetz), zeichnet sich auch in dem System Al_2O_3-Mo_2C ab. Die Ursachen für die beschriebenen Erscheinungen können sowohl auf physika-

[116] Humenik, M., jr. und Kingery, W. D., „Journ. Americ. Ceram. Soc.", **37**, 18 (1954).
[117] Agte, C. und Alterthum, H., „Zeitschr. für techn. Phys.", **11**, 182 (1930).
[118] Agte, C., Dissertation, Techn. Hochschule Charlottenburg, 1930.

lischen Vorgängen als auch auf chemischen Reaktionen beruhen. Oberflächenreaktionen zwischen den Komponenten, katalytisch gefördert, sind wahrscheinlich.

Auch C. Agte, R. Kohlermann und W. Dübel [119] haben das System Al_2O_3-Mo_2C näher untersucht, und zwar vornehmlich auf der Al_2O_3-Seite bei Mo_2C-

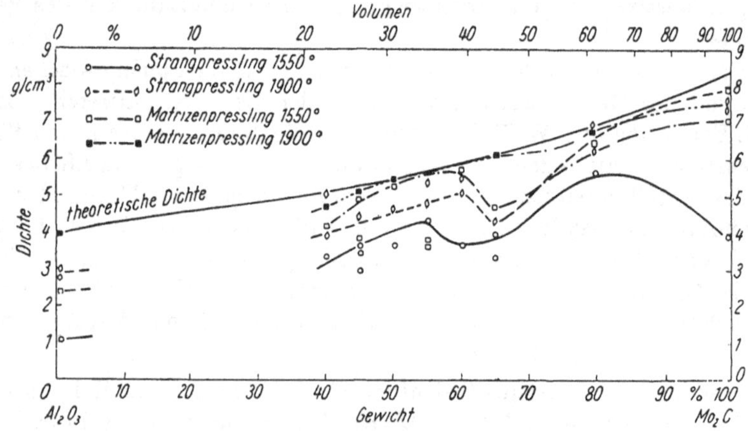

Abb. 26. Wichte von Al_2O_3-Mo_2C-Verbundkörpern (nach W. Seith und H. Schmecken)

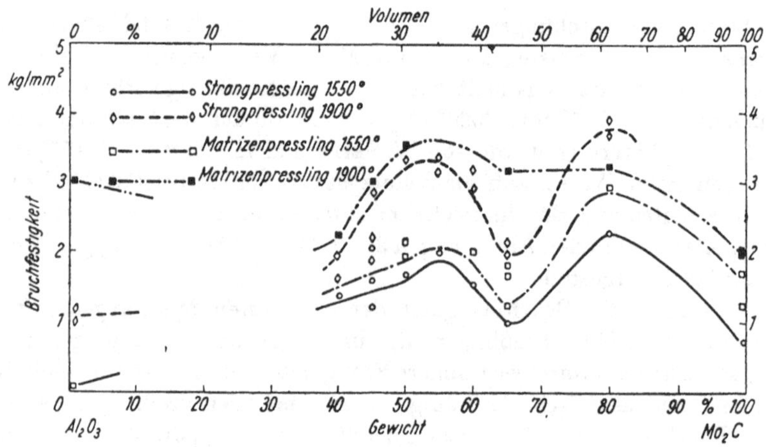

Abb. 27. Relative Bruchfestigkeit von Al_2O_3-Mo_2C-Verbundkörpern (nach W. Seith und H. Schmecken)

Gehalten bis zu 40%. Dabei stand die Härte und Verschleißfestigkeit sowie die Zähigkeit und das Schneidverhalten im Hinblick auf die Anwendung dieses Verbundwerkstoffes als Schneidkeramik für Zerspanungszwecke im Vordergrund des Interesses.

Die Untersuchungen dehnten sich später auf Metalloxydsysteme mit mehreren Schwermetallkarbidzusätzen aus. Ein Zwischenstadium dieser Entwicklung ist

[119] Agte, C., Kohlermann, R. und Dübel, W., vgl. [82].

die Schneidkeramik C mit Schwermetallkarbidzusätzen des Systems WC-Mo_2C. Weitere Oxyd–Karbid-Systeme wurden erforscht, wobei Al_2O_3 stets die oxydische Komponente bildete und die zugefügten binären oder ternären Schwermetall-

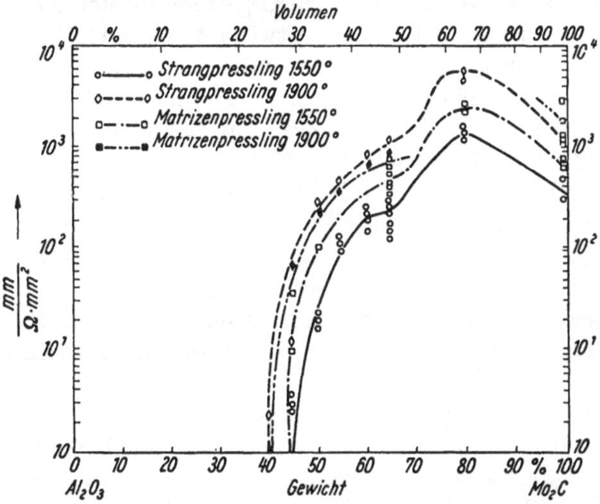

Abb. 28. Elektrische Leitfähigkeit von Al_2O_3-Mo_2C-Verbundkörpern (nach W. SEITH und H. SCHMECKEN)

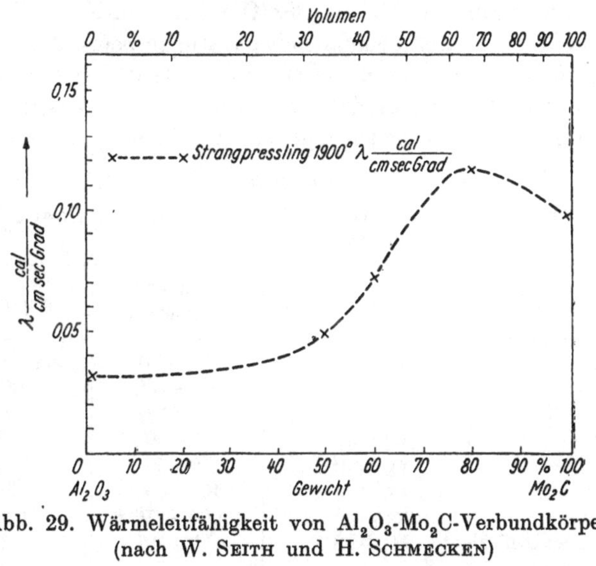

Abb. 29. Wärmeleitfähigkeit von Al_2O_3-Mo_2C-Verbundkörpern (nach W. SEITH und H. SCHMECKEN)

karbide meist, aber nicht immer, Mo_2C als Bestandteil enthielten. Als technisches Ergebnis hat sich vorläufig eine unter der Versuchsnummer „D 25" hergestellte, besonderes verschleißfeste Oxyd–Karbid-Keramiksorte herausgeschält. Über diese Untersuchungen ist eine zusammenfassende Veröffentlichung bisher noch nicht erfolgt, aber in einiger Zeit zu erwarten.

Eine Einschätzung der Eigenschaften und der Leistung der Oxyd-Karbid-Schneidkeramik im Vergleich zur reinen Oxydkeramik und zu den Sonderhartmetallen, die zur Feinstbearbeitung entwickelt worden sind, hat neuerdings F. Kölbl [120] gegeben. Der genannte Autor weist darauf hin, daß die Oxyd–Karbid-Keramik universeller anwendbar ist als die Oxydkeramik und daß sie vergleichsweise eine sehr gute Leistungs- und Herstellungskonstanz zeigt. Sie wird als eine der interessantesten und bedeutungsvollsten Entwicklungen auf dem Gebiet der schneidkeramischen Werkstoffe bezeichnet. Die Schneidkeramik C zeichnet sich außerdem durch eine gegenüber der reinen Oxydkeramik höhere Wärmeleitfähigkeit aus, die auch größer ist als die der auf vorwiegender TiC-Basis aufgebauten Sonderhartmetalle (vgl. Tabelle 16). Diese relativ gute Wärmeleitfähigkeit der Oxyd–Karbid-Keramik (z. B. der Sorte C) führt zu einer besseren Temperaturwechselbeständigkeit und zu einer geringeren Bruchanfälligkeit dieses Schneidwerkstoffes bei seinem Einsatz.

In Tabelle 16 sind die Eigenschaften der Schneidkeramik mit denen der Sonderhartmetalle verglichen. Die in der Tabelle angegebenen höheren Eigenschaftswerte für die Schneidkeramik sind den oxydkarbidischen Sorten, die niedrigeren der reinen Oxydkeramik zuzuordnen. Man erkennt z. B., daß die Biegebruchfestigkeit der Oxyd–Karbid-Keramik bei 1000° C etwa gleich derjenigen ist, die besonders verschleißfeste Sonderhartmetalle bei dieser Temperatur zeigen. Der höhere Wärmeausdehnungskoeffizient der Oxyd-Karbid-Keramik im Vergleich zu der reinen Oxydkeramik ist ebenfalls als günstig zu beurteilen.

In einer Veröffentlichung von H. Opitz und H. Siebel wird auch eine Oxyd–Karbid-Keramik zerspanungstechnisch untersucht, deren Wichte 6,0 g/cm³ beträgt. Die Verfasser haben neuerdings einen schneidkeramischen Werkstoff

Tabelle 16

Eigenschaften der Schneidkeramik im Vergleich zu den Sonderhartmetallen (nach F. Kölbl)

Eigenschaft		Sonderhartmetalle	Schneidkeramik
Wichte	g/cm³	9,0–5,0	3,8–4,2–5,6 (6,0)
Vickershärte	kg/mm²	1600–2300	1500–2200
Mikrohärte	kg/mm²	bis 3200	bis 2800
Biegebruchfestigkeit (20° C)	kg/mm²	90–60	30–60
Biegebruchfestigkeit (1000° C)	kg/mm²	70–50	30–60
Druckfestigkeit	kg/mm²	400–300	280–320
Elastizitätsmodul	kg/mm²	45000–37000	35000–38000
Wärmeausdehnungskoeffizient	$1/°C \cdot 10^{-6}$	6,5–7,5	6,5–8,0
Wärmeleitfähigkeit cal/cm · sec · °C		0,06–0,02	0,01–0,05

[120] Kölbl, F., „Maschinenwelt und Elektrotechnik“, 13, 7 (1958), sowie Vortrag am 21. 3. 1958 Wien.

schwedischer Herkunft (Coromant) untersucht, dessen Wichte mit etwa 6,7 g/cm^3 ermittelt wurde. Hieraus darf geschlossen werden, daß nunmehr in den oxydkarbidischen Werkstoffen des westlichen Auslandes entweder höhere Karbidzusätze oder spezifisch schwerere harte Karbide (z. B. WC) verwendet werden, als dies bei der Schneidkeramik C 40 der Fall ist. F. Kölbl ist der Meinung, daß eine weitere Entwicklung der Oxyd–Karbid-Keramik in Richtung auf die Hartmetalle unter Umständen zerspanungstechnisch interessant werden kann.

Dagegen vermindert jeder höhere Metallzusatz oder jeder größere Zusatz an silikatisch-glasartigen Beimengungen zum Grundoxyd stark die Verschleißfestigkeit des Werkstoffes. Die Schneidkeramik gleitet nach F. Kölbl dadurch in den Schnittgeschwindigkeitsbereich der Standardhartmetallsorten hinein, ohne deren Zähigkeit zu zeigen.

4.00 Verfahren zur Herstellung der Schneidkeramik

(C. Agte und R. Kohlermann)

Die Verfahren zur Herstellung der Schneidkeramik weisen gewisse Unterschiede auf, die davon abhängig sind, welche Keramiksorte erzeugt werden soll. Sie gleichen sich jedoch weitgehend im grundsätzlichen. Im allgemeinen findet das aus der Pulvermetallurgie bekannte Verfahren Anwendung, welches in einem Pressen der pulverförmigen Ausgangsstoffe zu Formkörpern besteht, die danach einer Wärmebehandlung bei hohen Temperaturen (Sinterung) unterworfen werden. Die Einschaltung einer Wärmebehandlung bei niedrigeren Temperaturen (Vorsinterung) ist möglich. Die Vorsinterung findet dann Anwendung, wenn kompliziertere Formteile hergestellt werden sollen, die aus dem vorgesinterten Material — unter Berücksichtigung des Schwundes — durch mechanische Bearbeitung herausgearbeitet werden.

Das rein keramische Verfahren (Schlickerverfahren) der Herstellung feuchter plastischer Massen, welche später einem Brennprozeß unterworfen werden, wird seltener benutzt. Es kommt im wesentlichen nur dann in Betracht, wenn eine reine Oxydkeramik mit oder ohne Glasphase hergestellt werden soll.

4.10 Ausgangsstoffe und ihre Vorbehandlung

Die Verwendung geeigneter Ausgangsstoffe und ihre zweckmäßige Vorbehandlung ist von entscheidender Bedeutung für die Güte der hergestellten schneidkeramischen Erzeugnisse. Dies gilt im besonderen für ihre Reinheit, für ihre Korngröße und für die Korngrößenverteilung.

Das oxydische Ausgangsmaterial aller derzeitigen Schneidkeramiksorten ist die Tonerde (Al_2O_3). Sie ist in der reinen Oxydkeramik das fast ausschließliche Grundmaterial. Aber auch in der Oxyd–Karbid-Keramik bildet Aluminiumoxyd die Hauptkomponente, und zwar sowohl mengen- als auch volumenmäßig, wegen seiner geringeren Wichte gegenüber den in Betracht kommenden Schwermetallkarbiden. Der Volumenanteil des Schwermetallkarbides beträgt bei den bisher bekannten Sorten der Oxyd–Karbid-Keramik weniger als 25%. Aus diesem Grunde ist es richtig, wenn die bisher entwickelten Oxyd–Karbid-Verbundwerkstoffe als Schneidkeramik bezeichnet werden. Auf keinen Fall können sie in die Gruppe der Sinterhartmetalle eingeordnet werden.

Für die Herstellung der technischen Tonerde wird Bauxit als Ausgangsmaterial verwendet, welches nach bekannten Verfahren meist mit Soda (bei kieselsäurearmem Erz) oder mit Kalk (bei kieselsäurereichem Erz) aufgeschlossen wird. Bei stark silikatischen Rohstoffen wird neuerdings in zunehmendem Maß das Säureaufschlußverfahren aus wirtschaftlichen Gründen vorgezogen [121]. Unter den volksdemokratischen Ländern tritt vor allem die Volksrepublik Ungarn als Lieferant von Bauxit und Erzeuger von technischer Tonerde in Erscheinung.

Wie bereits erwähnt, ist auf hohe Reinheit der bei der Herstellung der Schneidkeramik verwendeten technischen Tonerde Wert zu legen. W. RICHTER und G. KAMMERICH [33] geben die in Tabelle 17 aufgeführten Durchschnittsanalysenwerte für technische Tonerden verschiedener Erzeugungsstätten an.

Tabelle 17

Durchschnittsanalysen technischer Tonerden in % (nach W. RICHTER und G. KAMMERICH)

Bezeichnung	Al_2O_3	SiO_2	Fe_2O_3	CaO	MgO	Na_2O	K_2O
Ungarische Tonerde	98,70	0,10	0,35	0,35	—	0,50	—
Lautawerk-Tonerde	98,21	0,07	0,34	0,30	0,06	0,80	0,22
Martinswerk-Tonerde	99,30	0,10	0,10	0,10	—	0,40	

Die technische Tonerde, die zu 98,5 bis 99,5% aus Al_2O_3 besteht, wird durch Kalzinieren bei 1400 bis 1600°C von der γ- in die α-Modifikation (Korund) umgewandelt. Die kalzinierte Tonerde wird sodann zur Pulververarbeitung naß in Kugelmühlen oder anderen Mahlanlagen auf die gewünschte Kornfeinheit gemahlen. Während man früher Korngrößen des Al_2O_3-Pulvers von 5 μ und kleiner anstrebte, ist man jetzt bemüht, noch feineres Pulver (Korngröße 1 bis 2 μ) zu erzeugen. Die Notwendigkeit hierzu ergab sich, weil festgestellt wurde, daß feineres Al_2O_3-Pulver bei seiner Verarbeitung zu keramischen Schneidkörpern höherer Güte und Schneidleistung führt.

Demzufolge ist allgemein die Tendenz zum Übergang auf ein feinkörnigeres Gefüge bei den neueren Erzeugnissen der Schneidkeramik zu beobachten. Es gibt jedoch Anzeichen dafür, daß eine zu hohe Feinkörnigkeit (Korngröße unter 1 μ) unerwünscht ist, da dadurch die Sprödigkeit der Sinterprodukte erhöht wird.

Beim Mahlen gelangen naturgemäß Verunreinigungen, wie Eisen, durch den Abrieb von Trommelwand und Mahlkugeln in die Tonerde. Es ist notwendig, diese zu entfernen. Dies geschieht durch Behandlung mit Säuren. Anschließend wird das Mahlgut gründlich ausgewaschen und getrocknet.

Dem gut getrockneten, feinkörnigen Al_2O_3 werden — je nach der Art der zu erzeugenden Schneidkeramiksorte — die notwendigen Zusätze beigemischt oder diese in anderer Form eingebracht.

[121] Vgl. ULLMANNS Encyklopädie der technischen Chemie, 3. Auflage 1953, S. 331 und folgende, Verlag Urban und Schwarzenberg, München-Berlin.

Bei der sowjetischen Schneidkeramik Mikrolit ZM 332, die im Endeffekt eine Oxydkeramik mit Glasphase darstellt, geschieht dies durch Behandlung der Tonerde mit Magnesiumfluorid. Bei anderen oxydischen Keramiksorten erfolgen Silikatzusätze oder Beimengungen anderer Oxyde, die mit dem Grundmaterial gut gemischt werden. Die Art der Zusätze und die Form ihrer Einbringung ist meist Fabrikationsgeheimnis der Herstellerbetriebe.

Die Zumischung von Metallen (Schneidkeramik „Cermet") oder von Metallkarbiden (Oxyd-Karbid-Keramik) zur Tonerde erfolgt in Form feiner reiner Pulver, deren Korngröße im allgemeinen weniger als 2 μ beträgt.

Molybdänmetallpulver, wie es bei der Schneidkeramik A der Deutschen Demokratischen Republik verwendet wird, wird durch Reduktion von MoO_3 mit Wasser-

Abb. 30. Kugelmühle

stoff unter Bedingungen hergestellt, die die Einhaltung der oben angegebenen Korngröße gewährleisten. Karbidzusätze, wie sie bei der Erzeugung einer Oxyd-Karbid-Keramik in Betracht kommen, werden gleichfalls in Form eines feinkörnigen Pulvers vorgenommen. Bei der Erzeugung der Schwermetallkarbide ist auf gute Abbindung des Kohlenstoffes und auf möglichst genaue Einhaltung der stöchiometrischen Zusammensetzung zu achten. Freier Kohlenstoff (Graphit) soll möglichst nicht vorhanden sein. Beim Zusatz mehrerer Karbide hat sich die Verwendung von Mischkristallen als vorteilhaft erwiesen [86]. Aus diesem Grunde empfiehlt sich die gemeinsame Karburierung der Metalloxyde durch Ruß im Kohlerohrofen, wie aus der Hartmetalltechnik hinreichend bekannt ist. Die in Betracht kommenden Karburierungsbedingungen (Temperaturen usw.) sind in den einschlägigen Sammelwerken der Hartmetall- und Hartstofftechnik (z. B. [4]) eingehend beschrieben. Falls die verwendeten Schwermetallkarbide bei der Karburierung zu grob anfallen, ist eine Nachmahlung notwendig.

Die pulverförmigen Mischungen werden innig — z. B. durch Vermahlen in Kugel- oder Schwingmühlen — gemischt, um eine gleichmäßige und gute Verteilung der einzelnen Komponenten der Verbundwerkstoffe zu gewährleisten. Abb. 30 gibt eine Kugelmühle und Abb. 31 eine Schwingmühle, wie sie zum Mahlen und Mischen der Ausgangsstoffe benutzt werden, wieder.

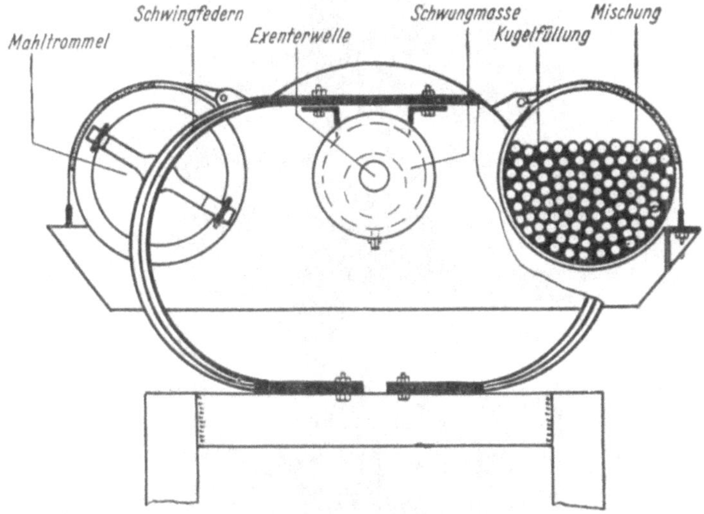

Abb. 31. Kugel-Schwingmühle

4.20 Formgebungsverfahren

Die Formgebung der Pulvermischungen zu den verlangten Formen und Abmessungen der Schneidplatten oder sonstigen Formteilen erfolgt entweder nach dem Gießverfahren[1]), d. h. dem üblichen Verfahren zur Herstellung nichtplastischer keramischer Massen, in der Regel aber durch Pressen. Dabei ist selbstverständlich auf den bei der Sinterung zu erwartenden Schwund Rücksicht zu nehmen, der bei den einzelnen Sorten der Schneidkeramik verschieden ist.

Genau abgewogene Mengen der Pulvermischungen werden in Preßformen eingefüllt, die aus legiertem Werkzeugstahl bestehen und zweckmäßig mit Hartmetall ausgekleidet sind, da sie einem starken Verschleiß beim Pressen des harten Pulvers unterliegen. Das Pressen der Pulvermischungen wird auf hydraulischen Pressen (vgl. Abb. 32) vorgenommen, wobei meist Drücke von etwa 1000 kg/cm² zur Anwendung kommen. Nach L. Gion und L. Perrin [122, 123] ist die Anwendung eines Mindestpreßdruckes notwendig, wenn bei einer bestimmten Sintertemperatur ein gutes Zusammenhaften der Kornteilchen erreicht werden soll.

Bei der Oxyd-Karbid-Keramik C 40 empfiehlt sich ein Zusatz von einigen Prozent Glykol zur Pulvermischung, um den Preßvorgang zu erleichtern und das

[1]) Dabei erfolgt zweckmäßigerweise ein Zusatz von quellfähiger Zellulose.

[122] Gion, L. und L. Perrin, Techn. Rundschau Bern, 1952, Nr. 52, Blatt 2.
[123] Gion, L. und L. Perrin, Machine moderne (1957) Heft 8.

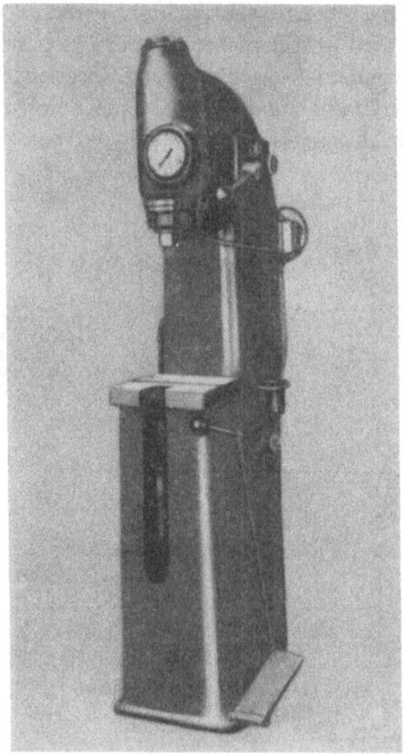

Abb. 32. Hydraulische Presse zum Pressen von Schneidkeramikplatten

Abb. 33. Preßwerkzeug zum Pressen von Schneidplatten aus Keramik

Auftreten von Preßfehlern zu verhindern. W. RICHTER und G. KAMMERICH [33] geben an, daß sich beim Pressen von Pulvermischungen aus Metalloxyd-Metall (Schneidkeramik A) ein Zusatz von quellfähiger Zellulose in Öl als zweckmäßig erwiesen hat.

Das Pressen ist ein wichtiger Arbeitsvorgang, der mit aller Sorgfalt durchgeführt werden muß, um Preßfehler zu vermeiden, die sich bei der späteren Sinterung oder beim Schleifen der Schneidplatten, z. B. in Form der sogenannten „Abdecker", äußern können. Gute und gleichmäßige Einfüllung der Pulvermischungen in die Preßformen ist daher ebenso wichtig, wie genaue Einhaltung des Druckanstieges, des Preßdruckes selbst und der Druckentlastung.

Ein geeignetes Preßwerkzeug, wie es bei der Herstellung von Schneidplatten aus Keramik Verwendung findet, ist in Abb. 33 wiedergegeben.

Der bei den Abmessungen der Preßlinge zu berücksichtigende Sinterschwund ist von der Art der Keramiksorte, dem aufgewendeten Preßdruck und anderen Bedingungen abhängig. Der lineare Schwund beträgt bei der Oxyd-Karbid-Keramik C 40 unter den oben angegebenen Preßbedingungen etwa 20 bis 25%. Da sich die Wichte eines dicht gesinterten Verbundwerkstoffes angenähert auf Grund der Mischungsregel[1]) aus der Dichte der einzelnen Komponenten und ihrem gewichtsmäßigen Anteil bestimmen läßt, kann der zu erwartende Schwund aus der Dichte des Preßlings in einfacher Weise berechnet werden.[2])

4.30 Sinterverfahren

Die Sinterung der Schneidkeramik verfolgt den Zweck, ein möglichst dichtes Material durch Wärmebehandlung der Preßlinge bei Temperaturen zu erzeugen, die dem Schmelz- und Erweichungspunkt der oxydischen Hauptkomponente (Al_2O_3)[3]) nahekommen. Die praktisch angewendete Sintertemperatur liegt dementsprechend bei 0,9 T_s und darüber. Ihre Höhe wird von der Art der verwendeten Zusätze beeinflußt.

Das Drucksinter- oder Heißpreßverfahren, bei welchem Pressen und Sintern in einem Arbeitsgang vereinigt werden, findet, wie bereits erwähnt, aus wirtschaftlichen Gründen seltener Anwendung, obwohl es zu sehr dichten und verschleißfesten Produkten führt.

---

[1]) $$s = \frac{100}{\frac{A}{s_1} + \frac{B}{s_2} + \frac{C}{s_3} + \cdots + \frac{X}{s_n}}$$

Hierin bedeutet s die Wichte des gesinterten Körpers, s_1, s_2, s_3 usw. die Wichten der einzelnen Komponenten und A, B, C usw. die prozentualen Gewichtsanteile derselben.

[2]) Schwund volumenmäßig $= \frac{s_p}{s_s}$

Schwund linear $= \sqrt[3]{\frac{s_p}{s_s}}$,

wobei s_p die Wichte des Preßlings und s_s die Wichte des Sinterkörpers ist.

[3]) Der Schmelzpunkt von Sinterkorund liegt bei etwa 2050°C.

4.31 „Normales" Sinterverfahren

Die Gasatmosphäre, in der die Sinterung erfolgt oder durchgeführt werden muß, ist abhängig von der Art der herzustellenden Schneidkeramik. Es kann sowohl eine Luftatmosphäre als auch eine inerte, reduzierende oder schwach kohlende Atmosphäre notwendig sein. Durch sie wird die Ausführung, Art und Konstruktion des verwendeten Sinterofens (vgl. 4.40) bestimmt. Aus wirtschaftlichen Gründen ist es zweckmäßig, im Durchlaufverfahren zu arbeiten, um einen möglichst hohen Ausstoß des Sintergutes in der Zeiteinheit zu erreichen.

Die erforderlichen hohen Sintertemperaturen von 1800 bis 1900°C im Dauerbetrieb stellen bei Erhitzung des Sintergutes an Luft sehr hohe Anforderungen an die Keramik des Ofens. Es kommen u. a. Gas-Luft-beheizte Öfen [32] und solche mit Molybdänheizleitern[1]) in Betracht.

Bei der Sinterung einer Oxyd-Karbid-Keramik werden Kohlerohrkurzschlußöfen verwendet, wie sie in der Hartmetalltechnik seit langem in Gebrauch sind. In diesem Fall bereitet die Erreichung und Einhaltung der erforderlichen Sintertemperaturen nicht die geringsten Schwierigkeiten. Die Kohlerohrkurzschlußöfen werden von Wasserstoff als Schutzgas durchströmt. Es bildet sich dabei eine schwach kohlende Atmosphäre aus, die notwendig ist, um eine Entkohlung der Karbidkomponente zu verhindern.

Bei der Sinterung der als „Cermets" zu bezeichnenden Schneidkeramik A der Deutschen Demokratischen Republik wurde bisher ein offener Kohlerohrkurzschlußofen benutzt, in dessen Rohr sich eine CO-haltige Atmosphäre einstellt. Diese führt, wie oben erwähnt, zu einer teilweisen Karburierung der metallischen Komponente (Molybdän). Da von außen her Luft in das Kohlerohr eindringen kann, wird die Lebensdauer desselben ungünstig beeinflußt.

Beim Sintern von gepreßten oder gegossenen Körpern aus oxydischer Schneidkeramik werden im VEB Porzellanwerk Neuhaus-Schierschnitz wassergasbeheizte Kammeröfen mit Rekuporatoreinrichtung für die Luftvorwärmung benutzt. Die Gasatmosphäre hat dabei einen schwach reduzierenden Charakter.

Die genaue Einhaltung einer „optimalen" Sintertemperatur ist von erheblichem Einfluß auf die Güte des Sintergutes und auf die Schneideigenschaften der hergestellten Keramik. Eine „Untersinterung" ist ebenso wie eine „Übersinterung" zu vermeiden. Die Ungleichmäßigkeiten in der Wichte und Biegebruchfestigkeit[2]) der gesinterten Schneidplatten sind wesentlich auf unzulässig große Schwankungen in der Sintertemperatur zurückzuführen. Nach den Erfahrungen der Verfasser ist z. B. die Sintertemperatur bei der Herstellung der Schneidkeramik C 40 mit $\pm 20°$ C genau einzuhalten, wenn man gleichmäßig dichte Sinterkörper erhalten will, die in ihrer Schneidhaltigkeit nicht sehr streuen. In dem Falle der Schneidkeramik C 40 hat sich eine Sintertemperatur von $1880 \pm 20°$ C als besonders günstig erwiesen. Bei der Schneidkeramik A 10 wird nach W. RICHTER und G. KAMMERICH eine Sintertemperatur von 1820° C benutzt.

[1]) Nach unveröffentlichten Angaben von A. MERZ, R. KOHLERMANN und E. HEYMEL arbeitet man in der UdSSR mit derartigen Öfen.

[2]) Vgl. die auf S. 19 beschriebenen Untersuchungen von F. VINTER.

Es ist klar, daß bei einer Sinterung von 1800 bis 1900° C die Einhaltung der optimalen Temperatur mit einer Genauigkeit von ±20° C sehr hohe Anforderungen an die optische Meß- und die elektrische Regeltechnik stellt, die nur bei sehr genauer Arbeitsweise des Überwachungs- und Bedienungspersonals erfüllt werden können.

Genügend dichte Sinterkörper sind nur bei Temperaturen von 1800° C und darüber zu erhalten. Dies ist aus Tabelle 18 ersichtlich, in welcher die Abhängigkeit der Wichte von der Sintertemperatur bei der Schneidkeramik C 40 angegeben ist.

Tabelle 18
Abhängigkeit der Wichte der Schneidkeramik C 40 von der Sintertemperatur

Sintertemperatur °C	Wichte g/cm³
1600	4,23
1650	4,61
1700	4,81
1750	5,20
1800	5,31
1850	5,35

Wichte, Härte und Biegebruchfestigkeit nehmen nach L. Gion und L. Perrin [122, 123] bei einer oxydischen Schneidkeramik mit Steigerung der Sintertemperatur bis zu einem Höchstwert zu, um bei noch weiterer Erhöhung der Tem-

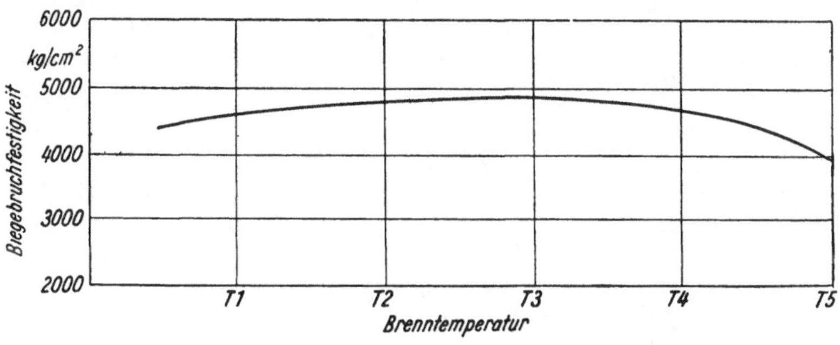

Abb. 34. Abhängigkeit der Biegebruchfestigkeit von der Sintertemperatur (nach L. Gion und L. Perrin)

peratur wieder abzufallen. Dies ist aus Abb. 34 ersichtlich, in der die Abhängigkeit der Biegebruchfestigkeit von der Sintertemperatur angegeben ist. Abb. 35 zeigt die Abhängigkeit der Wichte von der Sintertemperatur bei verschiedenen (steigenden) Preßdrücken.

Die Dauer der Sinterung ist abhängig von der Größe der Preßlinge. Da es sich bei den Schneidkeramikplatten — entsprechend ihrem Anwendungsgebiet für die Schlichtbearbeitung — im allgemeinen um relativ kleine Formkörper handelt, ist eine Sinterdauer, auf den Aufenthalt der Platten in der Glühzone des Ofens gerechnet, von einer halben bis einer Stunde ausreichend.

L. Gion und L. Perrin [122, 123] geben an, daß die Sinterdauer einen ähnlichen Einfluß auf die Wichte, Härte und Biegebruchfestigkeit der Oxydkeramik ausübt,

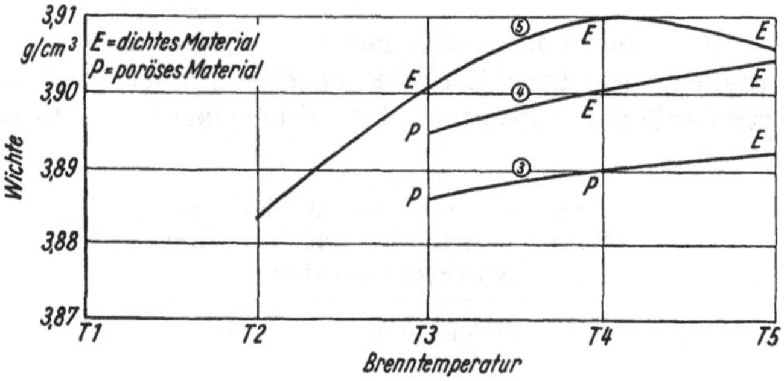

Abb. 35. Abhängigkeit der Wichte von der Sintertemperatur bei von P_3 nach P_5 hin steigenden Preßdrücken (nach L. Gion und L. Perrin)

wie die Sintertemperatur. Nach Erreichung von Höchstwerten verschlechtern sich die genannten Eigenschaften wieder bei weiterer Verlängerung der Sinterdauer. Dies kann mit einem Kornwachstum der Oxydkristallite in Zusammen-

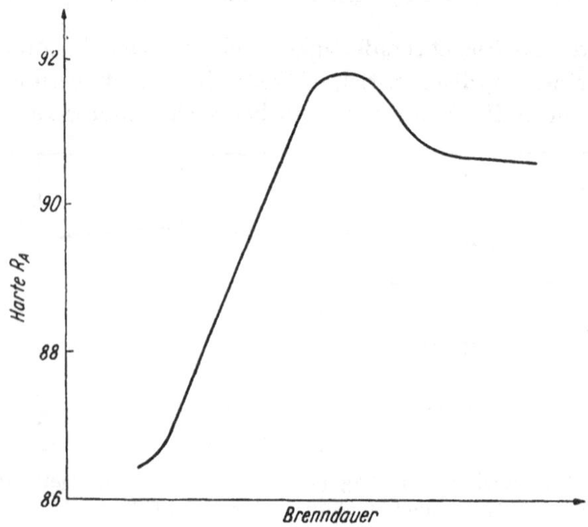

Abb. 36. Einfluß der Sinterdauer auf die Härte einer oxydischen Schneidkeramik (bei einer bestimmten Sintertemperatur) (nach L. Gion und L. Perrin)

hang gebracht werden. In Abb. 36 ist der Einfluß der Sinterdauer auf die Härte bei einer bestimmten Temperatur und in Abb. 37 auf die Wichte einer oxydischen Schneidkeramik wiedergegeben.

Die Durchführung der Sinterung erfolgt derart, daß die Preßlinge in Schiffchen oder auf Unterlagen, die je nach der Art der Keramik aus Graphit oder gesinterter

Tonerde bestehen, gelegt werden. Bei der Schneidkeramik A 10 werden die Platten in allseitig geschlossene Schiffchen aus Graphit eingelegt. Die Einbringung der Schiffchen in den Ofen erfolgt bei etwa 1000° C. Die Sinterdauer beträgt in diesem Fall 20 bis 25 Minuten.

Die Schiffchen werden mit konstantem Vorschub kontinuierlich durch den Sinterofen gezogen. Um einen eventuellen Angriff des Sintergutes durch die Ofen-

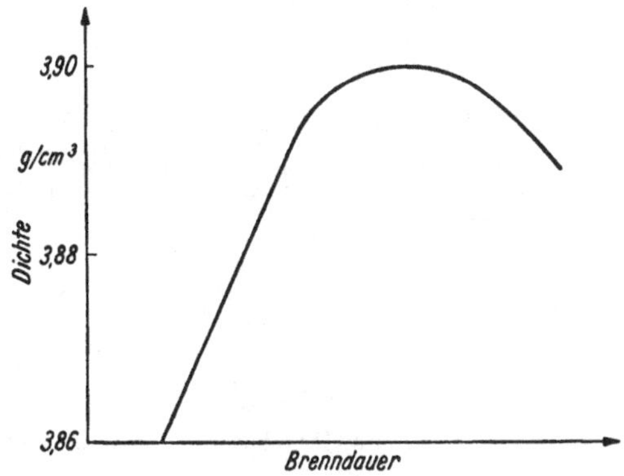

Abb. 37. Einfluß der Sinterdauer auf die Wichte einer oxydischen Schneidkeramik (bei einer bestimmten Sintertemperatur) (nach L. Gion und L. Perrin)

atmosphäre zu verhindern, und um eine gute Durchwärmung desselben sicherzustellen, kann eine Einpackung der Schneidplatten in eine Schutz- und Isoliermasse zweckmäßig sein. Hierfür wird in der Regel Tonerdepulver benutzt.

Auf die bei der Sinterung der Oxyd- und der Oxyd-Karbid-Keramik auftretenden Vorgänge ist bereits bei der Darstellung der geschichtlichen Entwicklung dieser Schneidwerkstoffe (Kap. 2.00 und 3.00) näher eingegangen worden.

4.32 Drucksinterung

Neben dem „normalen" Sinterverfahren kommt mitunter auch das sogenannte Drucksinterverfahren zur Herstellung keramischer Schneidplatten zur Anwendung, wie aus den Abschnitten „Geschichtliche Entwicklung der Schneidkeramik in den USA (2.34) und in der Deutschen Demokratischen Republik (2.40)" ersichtlich ist. Auch das Drucksinterverfahren ist aus der Technik der Hartstoffe und Hartmetalle schon seit langem bekannt [124 bis 127].

Die feingemahlene Pulvermischung wird in geeignete Graphitformen eingefüllt. Die Matrize wird in direktem Stromdurchgang oder indirekt beheizt. Man kann die Wärme auch durch stromführende Stempel zuführen. Die Drucksinterung erfolgt zweckmäßig hydraulisch oder — bei kleineren Heißpreßeinrichtungen — pneumatisch.

[124] Ballhausen, C., „Stahl und Eisen", 71, 1090 (1951).

[125] DRP 289 864 (1913).

[126] DRP 307 764 (1917).

[127] DRP 504 484 (1926).

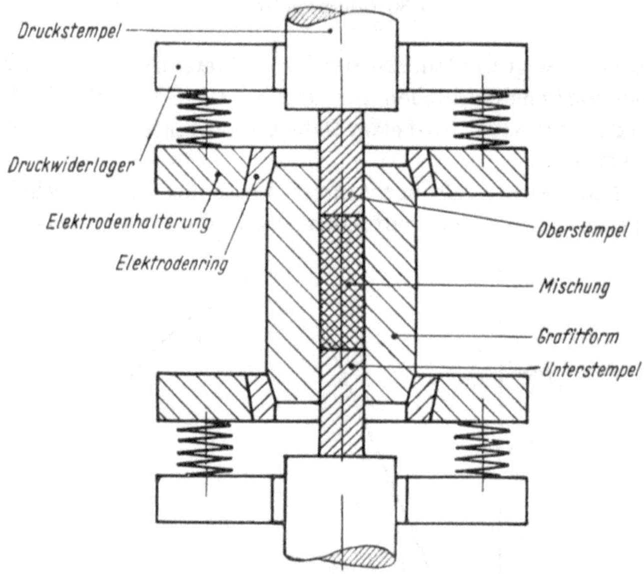

Abb. 38. Preßform zum Drucksintern (schematisch)

Abb. 39. Ansicht einer Drucksinterpresse

Der beim Heißpressen ausgeübte Druck beträgt 70 bis maximal 150 kg/mm². Die angewendeten Temperaturen liegen beim Drucksintern der Schneidkeramik — je nach ihrer Art — zwischen 1500 und 1700° C.

Abb. 38 zeigt das Schema einer Graphitpreßform zum Drucksintern und Abb. 39 eine Drucksinterpresse.

4.40 Sinteröfen

Im vorstehenden ist bereits dargelegt worden, daß zur Erzeugung der einzelnen Arten der Schneidkeramik verschiedene Ofentypen zum Einsatz gelangen müssen, um die jeweils erforderliche Sinteratmosphäre anwenden zu können. Im folgenden sollen einige dieser Ofentypen besprochen werden.

4.41 In oxydischer Atmosphäre arbeitende Sinteröfen

Ein Laboratoriums-Sinterofen, der — bei geeigneter Spezialausmauerung — die Anwendung von Temperaturen über 1800° C in oxydischer Atmosphäre ermöglicht, wird von der Herstellerfirma, der Degussa, Frankfurt am Main [128, 129], beschrieben. Es handelt sich um einen gasbeheizten Muffelofen, in dem ein Tiegel eingesetzt ist. Durch Zusatz von geringen Mengen an Sauerstoff zur Luft, oder bei Verwendung von Wasserstoff an Stelle von Leuchtgas (Stadtgas) können nach Angabe der Herstellerin Temperaturen von 2000° C und mehr erreicht werden.

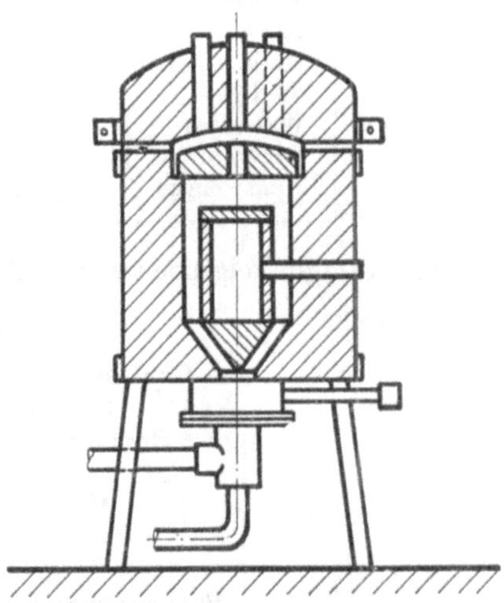

Abb. 40. Prinzipskizze eines in oxydierender Atmosphäre arbeitenden Sinterofens für Temperaturen bis zu 2000° C (Degussa)

Man verwendet bei Temperaturen bis zu 1800° C normales Stadt- oder Ferngas mit einem Druck von etwa 80 mm WS und Preßluft mit einem Druck von mindestens 0,5 atü. Ist kein Preßluftanschluß vorhanden, dann kann auch mit einem Gebläse gearbeitet werden.

Gegebenenfalls läßt sich im Tiegel eine Schutzgasatmosphäre erzeugen. Das Schutzgas wird mittels eines Degussitrohres durch die mittlere Öffnung des Deckels in den Tiegel eingeleitet.

Tiegel und Innenausmauerung sind aus oxydkeramischen Werkstoffen hergestellt. Eine Prinzipskizze des Degussaofens ist in Abb. 40 wiedergegeben.

Sehr ausführlich geht E. Ryschkewitsch in seinem bekannten Buch „Oxydkeramik der Einstoffsysteme" [130] auf die Frage der Hochtemperaturöfen ein,

[128] Vgl. „Werkstoffe und Korrosion", **3**, 401 (1952) sowie

[129] „Die Umschau in Wissenschaft und Technik", **14**, 432 (1949).

[130] Ryschkewitsch, E., Oxydkeramik der Einstoffsysteme. Springer-Verlag Berlin-Göttingen-Heidelberg 1948 S. 39—70.

die für das Brennen bzw. Sintern keramischer Teile von Bedeutung sind. Dabei interessiert zunächst die Frage, wie hoch die Flammentemperatur bei der Verbrennung steigen kann.

Die theoretische Betrachtung der Verbrennungstemperaturen technischer Gase in Luft zeigt, daß sie zum Brennen oxydkeramischer Erzeugnisse durchaus genügen, wie aus Tabelle 19 hervorgeht.

Tabelle 19

Theoretische Verbrennungstemperaturen technischer Gase in Luft (nach E. Ryschkewitsch)

Techn. Gas	theoretische Verbrennungstemperatur °C	Bemerkungen
Wasserstoff	2000	unter Berücksichtigung der Dissoziation
Kohlenoxyd	2100	
Methan	1920	
Stadtgas	1900	
Wassergas	2010	
Generatorgas	2000	
Koksofengas	2100	

Féry [131] gibt folgende thermoelektrisch gemessenen Flammentemperaturen an (Tabelle 20).

Tabelle 20

Gemessene Flammentemperaturen (nach Féry)

Gasgemisch	gemessene Temperatur °C
Bunsenflamme des Kohlengases	1870
Acetylenflamme in Luft	2550
H_2-Flamme in Luft	1900
O_2-H_2-Gebläse	2420

Wenn die sich aus diesen Messungen und Berechnungen ergebenden Temperaturen in der Praxis beim Betrieb von gasbeheizten Öfen nicht ganz erreicht werden, so liegt dies u. a. an der teilweisen Entweichung der ausstrahlenden Energie nach außen, an den Wärmeverlusten durch die Ofenwände [132] und an der Verschiedenheit der Verbrennungsgeschwindigkeiten der in Betracht kommenden Gase.

[131] vgl. Bone, W. A. und Townend, D. T. A., Flame and Combustion, London (1927) S. 200.

[132] vgl. Schack, A., Der industrielle Wärmeübergang. Verlag Stahleisen, Düsseldorf (1929).

Es gibt jedoch eine Anzahl von Möglichkeiten, einen besseren Nutzeffekt beim Betrieb gasbeheizter Hochtemperaturöfen zu erreichen, so z. B. durch Anwendung der sogenannten Oberflächenverbrennung, durch Benutzung von „Strahlsteinen“ oder von „Wirbelstrahlbrennern“ usw. [133]. Ein Ofen, der sich beim Brennen von keramischen Erzeugnissen nach Angaben von E. Ryschkewitsch bei sehr hohen Temperaturen in der Praxis bewährt hat, ist schematisch in Abb. 41 dargestellt.

Nach diesen oder ähnlichen Prinzipien lassen sich Muffel-, Tunnel- und auch kontinuierlich arbeitende Durchgangsöfen bauen, die sehr hohe Temperaturen zu

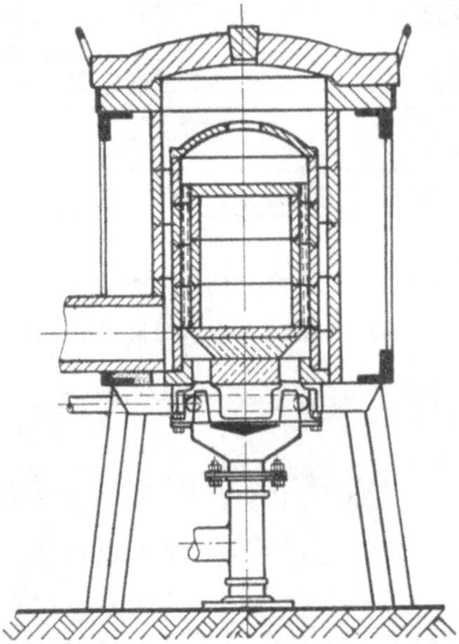

Abb. 41. Schnitt durch einen Hochtemperaturofen mit doppelter Flammenführung (nach E. Ryschkewitsch)

erreichen gestatten. Mit Leuchtgas und vorgewärmter Luft können Temperaturen von 1900 bis 2000° C und mit an Sauerstoff angereicherter Luft solche bis zu 2400° C erzielt werden.

Naturgemäß setzt die Einhaltung der genannten Temperaturen im Dauerbetrieb die Verwendung einer entsprechenden hochfeuerfesten Keramik für die Innenauskleidung der Öfen voraus.

4.42 Öfen mit Molybdänheizleitern für höhere Temperaturen

Obwohl Öfen mit Molybdänheizleitern in der Regel nur bis zu Temperaturen von 1600° C im Dauerbetrieb empfohlen werden, gelangen sie — nach sowjetischen Angaben — auch bei der Sinterung der Schneidkeramik Mikrolit zum Einsatz, die bei Temperaturen von 1700° C und etwas darüber vorgenommen wird. Es dürfte

[133] Ryschkewitsch, E., „Chem. Fabrik“, 1, 61 (1930).

sicher sein, daß dadurch eine Erniedrigung der Lebensdauer der mit Molybdänheizleitern versehenen Sinteröfen unvermeidbar ist. Im übrigen sind derartige

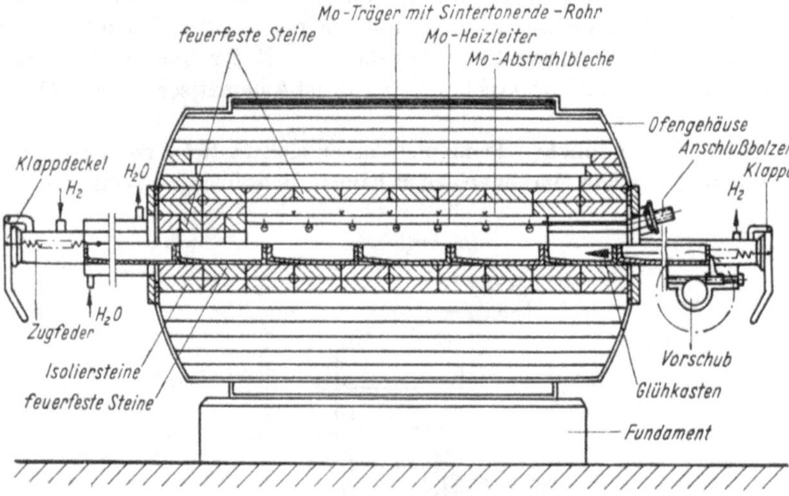

Abb. 42. Durchsatzofen mit Molybdänheizleitern (schematisch)

Abb. 43. Durchsatzofen mit Molybdänheizleitern im Betrieb (Werkaufnahme Degussa, Frankfurt am Main)

Öfen — auch in Form von Durchlauföfen — bereits seit langem in Gebrauch und fester Bestandteil der Technik.

Es ist klar, daß die Molybdänheizleiter — wegen ihrer geringen Oxydationsbeständigkeit — unter Schutzgas (Wasserstoff) arbeiten müssen. Unter den vielen Ofenkonstruktionen, die entwickelt worden sind, wird eine, die sich in der Hartmetall- und Hartstofftechnik gut bewährt hat, schematisch in Abb. 42 gezeigt. Abb. 43 gibt die Werksaufnahme eines mit Molybdänheizleitern ausgerüsteten „Degussa"-Ofens wieder [134, 135].

4.43 Kohlerohrkurzschlußöfen

Kohlerohrkurzschlußöfen werden zur Karburierung der bei der Herstellung von Oxyd-Karbid-Schneidkeramik verwendeten Einzel- oder Mischkarbide aus Schwermetallen benutzt. Sie werden auch zur Sinterung von Schneidplatten der Oxyd-Karbid-Keramik eingesetzt, da es dabei auf das Vorhandensein einer leicht kohlenden Gasatmosphäre ankommt. Der Ofen wird von Wasserstoff als Schutzgas durchströmt.

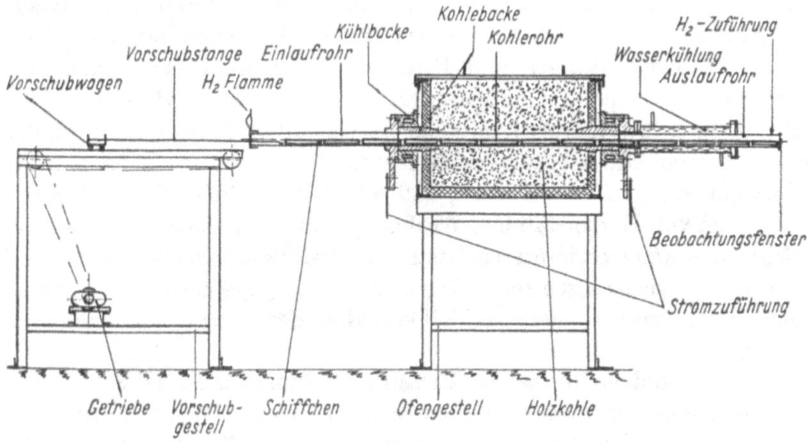

Abb. 44. Kohlerohrkurzschlußofen zur Herstellung von Schwermetallkarbiden und zur Sinterung von Hartmetallen und Oxyd-Karbid-Schneidkeramik (schematisch)

Ein Kohlerohrkurzschlußofen, wie er in der Hartmetalltechnik zur Herstellung von Schwermetallkarbiden sowie zur Sinterung von Hartmetallegierungen benutzt wird, und wie er auch bei der Sinterung der Oxyd-Karbid-Schneidkeramik Verwendung findet, ist in Abb. 44 schematisch dargestellt.

[134] Kieffer, R. und Hotop, W., Pulvermetallurgie und Sinterwerkstoffe. Springer-Verlag Wien-Berlin, 1. Auflage (1943) S. 52, und 2. Auflage (1948).

[135] Kieffer, R. und Krall, F., „Elektrowärme", 12, 33—37 (1942) (In dieser Veröffentlichung wird eine ausführliche Übersicht über die in der Pulvermetallurgie verwendeten Öfen gegeben.).

5.00 Eigenschaften der verschiedenen Sorten der Schneidkeramik, unter besonderer Berücksichtigung eines Vergleiches mit Sinterhartmetallen

(C. Agte und R. Kohlermann)

Die Eigenschaften der verschiedenen Sorten der Schneidkeramik sind von ausschlaggebender Bedeutung für ihre Anwendung bei der Zerspanung metallischer und nichtmetallischer Werkstoffe sowie für ihr Verhalten als dem Verschleiß unterworfene Konstruktions- und Bauteile. Dabei interessiert in besonderem Maße ein Vergleich mit den entsprechenden Eigenschaftswerten der Sinterhartmetalle, da die Schneidkeramik mit dem Hartmetall in Wettbewerb tritt, dasselbe teilweise ersetzen oder neue Anwendungsgebiete erschließen soll. Aus den folgenden Darlegungen wird hervorgehen, daß sehr beträchtliche Unterschiede in den Eigenschaften von Hartmetall und Werkzeug- sowie Schnellarbeitsstahl einerseits und Schneidkeramik andererseits bestehen. Bei einer Erörterung dieser Frage sind sowohl die mechanisch-technologischen sowie physikalischen Eigenschaften als auch das chemische und Verschleißverhalten der einzelnen Werkstoffe zu berücksichtigen.

Es ist im Hinblick auf die relativ kurze Entwicklungsdauer der Schneidkeramik verständlich, wenn ihre Eigenschaften bisher nicht so genau untersucht worden sind, wie dies etwa bei den verschiedenen Sorten der Sinterhartmetalle der Fall ist. Die Literatur über diesen Gegenstand ist daher ziemlich spärlich. Erschwerend kommt der Umstand hinzu, daß in den Veröffentlichungen, Prospekten usw., die sich mit der Bekanntgabe von Eigenschaftswerten beschäftigen, häufig keine Rücksicht auf die Art der jeweiligen Schneidkeramiksorte genommen wird. Die Zusammensetzung und Herstellung der Schneidkeramik ist jedoch von nicht unbeträchtlichem Einfluß auf die meisten der zu ihrer Beurteilung wichtigen Eigenschaftswerte.

5.10 Mechanisch-technologische Eigenschaften

5.11 Wichte

Die Wichte der rein oxydischen Schneidkeramik wird im wesentlichen durch das spezifische Gewicht des α-Aluminiumoxydes [136], welches 3,95 g/cm^3 beträgt, bestimmt. Die als Glasphase wirkenden kleinen Mengen an Zusätzen ändern die Wichte der oxydischen Schneidkeramik nicht erheblich. Dementsprechend wird z. B. die Wichte der sowjetischen oxydischen Schneidkeramik Mikrolit mit etwa 3,9 bis 4,0 g/cm^3 angegeben.

[136] Der Schmelzpunkt von reinem Al_2O_3 beträgt nach C. W. Kanolt („Zs. f. anorgan. Chemie“, 85, 1 (1941) 2050 ± 5 °C.

Enthält die oxydische Schneidkeramik noch andere Mischoxyde oder Silikate, dann wird ihre Wichte ebenfalls nur geringfügig gegenüber dem reinen Korund geändert, da die genannten Zusätze meist nur in geringer Menge hinzugefügt werden.

Anders liegen die Verhältnisse bei den „Cermets“ und der Oxyd-Karbid-Keramik. Bei ihnen handelt es sich um typische Verbundwerkstoffe, bei denen keine gegenseitige Löslichkeit der Komponenten vorhanden ist, und bei denen — falls überhaupt — Oberflächenreaktionen zwischen den Bestandteilen nur in sehr geringem Umfange stattfinden. Demzufolge läßt sich die theoretische Wichte aus der Mischungsregel berechnen.

Bei der Schneidkeramik A der Deutschen Demokratischen Republik (VEB Porzellanwerk Neuhaus-Schierschnitz) ist allerdings dabei zu berücksichtigen, daß die als Molybdänmetall hinzugegebene metallische Komponente zum großen Teil durch eine Sinterung im Kohlerohrkurzschlußofen in Molybdänkarbid Mo_2C übergeführt wird.

Bei der Oxyd-Karbid-Keramik (Sorten B und C) der Deutschen Demokratischen Republik (VEB Hartmetallwerk Immelborn) ist die Anwendung der Mischungsregel dagegen voll berechtigt. Dies geht im einzelnen aus Tabelle 21 hervor, in der die theoretische und experimentell bestimmte Wichte im System Al_2O_3-WC-Mo_2C (Schneidkeramik C) einander gegenübergestellt sind. Dabei liegt das Mischkarbid WC-Mo_2C im Verhältnis 1:1 vor (vgl. Abb. 45).

Tabelle 21

Ermittelter und theoretischer Wichteverlauf im System Al_2O_3-WC-Mo_2C (nach C. Agte und R. Kohlermann)

Mischkarbid WC-Mo_2C %	Wichte (g/cm^3)	
	theoretisch	gefunden
5	4,07	3,95
10	4,22	4,20
20	4,55	4,60
30	4,90	4,90
40	5,34	5,35
50	5,85	5,85

Stärkere Abweichungen von der theoretisch ziemlich genau festlegbaren Wichte der Schneidkeramik sind in der Regel auf ungenügende Dichtsinterung des Materials zurückzuführen. Die Unterschiede deuten auf eine mehr oder minder große Porosität des Sinterproduktes hin. Mit der Erhöhung der Porosität vermindert sich die Härte und Festigkeit der Schneidkeramik sehr stark. Weill gibt an, daß sich bei einer Porosität von 10% die Festigkeit um 50% und mehr vermindert.

Alle Sorten der Schneidkeramik, einschließlich der Oxyd-Karbid-Keramik, sind wesentlich leichter als die Standardhartmetalle. Diese Tatsache ist von Bedeutung für die wirtschaftliche Beurteilung der Schneidkeramik im Vergleich zu den Sinterhartmetallen.

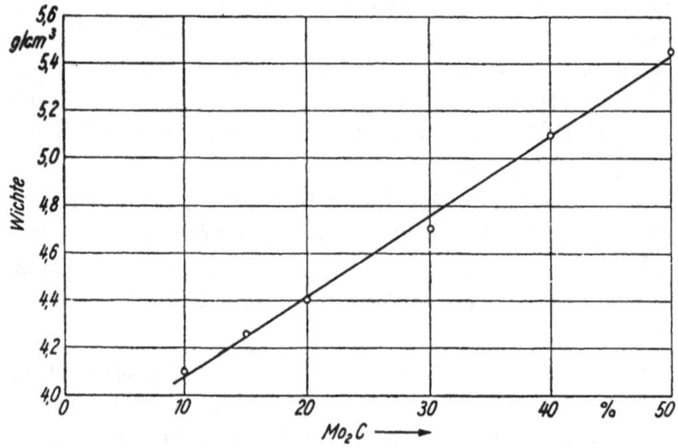

Abb. 45. Wichteverlauf im System Al_2O_3-Mo_2C (nach C. Agte und R. Kohlermann)

5.12 Härte

Die Härte der Schneidkeramik ist nur schwer einwandfrei zu bestimmen. Die häufig, und im besonderen bei den Sinterhartmetallen, benutzte Rockwellhärte R_A (60 kg Belastung) ist wegen der des öfteren beim Eindringen der Kegelspitze des Prüfdiamanten auftretenden Absplitterungen der Schneidkeramik ungenau und hat daher nur einen bedingten Wert[1]). Das gleiche, wenn auch vielleicht in geringerem Maße, gilt für die Bestimmung der Vickershärte. Zuverlässige Härteangaben sind nur im Mikrohärteversuch zu erhalten (Vickershärte, Knoophärte [137], Kruschovhärte [138]). Am gebräuchlichsten ist die Bestimmung der Mikrohärte H_V nach Vickers (Belastung meist 50 g, aber auch 30 und 10 g), die bekanntlich weitgehend unabhängig von der Belastung ist. Die Mikrovickershärte von reinem Korund wird mit etwa 2800 kg/mm² (schwankend zwischen 2500 bis 3000 kg/mm² [139]) angegeben. Durch Zusätze von Mischoxyden, wie z. B. bei dem chromoxydhaltigen Sinterrubin, sollen sich Mikrohärten bis zu 3300 erzielen lassen.

Liegt die Schneidkeramik, wie im Fall der „Cermets“ oder der Oxyd–Karbid-Keramik, in Form eines Verbundwerkstoffes vor, dessen Komponenten sich zum

[1]) Die Rockwellhärte R_A der verschiedenen Sorten der Schneidkeramik liegt nach Literaturangaben zwischen 88 und 94.

[137] Knoop, F., Peters, C. G. und Emerson, W. B., „Journ. Res. Nat. Bur. Stand.“, **23**, 39 (1939).
[138] Kruschov, M. M., „Zavod Lab.“, **15**, 213 (1949).
[139] Hanemann, H. und Bernhardt, E. O., „Zs. für Metallkunde“, **32**, 35 (1940).

Teil erheblich in ihrer Härte unterscheiden, dann empfiehlt es sich, die Mikrohärte der einzelnen Bestandteile nebeneinander zu bestimmen. Die Mikrohärte einer Oxyd–Karbid-Keramik z. B. wäre dann durch zwei Härtezahlen zu belegen, der des Grundkörpers Al_2O_3 einerseits und der der Karbidkomponente andererseits.

5.121 Kalthärte

Für die einzelnen Schneidkeramiksorten der Deutschen Demokratischen Republik sind die in Tabelle 22 genannten Härtewerte in der Literatur angegeben oder von den Verfassern bestimmt worden.

Tabelle 22

Härtewerte der in der Deutschen Demokratischen Republik erzeugten Sorten der Schneidkeramik

Schneidkeramiksorte	Rockwellhärte R_A	Mikrohärte H_V kg/mm²	
S	>90		2500–2800
SK	>92,5		2650–2900
A	91–92	Al_2O_3:	2550–2650
		Zusatzkomponente:	1600–1800
C	92–94	Al_2O_3:	2550–2700
		Mischkarbid:	1800–2050

Die Härte der Schneidkeramik ist gleich oder etwas höher gegenüber derjenigen der härtesten und verschleißfestesten Sinterhartmetalle, gute und brauchbare Keramiksorten vorausgesetzt.

Die Kalthärte (Makrohärte) steht in Beziehung zur Wichte der Schneidkeramik. Niedrige Härtewerte bei sonst gleicher Zusammensetzung der Keramik deuten auf ungenügende Dichte des Sinterkörpers und auf schlechte Sinterung hin.

5.122 Warmhärte

Für das Verhalten der Schneidwerkstoffe bei der Zerspanung sind die Veränderungen wichtig, die die Härte bei höheren Temperaturen erleidet. Je höher die Warmhärte bei den auftretenden Schneidtemperaturen ist, um so verschleißfester erweist sich der Schneidwerkstoff und um so höhere Schnittgeschwindigkeiten sind bei seinem Einsatz anwendbar. A. G. Metcalfe [140] gibt die in Abb. 46 wiedergegebene Darstellung über den Härteverlauf der verschiedenen Schneidwerkstoffe bei höheren Temperaturen.

Wie aus dem in Abb. 46 schematisch wiedergegebenen Härteverlauf ersichtlich ist, ist die Härte der Schneidkeramik nicht nur höher als die der anderen Schneid-

[140] Zitiert bei Siebel, H. und Fleck, R., „Industrieanzeiger“, 79, 12 (1957).

werkstoffe einschließlich der Sinterhartmetalle, sondern sie erleidet, was wesentlich ist, erst einen Härteabfall bei höheren Temperaturen. Der Härteunterschied zwischen Schneidkeramik und Sinterhartmetall wird um so größer, je höher die Temperatur ist, eine Tatsache, die für das zerspanungstechnische Verhalten der Schneidkeramik von grundsätzlicher Bedeutung erscheint.

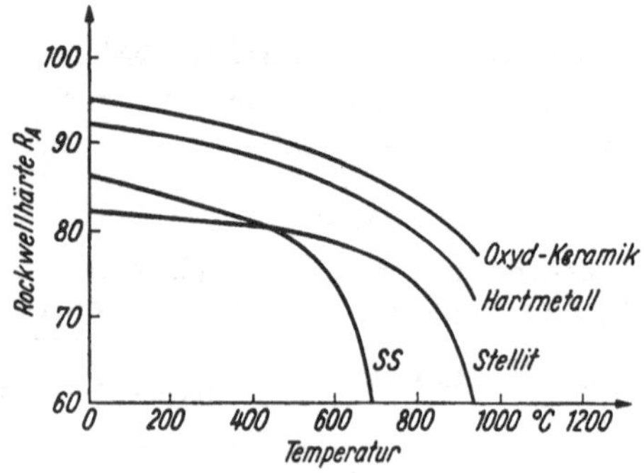

Abb. 46. Härteverlauf verschiedener Schneidwerkstoffe bei höheren Temperaturen (nach A. G. METCALFE)

WEILL gibt an, daß sich bei einer Temperatur von 1200° C die Härte der Schneidkeramik um die Hälfte gegenüber Raumtemperatur vermindert. Bei Standardsinterhartmetallen dagegen genügt schon nach WEILL eine Temperatur von 800° C, um die Härte auf die Hälfte des Kaltwertes zu erniedrigen.

5.13 Festigkeit

Von den verschiedenen Arten der Festigkeit ist vor allem diejenige des Biegebruches für Schneidwerkstoffe wichtig, da sie ein Maß für die Zähigkeit des Materials ist. Ohne die Bedeutung der Kaltbiegefestigkeit schmälern zu wollen, ist doch darauf hinzuweisen, daß die Warmbiegefestigkeit von noch größerem Interesse ist, da gerade bei der Zerspanung mit Keramikplatten wegen der großen anwendbaren Schnittgeschwindigkeiten hohe Temperaturen an der Schneidkante oder dicht dahinter auf der Spanablauffläche auftreten können. Neben der Biegefestigkeit ist auch die Zugfestigkeit und die Druckfestigkeit von Bedeutung.

5.131 Kaltbiegefestigkeit

Die Kaltbiegefestigkeit aller bisher entwickelten Schneidkeramiksorten ist im Vergleich zu den Sinterhartmetallen außerordentlich niedrig, worin ein entscheidender Nachteil der Keramik zu sehen ist. Sie liegt je nach der Sorte zwischen 20 bis maximal 60 kg/mm².[1]) Die Biegefestigkeit der Schneidkeramik beträgt also bestenfalls nur die Hälfte derjenigen der gesinterten Standardhartmetalle, die ihrerseits gegenüber den Werkzeug- und Schnellarbeitsstählen — je nach ihrer

[1]) Ein in der Literatur an einer Stelle [140] genannter Spitzenwert von fast 70 kg/mm² erscheint außergewöhnlich hoch und kann zweifellos nicht als Charakteristikum der Schneidkeramik gewertet werden.

Art — eine um 40 bis 50% niedrigere Festigkeit zeigen. Aber auch gegenüber den in der letzten Zeit entwickelten besonders verschleißfesten Sondersorten des Sinterhartmetalles, die eine Biegefestigkeit von etwa 85 bis 100 kg/mm² aufweisen, ist die Schneidkeramik in ihrer Zähigkeit noch erheblich unterlegen.

Die Schneidkeramik ist somit ein verhältnismäßig spröder Schneidwerkstoff, der seinen gefahrlosen Einsatz nur dann zuläßt, wenn keine zu hohen Schnittkräfte auftreten. Dies ist bekanntlich nur bei der Zerspanung im Schlichtschnitt der Fall.

Die Biegebruchfestigkeit aller Schneidkeramiksorten ist mehr oder weniger starken Schwankungen unterworfen (vgl. auch die Angaben von F. Vinter auf S. 19). Von sowjetischer Seite werden von A. M. Karataguine folgende Angaben gemacht:

50% aller Proben wiesen eine Biegebruchfestigkeit von 30 bis	33 kg/mm²	auf.
Weitere 33% zeigten Werte bis	35 kg/mm²	
weitere 8,7% zeigten Werte bis	37 kg/mm²	
weitere 6,5% zeigten Werte bis	40 kg/mm²	und
weitere 1,1% zeigten höhere Festigkeit als	40 kg/mm².	

Im Hinblick auf die verhältnismäßig große Sprödigkeit der Schneidkeramik sind in allen Ländern die Bemühungen darauf ausgerichtet, die Zähigkeit dieses Schneidwerkstoffes zu erhöhen, wobei durchaus in einem gewissen Umfang eine Erniedrigung der Verschleißfestigkeit in Kauf genommen wird.

Die bisherigen Bemühungen, die Festigkeit der Schneidkeramik zu verbessern, erstreckten sich sowohl auf die Untersuchung des Einflusses der Korngröße des Grundoxydes und auf das Kornwachstum bei der Sinterung, als auch vor allem auf ein Studium der Wirkung von Bindemittelzusätzen. Die geschichtliche Entwicklung der Schneidkeramik zeigt dies deutlich. Die Glasphase in der sowjetischen Schneidkeramik Mikrolit oder in der westdeutschen Sorte „Degussit“ verfolgt den Zweck, die Bindung zwischen den Al_2O_3-Kristalliten durch Verkittung mit einem Silikat oder einer anderen keramischen Masse zu verbessern. Der Zusatz von Metallen zum Grundoxyd, der zur Verwendung von „Cermets“ führte, beabsichtigt das gleiche. Die Benetzbarkeit des Oxydes durch das Bindemetall ist jedoch bisher noch relativ unbefriedigend. Erst dann, wenn es gelingt, diese wirksam zu verbessern, kann mit einer wesentlichen Steigerung der Zähigkeit der Schneidkeramik gerechnet werden.

Durch den Zusatz von Schwermetallkarbiden zum Al_2O_3 tritt nachweisbar eine Erhöhung der Biegefestigkeit der Schneidkeramik ein, die nach den bisherigen Feststellungen mit 30 bis 50% veranschlagt werden kann und die, wie bereits erwähnt, nach Ansicht der Verfasser auf Oberflächenreaktionen zwischen den Komponenten zurückgeführt werden kann. Die Zähigkeitserhöhung der Oxyd-Karbid-Keramik macht sich nicht nur durch eine Verringerung der Bruchgefahr günstig bemerkbar, sondern äußert sich auch in einer erheblichen Verbesserung der Schleifbarkeit.

Die Zugfestigkeit von Sintertonerde wurde von E. Ryschkewitsch [141] in Abhängigkeit von der Temperatur gemessen. In Abb. 47 ist die Abhängigkeit der Zerreißfestigkeit von der Temperatur nach E. Ryschkewitsch wiedergegeben.

Die Kaltbiegefestigkeit von stranggezogenen und gepreßten Stäben aus Sinterkorund wird von H. Gerdien [142] mit Maximalwerten von 30 bis 35 kg/mm² angegeben.

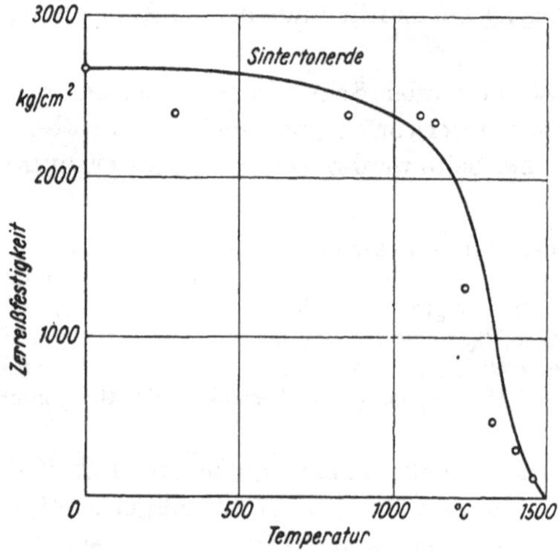

Abb. 47. Abhängigkeit der Zerreißfestigkeit von Sintertonerde von der Temperatur (nach E. Ryschkewitsch)

5.132 Warmbiegefestigkeit

Ein wesentliches Kennzeichen der Schneidkeramik im Vergleich zu den Sinterhartmetallen besteht darin, daß sie erst bei viel höheren Temperaturen an Festigkeit einbüßt als Hartmetall. Die Abhängigkeit der Biegefestigkeit der Schneidkeramik von der Temperatur im Vergleich zu den Standardhartmetallen G 1 und L 1 wurde u. a. von J. Hinnüber bestimmt. Abb. 48 gibt die Veränderungen der Biegebruchfestigkeit nach F. Kölbl [120] wieder, die die Schneidwerkstoffe Schnellarbeitsstahl, Sinterhartmetalle verschiedener Art (M 30, K 10 und P 10) und Schneidkeramik mit erhöhter Temperatur erleiden. Während Schnellarbeitsstahl bereits bei Temperaturen um 600° C einen plötzlichen und starken Abfall seiner Festigkeit erfährt, beginnen Sinterhartmetalle erst bei Temperaturen von 800 bis 1000° C ab (je nach ihrer Art) in ihrer Festigkeit abzusinken. Dagegen bleibt die Biegefestigkeit der Schneidkeramik bis zu Temperaturen von 1200 bis 1300° C nahezu unverändert. Dies bedeutet, daß sich die Biegebruchfestigkeit der Sinterhartmetalle bei Temperaturen von 1100 bis 1200° C derjenigen der Schneidkeramik stark nähert. Ein nennenswerter Zähigkeitsunterschied zwischen

[141] Ryschkewitsch, E., „Ber. Dtsch. Keram. Ges.“, 22, 363 (1941).

[142] Zitiert bei Ryschkewitsch, E., „Oxydkeramik der Einstoffsysteme“, Springer-Verlag Berlin-Göttingen-Heidelberg, 1949 S. 98

beiden Schneidwerkstoffen ist somit bei sehr hohen Schnittgeschwindigkeiten, die im wesentlichen die Höhe der Schnittemperatur bestimmen, nicht mehr vorhanden.

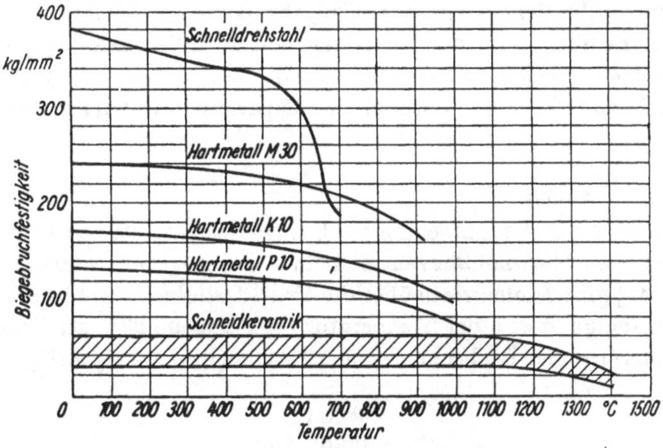

Abb. 48. Abhängigkeit der Biegefestigkeit verschiedener Schneidwerkstoffe (Schnellarbeitsstahl, Sinterhartmetalle und Schneidkeramik) von der Temperatur (nach F. Kölbl)

Diese Tatsache ist von erheblicher Bedeutung für das zerspanungstechnische Verhalten der Schneidkeramik im Vergleich zu Sinterhartmetall, welches bekanntlich bei sehr hohen Schneidtemperaturen bereits plastisch verformt werden kann.

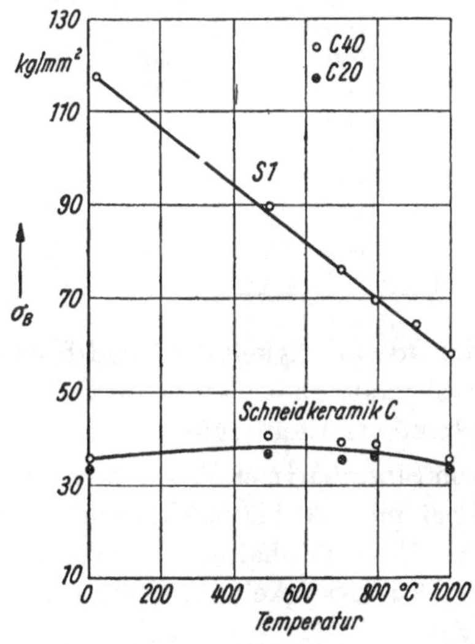

Abb. 49. Biegefestigkeit der Schneidkeramik C 20 und C 40 in Abhängigkeit von der Temperatur, im Vergleich zur Hartmetallsorte S 1 (nach C. Agte und R. Kohlermann)

Die Verfasser haben unter Mitarbeit von H. Warkentien das Festigkeitsverhalten der Schneidkeramiksorten C 20 und C 40 bei höheren Temperaturen im Vergleich zu der Hartmetallsorte S 1 untersucht. Das Ergebnis ist in Abb. 49

wiedergegeben. Es scheint, daß zunächst eine gewisse, wenn auch geringere Erhöhung der Biegefestigkeit[1]) mit steigender Temperatur eintritt, bevor es bei weiterer Temperatursteigerung zu einem Absinken der Festigkeit kommt. In diesem Zusammenhang ist eine Mitteilung von J. HINNÜBER [143] erwähnenswert, der nachwies, daß durch Zusätze von Mischoxyden in geringer Menge eine Festigkeitserhöhung in einem bestimmten Temperaturintervall festgestellt werden kann.

5.133 Druckfestigkeit

Die Druckfestigkeit der Schneidkeramik ist in der Literatur und in Prospekten der westdeutschen Hartmetallerzeuger mehrfach angegeben worden. E. RYSCHKEWITSCH [144] gibt Zahlenwerte über die Druckfestigkeit von Sinterkörpern aus Al_2O_3 in Abhängigkeit von der Temperatur (vgl. Tabelle 23). Sie liegt höher als diejenige anderer reiner hochschmelzender Oxyde (BeO, ThO_2, ZrO_2).

Tabelle 23
Druckfestigkeit von Al_2O_3
(nach E. RYSCHKEWITSCH)

Temperatur °C	Druckfestigkeit kg/mm²
20	300
400	150
600	140
800	130
1000	90
1100	60
1200	50
1400	25
1500	10
1600	5

Die Verfasser haben die Druckfestigkeit der Oxyd-Karbid-Keramik an Würfeln von 10 × 10 × 10 mm bestimmt. Dabei wurde für C 20 ein Wert von 285 kg/mm² und für C 40 von 300 kg/mm² ermittelt [145].

Die Druckfestigkeit von Sinterhartmetallen, die natürlich abhängig von deren Zusammensetzung ist, liegt mit 380 bis 560 kg/mm² nicht wesentlich höher als die der Schneidkeramik. Hoch-TiC-haltige Sonderhartmetalle zeigen nach F. KÖLBL ebenfalls nur eine Druckfestigkeit von 300 kg/mm².

[1]) Die Kalt- und Warmbiegefestigkeit der verschiedenen Schneidkeramiksorten wurde von uns an quadratischen Stäben 5×5×40 mm (Auflageweite 30 mm) bestimmt.

[143] HINNÜBER, J., „Industrieanzeiger“, Essen. (1957) S. 1082
[144] RYSCHKEWITSCH, E., AP, Techn. Report Nr. 6330 (1950).
[145] AGTE, C. und KOHLERMANN, R., „Fertigungstechnik“, 8, 4, 150 (1958).

5.134 Elastizitätsmodul

Der Elastizitätsmodul beträgt nach E. Ryschkewitsch [144, 146] bei Raumtemperatur 38000 kg/mm² und ist ebenfalls größer als der anderer hochschmelzender Oxyde. Die Abhängigkeit des Elastizitätsmoduls von Sinterkorund von der Temperatur ist aus Abb. 50 ersichtlich. Demgegenüber zeigen die gesinterten Standardhartmetalle bei Raumtemperatur einen Elastizitätsmodul von 62000 kg/mm² (G 1) bzw. 52000 kg/mm² (S 1), während Sonderhartmetalle nur noch einen Elastizitätsmodul von 45000 bis 37000 kg/mm² aufweisen.

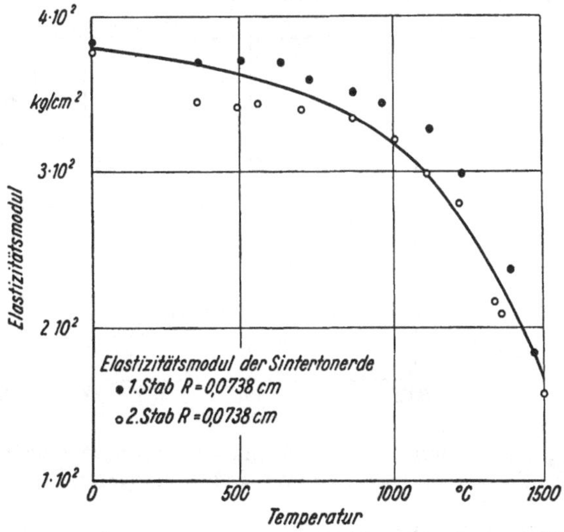

Abb. 50. Abhängigkeit des Elastizitätsmoduls von Sintertonerde von der Temperatur (nach E. Ryschkewitsch)

5.20 Thermische Eigenschaften

Die thermischen Eigenschaften eines Schneidwerkstoffes sind ebenfalls von Bedeutung für sein Verhalten bei der Zerspanung. Dies gilt im besonderen für die Wärmeleitfähigkeit. Aber auch das thermische Ausdehnungsverhalten ist wichtig im Hinblick auf seine Größe im Vergleich zum Trägermaterial (Stahl), vor allem bei metallisierten und aufgelöteten Schneidplatten, aber auch bei geklemmten oder aufgeklebten.

5.21 Thermischer Ausdehnungskoeffizient

Die thermische Ausdehnung von Sintertonerde ist von H. Ebert und C. Tingvaldt [147] gemessen worden. In Abb. 51 ist die thermische Ausdehnung der Sintertonerde in Abhängigkeit von dem Temperaturintervall 20 bis x °C wiedergegeben.

[146] Ryschkewitsch, E., „Ber. Dtsch. Keram. Ges.", 23, 243 (1942).
[147] Ebert, H. und Tingvaldt, C., „Physikal. Zeitschr.", 37, 471 (1936).

Der lineare Wärmeausdehnungskoeffizient der Oxydkeramik „Titoxit" wird mit ca. $8 \cdot 10^{-6}/°$ C angegeben. Er ist somit etwas höher als der an Sinterhartmetallen festgestellte Wert, der je nach der Sorte zwischen 5 und $7 \cdot 10^{-6}/°$ C liegt. Innerhalb der Hartmetallegierungen wirkt eine Erhöhung des Bindemittelgehaltes (Kobalt) ebenso steigernd auf den thermischen Ausdehnungskoeffizienten wie eine Vergrößerung des Gehaltes an Titankarbid.

K. Voss [148] hat auf Veranlassung der Verfasser an der Schneidkeramik C 20 und C 40 den thermischen Ausdehnungskoeffizienten zwischen 20° und 600° C mit $7{,}5 \cdot 10^{-6}/°$ C bzw. $7{,}2 \cdot 10^{-6}/°$ C bestimmt.

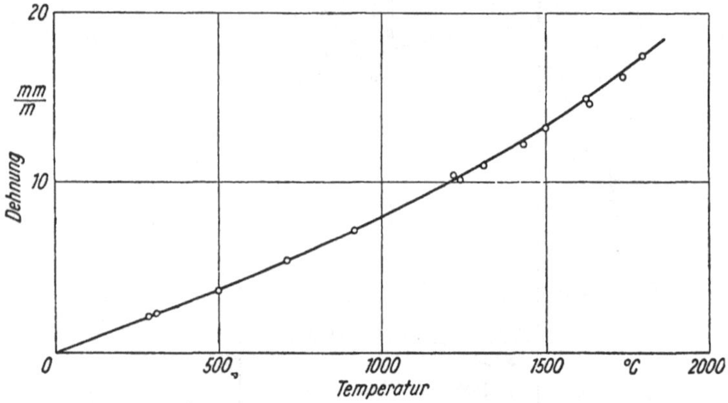

Abb. 51. Abhängigkeit der thermischen Ausdehnung der Sintertonerde von der Temperatur (nach H. Ebert und C. Tingvaldt)

Demgegenüber liegt der Wärmeausdehnungskoeffizient von Stahl, je nach der Sorte, bei 11 bis $15 \cdot 10^{-6}/°$ C. Er ist somit um etwa 40 bis 100% höher als der der Schneidkeramik.

Wenn man das Verhältnis der Wärmeausdehnung vom Trägermaterial (Stahl) zum Schneidwerkstoff betrachtet, dann ist die Schneidkeramik als etwas weniger ungünstig als Hartmetall anzusehen.

5.22 Wärmeleitfähigkeit

Ein beträchtlicher Unterschied, der von großem Einfluß auf die zerspanungstechnischen Vorgänge ist, besteht in der thermischen Leitfähigkeit der standardisierten Sinterhartmetalle einerseits und der Schneidkeramik andererseits. Schneidkeramik zeigt im Vergleich zu Standardhartmetallen eine ausgesprochen niedrige Wärmeleitfähigkeit. Die beim Zerspanungsvorgang durch die Verformung des bearbeiteten Werkstoffes entstehende Wärme wird infolge der schlechteren Wärmeleitfähigkeit der Schneidkeramik zum überwiegenden Teil durch den Span und zum geringeren Teil durch die Schneidplatte abgeleitet. Dies ist sowohl für den Zerspanungsvorgang selbst als auch für den Schneidwerkstoff von Vorteil.

[148] Voss, K., Unveröffentlichte Versuche (1957).

Demgegenüber wird bei der Zerspanung mit Hartmetallen, bedingt durch die bessere thermische Leitfähigkeit des Schneidwerkstoffes, die Zerspanungswärme in stärkerem Maße durch die Schneidplatte abgeleitet. Genauere zahlenmäßige Angaben darüber, in welchem Verhältnis die Wärme durch die verschiedenen Schneidwerkstoffe und durch das bearbeitete Werkstück bzw. den Span abgeleitet wird, liegen offenbar nicht vor. Es hängt dies im übrigen von vielen Faktoren ab, darunter auch von den jeweiligen Zerspanungsbedingungen sowie von den zum Einsatz gebrachten Hartmetallsorten.

Die Wärmeleitfähigkeit von Sinterhartmetallen wird durch steigenden Zusatz von TiC in den WC–TiC-Co-Hartmetallen stark vermindert [149 bis 152]. Hochtitankarbidhaltige Hartmetalle, wie F 1 und F 2, zeigen eine ähnliche oder sogar niedrigere thermische Leitfähigkeit als die Schneidkeramik (vgl. Tabelle 24).

Die Wärmeleitfähigkeit Co-haltiger Hartmetalle des Systems WC-Co (z. B. der Hartmetallsorte G 1) ist etwa dreimal so groß [153] wie die der Schneidkeramik. Schnellarbeitsstahl hat nur eine wenig höhere Leitfähigkeit als Schneidkeramik [154]. Ein Vergleich der Wärmeleitfähigkeit der Schneidkeramik mit Kohlenstoffstahl, Schnellarbeitsstahl und verschiedenen Hartmetallsorten ist in Tabelle 24 gegeben.

Tabelle 24

Vergleich der Wärmeleitfähigkeit verschiedener Schneidwerkstoffe

Schneidwerkstoff	ungefähre Wärmeleitfähigkeit cal/cm · °C · sec
Kohlenstoff- bzw. Werkzeugstahl	0,07–0,10
Schnellarbeitsstahl	0,06
Hartmetall G 1	0,20
Hartmetall S 3	0,15
Hartmetall S 2	0,08
Hartmetall S 1	0,09
Hartmetall F 1	0,05
Hartmetall F 2	0,03
Hartmetall HT	0,02
Schneidkeramik (Titoxit)	0,05

Die aus den Zahlenwerten der Tabelle 24 zu ziehende Folgerung ist die, daß beim Schleifen der Schneidkeramik ebenso wie bei den hoch-TiC-haltigen Hart-

[149] Engle, E. W. und Wulff, J., Powder Metallurgy, Am Soc.. Met., Cleveland (1942) 436.

[150] Sandford, E. J., „Alloy Metals Rev.“, 7, 2 (1949).

[151] Ammann, E. und Hinnüber, J., „Stahl und Eisen“, 71, 1081 (1951).

[152] Hinnüber, J., „ZVDJ“, 92, 111 (1950).

[153] Z. B. Comstock, G. J., „Trans. Amer. Soc. Steel Treat.“, 18, 993 (1930).

[154] Z. B. McKenna, P. M., Am. Inst. min. metallurg. Engrs. Techn. Publ., Nr. 897 (1938).

metallen eine Überhitzung vermieden werden muß. Es ist für eine gute Wärmeabfuhr zu sorgen, da sonst Schleifrisse entstehen können.

Die Wärmeleitfähigkeit von reiner Sintertonerde ist nach JACOB und HÄNLEIN [155] stark temperaturabhängig, wie aus Tabelle 25 hervorgeht.

Tabelle 25
Wärmeleitfähigkeit von Sintertonerde in Abhängigkeit von der Temperatur (nach JACOB und HÄNLEIN)

Temperatur °C	Wärmeleitfähigkeit cal/cm · °C · sec
20	0,0466
95	0,0333
200	0,0255
300	0,0214
400	0,0188
500	0,0169
600	0,0155
700	0,0147
800	0,0136
900	0,0127

J. M. DEMARQUEST [156] gibt neuerdings — in Übereinstimmung mit obigen Messungen — bei Raumtemperatur eine Wärmeleitfähigkeit von 0,05 cal/cm · ° C · sec für Sintertonerde an. Porzellan besitzt nur den 15. bis 20. Teil des Wärmeleitvermögens von keramisch verarbeiteter Tonerde. Bei tieferen Temperaturen gehört also die Wärmeleitung der Sintertonerde eher zu der Größenordnung der metallischen und nicht mehr der keramischen Werkstoffe. So zeigt z. B. Blei nur die doppelte Wärmeleitzahl als Sinterkorund bei Raumtemperatur.

5.23 Spezifische Wärme

Die spezifische Wärme von Sintertonerde liegt nach Messungen von G. WILKES [157] zwischen 30 und 100° C bei 0,206, zwischen 30 und 900° C bei 0,258 und zwischen 30 und 1700° C bei 0,280.

5.24 Temperaturwechselbeständigkeit

Eine unangenehme Eigenschaft von hochschmelzenden Oxyden und somit auch der Schneidkeramik ist ihre im Vergleich zu anderen Schneidwerkstoffen geringe Temperaturwechselbeständigkeit. Die Widerstandsfähigkeit gegen Temperaturwechsel kann durch Zusätze von Metallen und vor allem von Schwer-

[155] Zitiert bei GERDIEN, H., „Zs. f. Elektrochem.", **39**, 13 (1933).

[156] DEMARQUEST, J. M., Métaux **28** (1955) Nr. 329, A 340, S. 24.

[157] WILKES, G., „Journ. Americ. Ceram. Soc.", **15**, 72 (1932).

metallkarbiden zu den Oxyden verbessert werden [158]. Es ist daher anzunehmen, daß eine Schneidkeramik in Form von Cermets, wie z. B. die Sorte A, eine bessere Temperaturwechselbeständigkeit als die reine Oxydkeramik zeigt. Auch die Oxyd-Karbid-Schneidkeramik liegt in bezug auf ihr Verhalten gegen schroffen und häufigen Temperaturwechsel wesentlich günstiger als die Oxydkeramik.

Neben dem Al_2O_3 besitzen von den hochschmelzenden Oxyden auch ZrO_2 und ThO_2 eine sehr niedrige Wärmeleitfähigkeit und dementsprechend eine schlechte Temperaturwechselbeständigkeit. BeO, welches jedoch eine unbefriedigende chemische Beständigkeit besitzt, zeigt demgegenüber eine vergleichsweise hohe Wärmeleitfähigkeit und daher eine bessere Temperaturwechselbeständigkeit.

5.30 Sonstige physikalische Eigenschaften

Die sonstigen physikalischen Eigenschaften der Schneidkeramik sind weniger bedeutungsvoll für ihr Verhalten im Schneidvorgang. Die elektrische Leitfähigkeit von Mischoxyden und von Metall-Oxyd-Verbundwerkstoffen ist jedoch aus anderen Gründen von Interesse.

5.31 Elektrische Leitfähigkeit

Die elektrische Leitfähigkeit von Sintertonerde wurde von H. Rögener [159] im Temperaturgebiet zwischen 800 und 1100° C bestimmt (vgl. Abb. 52).

H. Gerdien [160] hat den spezifischen elektrischen Widerstand von Sintertonerde bei Temperaturen zwischen 300 und 800° C gemessen (vgl. Tabelle 26).

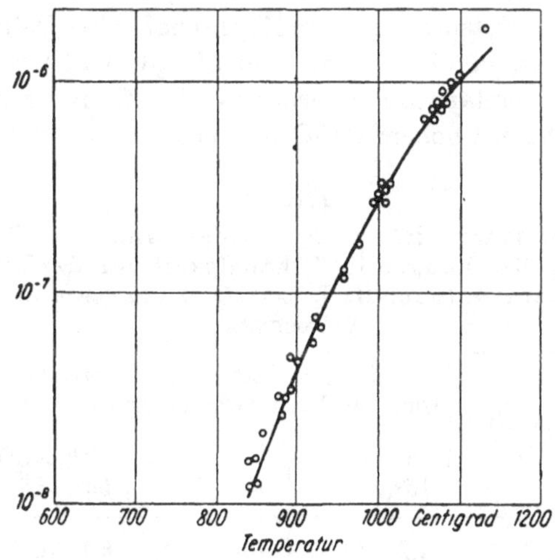

Abb. 52. Elektrische Leitfähigkeit von Sintertonerde zwischen 800 und 1100° C (nach H. Rögener)

[158] Vgl. Kieffer, R. und Schwarzkopf, P., Hartstoffe und Hartmetalle. Springer-Verlag Wien (1953) S. 688.

[159] Rögener, H., „Zs. f. Elektrochem.", **46**, 25 (1941).

[160] Gerdien, H., „Zs. f. Elektrochem.", **39**, 39 (1933).

In Übereinstimmung mit diesen Werten gibt F. STAPELFELDT [161] die in Tabelle 27 wiedergegebenen Werte für den spezifischen elektrischen Widerstand von Sintertonerde bei Temperaturen zwischen 800 und 1100° C an.

Tabelle 26

Spezifischer elektrischer Widerstand von Sinterkorund bei Temperaturen zwischen 300 und 800 °C (nach H. GERDIEN)

Temperatur °C	spez. elektr. Widerstand Ohm · cm
300	$1{,}2 \cdot 10^{13}$
400	$1{,}6 \cdot 10^{12}$
500	$1{,}3 \cdot 10^{11}$
600	$1{,}9 \cdot 10^{10}$
700	$2{,}5 \cdot 10^{9}$
800	$3{,}5 \cdot 10^{8}$

Tabelle 27

Spezifischer elektrischer Widerstand von Sintertonerde bei Temperaturen zwischen 800 und 1100 °C (nach F. STAPELFELDT)

Temperatur °C	spez. elektr. Widerstand Ohm · cm
830	ca. 10^{8}
950	ca. 10^{7}
1100	ca. 10^{6}

Verbundwerkstoffe aus Aluminiumoxyd–Titankarbid werden erfolgreich als elektrische Widerstandskörper verwendet und beim Studium der Hochtemperatureigenschaften keramischer Körper eingesetzt.

Den elektrischen Widerstand von heißgepreßten TiC–Al_2O_3-Körpern in Abhängigkeit von der Temperatur haben H. N. BARR, G. D. CRAMER und W. J. KOSHUBA [84] untersucht. Entsprechend den Eigenschaften der Komponenten wächst der elektrische Widerstand mit zunehmendem Al_2O_3-Gehalt[1]), wobei der Temperaturkoeffizient des Widerstandes für Verbundwerkstoffe mit hohem Al_2O_3-Gehalt negativ und für solche mit hohem TiC-Gehalt positiv ist (vgl. Tabelle 28).

Tabelle 28

Spezifischer elektrischer Widerstand von TiC–Al_2O_3-Mischungen in Abhängigkeit von der Temperatur (nach H. N. BARR, G. D. CRAMER und W. KOSHUBA)

Temperatur °C	Spezifischer elektrischer Widerstand in Ohm · cm bei einer Zusammensetzung von		
	85% Al_2O_3 15% TiC	70% Al_2O_3 30% TiC	50% Al_2O_3 50% TiC
20	$1{,}2 \cdot 10^{5}$	$6{,}7 \cdot 10^{-3}$	$6{,}1 \cdot 10^{-4}$
820	$2{,}2 \cdot 10^{2}$	$1{,}1 \cdot 10^{-2}$	$9{,}5 \cdot 10^{-4}$
1370	$1{,}2 \cdot 10^{2}$	1,37	$1{,}4 \cdot 10^{-3}$

[1]) Al_2O_3 ist praktisch ein elektrischer Isolator.

[161] zitiert bei RYSCHKEWITSCH, E., Oxydkeramik der Einstoffsysteme. Springer-Verlag Berlin-Göttingen-Heidelberg (1948) S. 100.

In den Metalloxyd-Metall-Verbundkörpern wird die elektrische Leitfähigkeit mit steigendem Metallzusatz erhöht. F. EISENKOLB und W. RICHTER [162] haben z. B. die elektrische Leitfähigkeit von Sinterkörpern aus Steingutmehl und Eisen untersucht. Es wurde beobachtet, daß sich mit steigender Sintertemperatur das Einsetzen einer metallischen elektrischen Leitfähigkeit zu niedrigeren Metallgehalten verschiebt (vgl. Abb. 53).

Beim System Al_2O_3–Mo_2C lag nach W. SEITH und H. SCHMECKEN [77] die untere Grenze für das Auftreten einer elektrischen Leitfähigkeit bei 40 bis 50 Gewichts-% Mo_2C.

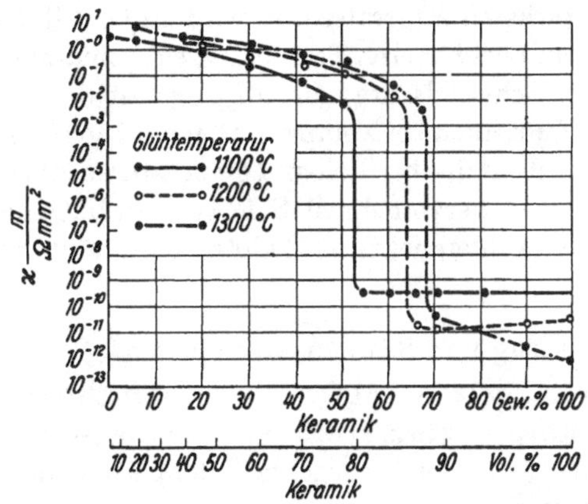

Abb. 53. Elektrische Leitfähigkeit von Sinterkörpern aus Steingutmehl und Eisen in Abhängigkeit von der Zusammensetzung und der Sintertemperatur (nach F. EISENKOLB und W. RICHTER)

Schließlich sei in diesem Zusammenhang noch eine Arbeit von A. R. BLACKBURN, T. S. SHEVLIN und H. R. LOWERS [74, 163] erwähnt, in der die Benetzbarkeit von Al_2O_3 durch Nickel, Kobalt, Eisen, Chrom und eine Chrom–Bor-Legierung untersucht wurde. Durch Erhitzen der gepreßten Metallpulver auf einer Aluminiumoxydunterlage in verschiedenen Gasen wurde ermittelt, daß die reinen Metalle wenig Neigung haben, das Oxyd zu benetzen und unterhalb 1650° C daran zu haften. Es kann jedoch eine zufriedenstellende Bindung mit Hilfe der Oxyde der metallischen Komponenten erzielt werden. Es ist daher keinesfalls empfehlenswert, Metall–Metalloxyd-Mischungen unter stark reduzierenden Bedingungen zu sintern. Vielmehr sind schwach oxydierende Atmosphären vorzuziehen.

Weitere Untersuchungen über die elektrische Leitfähigkeit in Mischoxyd-, Oxyd–Karbid- und Metall–Oxyd-Systemen sind in einer vorzüglichen und kritischen Darstellung von E. STROBEL und W. RICHTER [164] beschrieben worden.

[162] EISENKOLB, F. und RICHTER, W., in F. EISENKOLB, Neuere Entwicklung der Pulvermetallurgie. VEB Verlag Technik, Berlin (1955) S. 419.

[163] SHEVLIN, T. S., Vortrag Electrochem. Soc. Cleveland 1950, Eng. Exp. Stat. News Ohio Univ., 22 (1950) Nr. 4, S. 22, 41/46.

[164] STROBEL, E. und RICHTER, W., „Mischkeramische Werkstoffe“ in F. EISENKOLB, Neuere Entwicklung der Pulvermetallurgie. VEB Verlag Technik (1955) S. 411–429.

5.32 Magnetische Eigenschaften

α- und γ-Tonerde sind nach K. E. ZIEMENS [165] diamagnetisch.

5.40 Chemische Eigenschaften

Aluminiumoxyd gehört, chemisch gesprochen, zu den stabilsten Oxyden wegen der überaus hohen Kräfte, die zwischen den Al- und O-Atomen auftreten. Diese starke Bindung von Metall- und Sauerstoffatom muß sich — entsprechend den neueren theoretischen Erkenntnissen — auch in einem hohen Schmelzpunkt, einer großen Härte und einer relativ guten Festigkeit äußern, was bekanntlich auch der Fall ist. Von stärksten Mineralsäuren wird Al_2O_3 selbst bei hohen Konzentrationen der Säure und bei höheren Temperaturen nicht angegriffen. Nur mittels konzentrierter heißer Schwefelsäure kann Al_2O_3 gelöst werden.

Freier Wasserstoff übt auch bei Temperaturen um 1500° C noch keinen Einfluß aus. Graphit bleibt ebenfalls bei hohen Temperaturen ohne jede Wirkung auf Al_2O_3, was bereits daraus hervorgeht, daß Tiegel aus Sintertonerde bei Temperaturen von 1800° C in Kohlerohrkurzschlußöfen ohne weiteres eingesetzt werden können.

5.41 bei Einwirkung von Säuren, Laugen und Wasser

Eine reine Oxyd-Keramik aus Al_2O_3 ist als praktisch beständig gegen Wasser und chemische Agenzien — wie z. B. säurehaltige Öle — anzusehen [166], die bei der Durchführung des Zerspanungsvorganges oder bei der Herstellung der Schneidplatten und Werkzeuge in Erscheinung treten können. Dies gilt auch bei Temperaturen, die bei der Zerspanung durch Verformung, Reibung usw. entstehen können.

Bei den Cermets und auch bei der Oxyd–Karbid-Keramik ist ebenfalls ein schädlicher Einfluß von Wasser beim Schleifen oder von Kühlmitteln bei der Zerspanung nicht zu befürchten. Die in der Oxyd-Karbid-Schneidkeramik enthaltenen Schwermetallkarbide sind praktisch als beständig gegen die meisten schwachen Säuren und Laugen anzusehen [167].

5.42 bei Einwirkung von Luft (Zunderversuche)

Größere Bedeutung kann die Einwirkung des Sauerstoffes der Luft auf die Schneidwerkstoffe beim Zerspanungsvorgang haben.

Reine Oxydkeramik ist als vollständig beständig gegen Luft, Wasserdampf und Sauerstoff bis zu den höchsten Temperaturen anzusehen, die maximal bei der Zerspanung auftreten können. Dagegen kann in Schneidkeramiksorten, die Metall- oder Schwermetallkarbidzusätze enthalten, ein Angriff dieser Zusätze durch den Sauerstoff der Luft oder durch Wasserdampf bei höheren Schnittemperaturen stattfinden. H. WARKENTIEN und W. DÜBEL [168] haben auf Veran-

[165] ZIEMENS, K. E., „Chem. Zentralbl.", II, 2994 (1940).

[166] JAEGER, G. und KRASEMANN, R., „Werkstoffe und Korrosion", 3, 401 (1952).

[167] Vgl. BECKER, K., Hartstoffe, Verlag Chemie, Berlin (1932) 1.

[168] DÜBEL, W. und WARKENTIEN, H., Unveröffentlichte Versuche (1957).

lassung der Verfasser im besonderen das Zunderverhalten der Schneidkeramik C 40 systematisch untersucht. Es wurden dabei die Gewichtsänderungen in Abhängigkeit von der Einwirkungsdauer mittels einer Thermowaage bestimmt, die Schneidkeramikplatten beim Glühen an ruhender Luft bei verschiedenen Temperaturen erfahren.

Es wurde festgestellt, daß die Schneidkeramik C 40 bis zu Temperaturen von etwa 900 bis 950° C keine nennenswerten Gewichtsveränderungen erleidet und bis zu der genannten Temperatur als oxydationsbeständig anzusehen ist. Relativ zunderbeständige Hartmetallsorten, wie etwa S 1, sind demgegenüber weniger oxydationsbeständig. Oberhalb 950° C findet sowohl bei der Schneidkeramik A 10 als auch bei der Sorte C 40 bzw. C 20 eine Oxydation der Metall- (Mo) oder der Karbidkomponente (Mo_2C–WC) statt. Es bildet sich MoO_3, welches bei diesen Temperaturen bereits merklich verdampft. Eine Gewichtszunahme durch Oxydation wird bei 1000° C bei der Schneidkeramik C 40 annähernd durch Verdampfung von MoO_3 kompensiert. Oberhalb 1000° C tritt eine Gewichtsverminderung ein, da dann die Verdampfung des Molybdäntrioxydes überwiegt.

In Abb. 54 ist nach Messungen von H. Warkentien und W. Dübel das Zunderverhalten (Gewichtsveränderung) der Schneidkeramik C 40 an Luft in Abhängigkeit von der Zeit bei verschiedenen Temperaturen im Vergleich zur Hartmetallsorte S 1 graphisch dargestellt.[1])

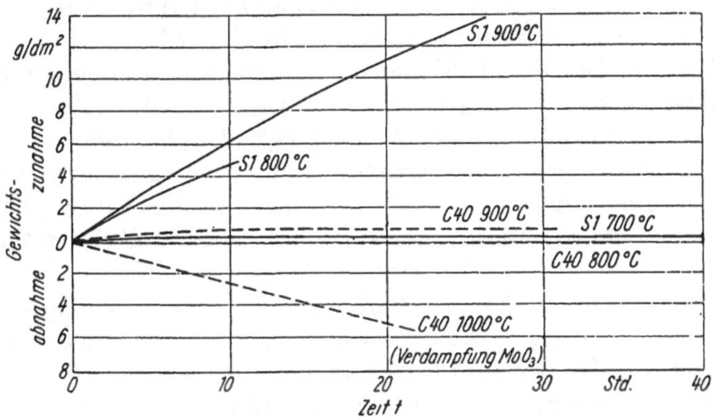

Abb. 54. Zunderverhalten der Schneidkeramik C 40 bei Temperaturen von 800, 900 und 1000° C im Vergleich zu der Hartmetallsorte S 1 (nach H. Warkentien und W. Dübel)

Zusammenfassend kann festgestellt werden, daß die reine Oxydkeramik absolut beständig gegen die Einwirkung von Sauerstoff bis zu Temperaturen von 1800° C ist, was an sich selbstverständlich erscheint. Dagegen zeigen keramische Verbundwerkstoffe in Form von Cermets (A 10) oder in Form von Oxyd–Karbid-Systemen (C 40) Oxydationserscheinungen ab 900° C.

Gegen den bei der Zerspanung ablaufenden Span ist reine Oxydkeramik wegen ihrer großen Verschleißfestigkeit und ihrer hohen chemischen Widerstands-

[1]) vgl. Agte, C., und Kohlermann, R. [145]

fähigkeit als beständig anzusehen. Sie zeigt demzufolge keine Kolkerscheinungen auf der Spanablauffläche der Schneidplatten. Im Gegensatz hierzu treten bei der Zerspanung von Stahl mit Sinterhartmetallen auf der Spanablauffläche mehr oder weniger große Kolkerscheinungen auf, deren Höhe von der Art des zerspanten Werkstoffes und den Zerspanungsbedingungen abhängig ist.

Oxyd–Karbid-Keramik neigt in viel geringerem Maße zu Kolkerscheinungen als Sinterhartmetall, selbst wenn es sich um hoch-TiC-haltige Hartmetallsorten handelt. Der Kolkverschleiß ist so gering, daß er niemals bestimmend für die Standzeit einer Schneidplatte aus Oxyd–Karbid-Keramik ist.

In dem hier gekennzeichneten Verhalten der Schneidkeramik gegenüber dem ablaufenden Span kommt die Tatsache zum Ausdruck, daß Al_2O_3 gegen Metalle bei den Schneidtemperaturen unempfindlich ist. Dagegen kann die Metall- oder Karbidkomponente — je nach ihrer Art — beim Zerspanungsvorgang einem Einfluß des Spans bei mechanischer Reibung und erhöhter Temperatur unterliegen (Diffusion, chemischer Angriff, Legierungsbildung).

5.50 Verschleißverhalten

Das Verschleißverhalten der verschiedenen Schneidkeramiksorten ist bisher offenbar nicht systematisch bestimmt worden, wozu die Schwierigkeiten der Untersuchungen [169] wesentlich beigetragen haben mögen. Dagegen liegen Verschleißwerte für Hartmetalle im Vergleich zu anderen Werkstoffen vor, worüber eine umfangreiche Literatur vorhanden ist [170 bis 175].

Schneidkeramik ist verschleißfester als die härteste Hartmetallsorte bei reibender, gleitender und schmirgelnder Beanspruchung. Dies geht bereits daraus hervor, daß die Schneidkeramik in Anwendungsfällen, bei denen die vorstehend aufgeführten Beanspruchungen vorliegen, sich im Vergleich zu Hartmetallen hervorragend bewährt und eine breite Verwendung gefunden hat (vgl. Kapitel 2.00).

Soweit es sich um den Einsatz der entwickelten Keramiksorten für die spanabhebende Bearbeitung handelt, wird das Verschleißverhalten im praktischen Drehversuch gemessen, wobei bei umfassender Charakterisierung des Schneidverhaltens z. B. Standzeit — Schnittgeschwindigkeitskurven bzw. -geraden aufgenommen werden. Hierauf wird jedoch an dieser Stelle nicht näher eingegangen, da diese Frage Gegenstand eines besonderen Abschnittes dieses Buches bildet (Kapitel 7.00).

[169] Vgl. KIEFFER, R. und SCHWARZKOPF, P, Hartstoffe und Hartmetalle. Springer-Verlag Wien (1953) S. 522.

[170] U. a. NIEBERDING, O., Abnutzung von Metallen unter besonderer Berücksichtigung der Meßflächen von Lehren. VDJ-Verlag Berlin (1930).

[171] NIEBERDING, O. und SPORKART, K., „Werkstattstechnik“, **30**, 221 (1936).

[172] SAVIN, N., „Werkstattstechnik“, **33**, 165 (1939).

[173] BLAKE, H. N., „Proc. Amer. Soc. Test. Met.“ **28**, II, 341 (1928).

[174] KIEFFER, R. und KÖLBL, F., Vortrag JPT, Graz, Ref. Nr. 28, „Powder Met. Bull.“ **4**, 4 (1949).

[175] AVERY, H. S., Hard Surfacing by Fusion Welding, Am. Broke Shoe Corp., New York (1947) S. 18 ff.

5.60 Kritische Einschätzung der Eigenschaftswerte (im Vergleich zu den Sinterhartmetallen)

Überblickt man die hier besprochenen Eigenschaften der verschiedenen Schneidkeramiksorten und vergleicht sie mit denen der Sinterhartmetalle, so kommt man zu folgendem Ergebnis:

1. Die Schneidkeramik ist härter und verschleißfester als die Sinterhartmetalle.

2. Die Warmhärte der Schneidkeramik erleidet erst bei im Vergleich zu den Sinterhartmetallen höheren Temperaturen einen Abfall.

3. Ihre Festigkeit und Zähigkeit (Biegebruchfestigkeit) bei Raumtemperatur ist — auch bei den neuentwickelten Sorten — wesentlich kleiner als die der Hartmetalle, und zwar selbst im Vergleich zu den hilfsmetallarmen und besonders verschleißfesten, hoch-TiC-haltigen Hartmetallsorten.

4. Einige Keramiksorten zeigen mit steigender Temperatur — im Gegensatz zu den Hartmetallen — zunächst einen Anstieg der Biegebruchfestigkeit. Das Absinken der Biegefestigkeit erfolgt bei der Schneidkeramik erst bei viel höheren Temperaturen als bei den Hartmetallen. Dies bedeutet, daß sich die Warmbiegefestigkeit von Schneidkeramik und Hartmetall bei höheren Temperaturen einander nähert.

5. Die Druckfestigkeit der Schneidkeramik liegt sehr hoch, erreicht aber nicht ganz die der normalen Sinterhartmetalle.

6. Das gleiche gilt für den Elastizitätsmodul.

7. Die Wichte der verschiedenen Schneidkeramiksorten ist zum Teil wesentlich geringer als die der Sinterhartmetalle, in jedem Fall aber erheblich niedriger.

8. Die Wärmeleitfähigkeit der Schneidkeramik ist teilweise erheblich kleiner als die der normalen Sinterhartmetalle. Nur hochtitankarbidhaltige Hartmetallsorten gleichen in bezug auf die thermische Leitfähigkeit der Schneidkeramik.

9. Die reine Oxydkeramik ist elektrisch ein Isolator. Verbundwerkstoffe von der Art der Cermets und der Oxyd–Karbid-Keramik zeigen eine wesentlich geringere elektrische Leitfähigkeit als Sinterhartmetalle.

10. In bezug auf den linearen thermischen Ausdehnungskoeffizienten unterscheiden sich die verschiedenen Sorten der Schneidkeramik und der Hartmetalle nicht wesentlich voneinander.

11. Die Oxydkeramik ist vollständig zunderbeständig. Die Oxydationsbeständigkeit der Cermets und der Oxyd–Karbid-Keramik ist besser als die der Sinterhartmetalle.

Diese hier kurz zusammengefaßten Eigenschaften der Schneidkeramik bestimmen das Anwendungsgebiet dieses Materials sowohl bei der spanabhebenden als auch bei der spanlosen Verformung sowie die Vorbereitung der Schneidplatten (Schleifen) und die Werkzeugkonstruktionen.

6.00 Metallographie, Struktur und Kornbindung der Schneidkeramik

(C. Agte und R. Kohlermann)

Die Untersuchung der Struktur und der Kornbindung in der Schneidkeramik ist für die Beurteilung derselben hinsichtlich ihrer Eigenschaften und ihres Schneidverhaltens von erheblicher Bedeutung. Zweifellos ist ein wesentlicher Teil der Verbesserungen, die dieser Schneidwerkstoff in den letzten Jahren erfahren hat, auf systematische Erweiterung unserer Erkenntnisse über Gefügeaufbau, Kornfeinheit und Kornbindung zurückzuführen.

Die Durchführung metallographischer Untersuchungen an der Schneidkeramik gestaltet sich wegen der großen Härte dieses Werkstoffes, seiner ziemlich großen Sprödigkeit und wegen der relativ schweren Kenntlichmachung des Gefüges und der Korngrenzen durch Ätzmittel oder auf andere Weise schwierig. Der metallographische Befund läßt aber trotz dieser Schwierigkeiten und der derzeit noch vorhandenen Mängel in der Untersuchungsmethodik durchaus eindeutige Feststellungen über die Kornfeinheit und Korngestalt sowie über die Gefügebestandteile und ihre Verteilung im oxydischen Grundmaterial zu. Dies gilt im besonderen für die Verbundwerkstoffe der Schneidkeramik, also für die Cermets und die Oxyd–Karbid-Keramik. Bei ihnen kann man an den Schliffproben auch die Mikrohärte der Gefügebestandteile, d. h. des Grundoxyds einerseits und der Metall- bzw. Karbidkomponenten andererseits, bestimmen.

6.10 Untersuchungsmethodik

Die Betrachtung der metallographischen Schliffe der Schneidkeramik kann sowohl nach dem Auflicht- als auch nach dem Durchlichtverfahren erfolgen. Bei dem letztgenannten Verfahren, das von der Untersuchung keramischer Werkstoffe hinreichend bekannt ist, werden die hergestellten Dünnschliffe im polarisierten Licht unter Verwendung eines Kompensationsplättchens zur besseren Kenntlichmachung der Einzelkristallite und ihrer Korngrenzen bei geeigneter Vergrößerung betrachtet [176].

Die Herstellung eines Dünnschliffes erfordert aber eine verhältnismäßig lange Zeit, da seine Stärke nur etwa 10 bis 20 μ betragen soll und daher in den letzten Stadien der Abtragung des Schliffes langsam und sehr sorgfältig gearbeitet werden muß. Im allgemeinen verzichtet man daher auf die Herstellung von Dünnschliffen und begnügt sich mit der üblichen Untersuchungsmethodik stärkerer Proben im auffallenden Hellfeldlicht. Abb. 55 zeigt nach E. Ryschkewitsch den polierten und geätzten Anschliff einer reinen Sintertonerde.

[176] Ryschkewitsch, E., Oxydkeramik der Einstoffsysteme. Springer-Verlag Berlin-Göttingen-Heidelberg (1948) S. 116–126.

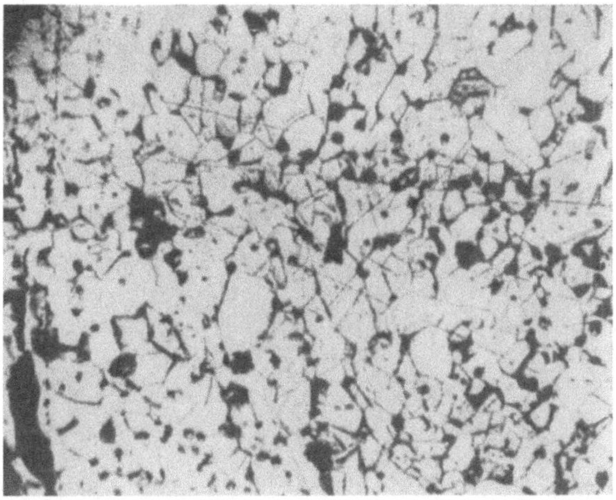

Abb. 55. Polierter und geätzter Anschliff von reiner Sintertonerde (V = 340 ×) (nach E. Ryschkewitsch)

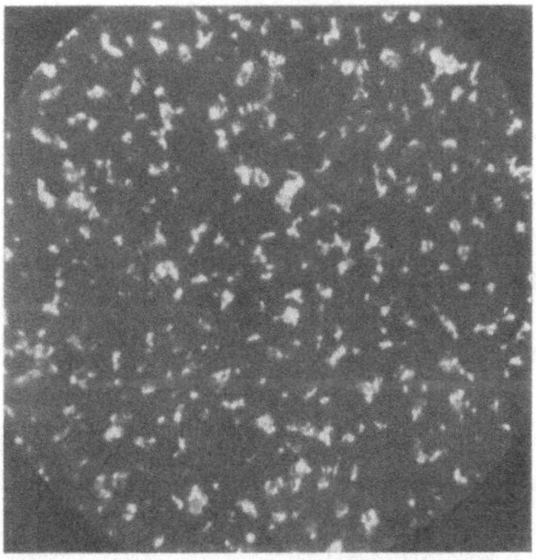

Abb. 56. Dünnschliffaufnahme der Oxyd-Karbid-Keramik C 40 (V = 860 ×)

Abb. 56 gibt das Bild eines ungeätzten Dünnschliffes der Oxyd-Karbid-Keramik C 40 wieder. Die Verteilung der Karbidkomponente im Grundoxyd ist gut erkennbar.

An sich können Proben aus Sintertonerde und aus den übrigen bisher bekannten Schneidkeramiksorten durchaus mit Siliziumkarbid vorgeschliffen werden. Zum Läppen der vorgeschliffenen Oberfläche verwendet man entweder feinkörniges Borkarbidpulver oder — besser — Diamantpulver feinster Körnung.

Die polierte, ungeätzte Oberfläche der reinen Oxydkeramik läßt bei Betrachtung im Hellfeld kein Gefügebild erkennen. Dagegen sind herausgerissene Kristallite als dunkle Flecken sichtbar. Bei den dunklen Stellen handelt es sich also nur zum Teil um ursprünglich vorhandene Poren. Zum größeren Teil liegen nachträglich beim Schleif- und Poliervorgang entstandene Oberflächenporen vor, ein Beweis für die relativ große Sprödigkeit des Materials und für die ziemlich schlechte Verankerung der Kristallite untereinander.

Bei der Betrachtung ungeätzter Schliffe der Verbundkeramik (Cermets sowie Oxyd-Karbid-Keramik) ist bereits die Zusatzkomponente (Metall bzw. Karbid) als heller Bestandteil in der dunklen, oxydischen Grundmasse deutlich erkennbar. Man kann sich daraus ein zuverlässiges Bild über den volumenmäßigen Anteil der Zusatzkomponenten, die Gleichmäßigkeit ihrer Verteilung, ihre Korngröße und Korngestalt verschaffen.

Zur Kenntlichmachung der Korngrenzen werden die polierten Schliffproben mit geeigneten chemischen Agenzien geätzt. Als geeignete Ätzmittel haben sich Kaliumbisulfat oder Natronlauge erwiesen. Die Ätzung erfolgt zweckmäßig bei Temperaturen von 400 bis 500° C innerhalb der Dauer von 2 bis 4 Minuten. Es entsteht ein Netzwerk, welches von den Umgrenzungen der einzelnen Kristallite im gegebenen Schnitt herrührt. Die metallischen oder karbidischen Zusatzkomponenten können nachträglich durch Feuerätzung oder auf andere Weise deutlicher sichtbar gemacht werden.

6.20 Gefügebestandteile

Im folgenden verweisen wir zur Veranschaulichung der Möglichkeiten, die die oben beschriebene Untersuchungstechnik bietet, auf bereits früher gebrachte Abbildungen, bei denen jeweils der ungeätzte Schliff (Kenntlichmachung von Poren und der metallischen bzw. karbidischen Anteile) dem geätzten Schliffbild (Korngrenzenentwicklung) gegenübergestellt ist.

Es handelt sich im einzelnen um folgende Abbildungen, die in den Tafeln 1 bis 3 (zu S. 36) wiedergegeben sind.

Abb. 16. Schneidkeramik A 10
- a) Verteilung der Metallkomponente (V = 160 x)
- b) Korngrenzen der Kristallite (V = 500 x)

Abb. 17. Schneidkeramik B 40
- a) Verteilung der Karbidkomponente (V = 160 x)
- b) Korngrenzen der Kristallite (V = 500 x)

Abb. 18. Schneidkeramik C 40
- a) Verteilung der Karbidkomponente (V = 160 x)
- b) Korngrenzen der Kristallite (V = 500 x)

Abb. 19. Schneidkeramik C 20
a) Verteilung der Karbidkomponente (V = 160 x)
b) Korngrenzen der Kristallite (V = 500 x)
Abb. 20. Sowjetische Schneidkeramik Mikrolit
a) Porosität (V = 160 x)
b) Korngrenzen der Kristallite (V = 500 x)
Abb. 21. Tschechoslowakische Schneidkeramik KDB 8
a) Porosität (v = 160 x)
b) Korngrenzen der Kristallite (V = 500 x)

Eine kritische Beurteilung der Abbildungen 17 und 18 läßt erkennen, daß, wenn man die Entwicklung der Oxyd–Karbid-Keramik von der Sorte B nach der Sorte C hin verfolgt, eine bessere und gleichmäßigere Verteilung der Karbidkomponente sowie eine Erhöhung der Feinkörnigkeit des Gefüges erfolgt ist.

In den Abb. 57 und 58 sind Farbaufnahmen von geätzten und ungeätzten Schliffproben der in der Deutschen Demokratischen Republik zur Zeit besonders interessierenden Schneidkeramiksorten A 10 und C 40 gezeigt. Abb. 57a gibt bei V = 600 × die Verteilung der metallischen Zusatzkomponente und Abb. 57b bei gleicher Vergrößerung das geätzte Schliffbild der Schneidkeramik A 10 wieder. Abb. 58a und b zeigen die entsprechenden Schliffbilder für die Oxyd–Karbid-Keramik C 40.

6.30 Volumenmäßiger Anteil der Metall- bzw. Karbidkomponenten in der Schneidkeramik

Der Volumenanteil der metallischen oder karbidischen Zusatzkomponenten läßt sich mit entsprechenden Meßmethoden [177] zahlenmäßig feststellen. In Tabelle 29 ist der Gewichts- und Volumenanteil der Zusatzkomponenten in der Cermetsorte A und in den Oxyd–Karbid-Keramiksorten B und C einander gegenübergestellt.

Tabelle 29

Gewichts- und Volumenanteil der Zusatzkomponenten in den Schneidkeramiksorten A, B und C der Deutschen Demokratischen Republik

Schneid-keramik-sorte	Art und prozentualer Zusatz der Komponente	Anteile (%)	
		volumenmäßig	gewichtsmäßig
A 2	2 % Mo	0,77	2
A 5	5 % Mo	1,97	5
A 10	10 % Mo	4,07	10
B 20	20 % Mo_2C	9,58	20
B 40	40 % Mo_2C	22,03	40
C 10	10% WC-Mo_2C	3,60	10
C 20	20% WC-Mo_2C	7,75	20
C 40	40% WC-Mo_2C	18,31	40

[177] Agte, C. und Petrdlík, M., Vlastností kovových prášků a jechích měřeni, Praha 1953.

Abb. 57. Schneidkeramik A 10

a) Verteilung der Metallkomponente (V = 600 ×)

b) Korngrenzen der Kristallite (V = 600 ×)

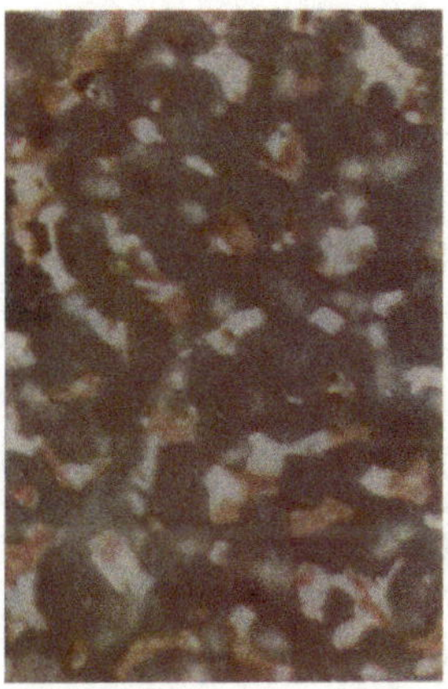

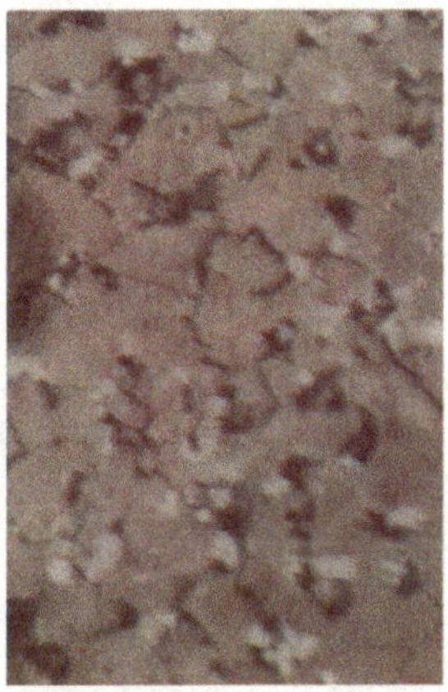

Abb. 58. Schneidkeramik C 40

a) Verteilung der Karbidkomponente (V = 600 ×)

b) Korngrenzen der Kristallite (V = 600 ×)

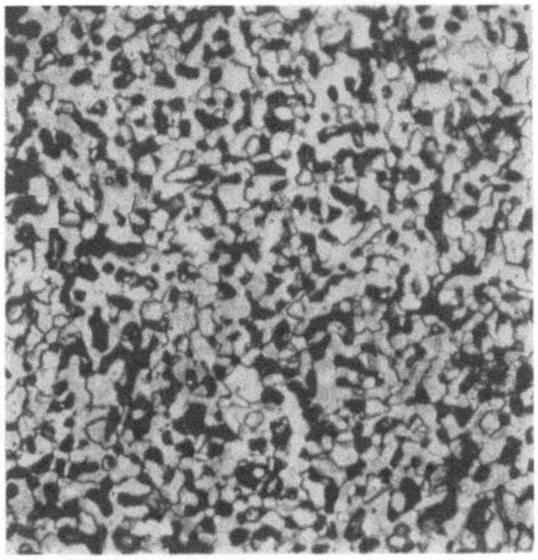

Abb. 59. Besonders feinkörnige Oxyd-Karbid-Keramik mit größeren Karbidanteilen

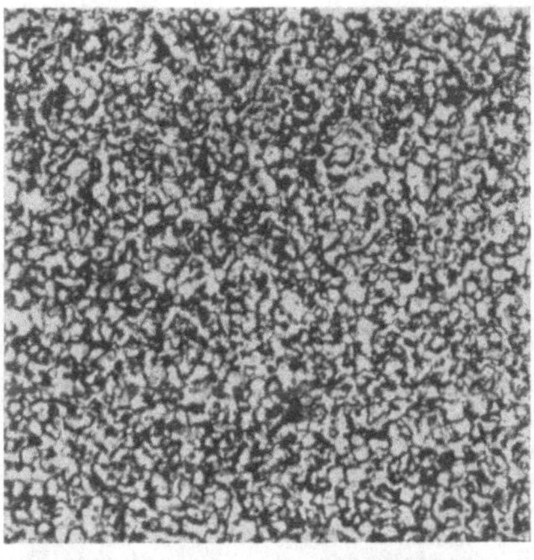

Abb. 60. Sehr feinkörnige Oxyd-Karbid-Keramik mit kleineren Karbidanteilen

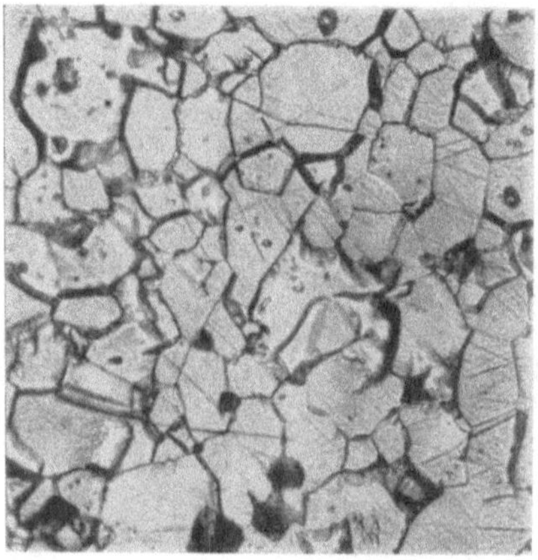

Abb. 61. Oxydische Schneidkeramik ausländischer Erzeugung (relativ grobes Gefüge)

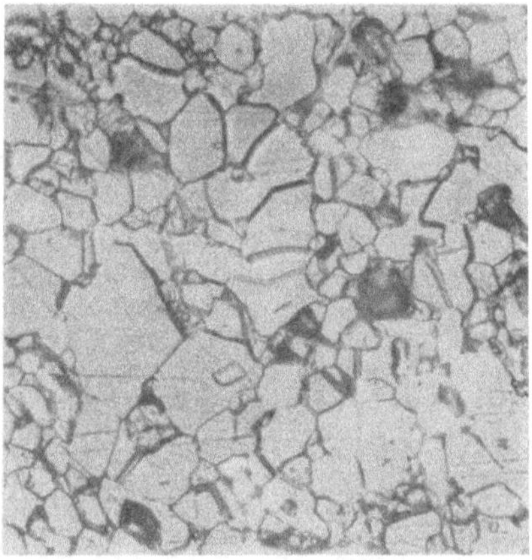

Abb. 62. Oxydische Schneidkeramik ausländischer Erzeugung (relativ grobes Gefüge)

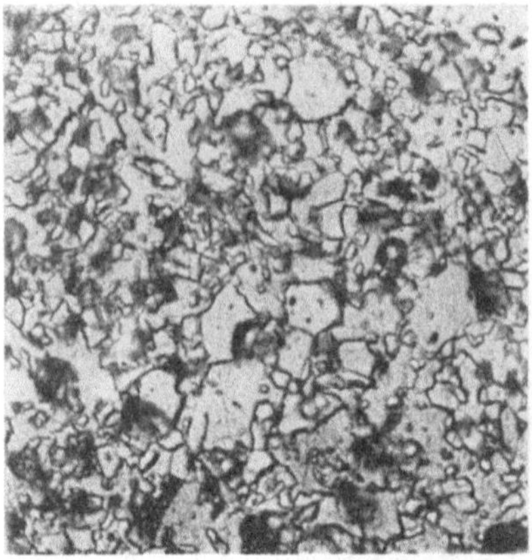

Abb. 63. Oxyd-Schneidkeramik ausländischer Erzeugung (mittelfeines Gefüge)

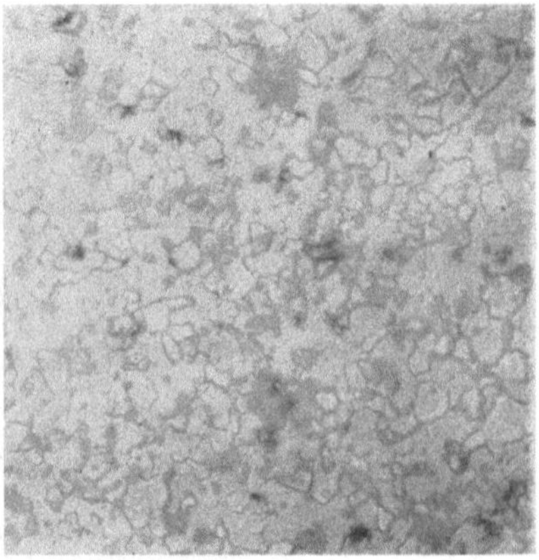

Abb. 64. Oxyd-Schneidkeramik ausländischer Erzeugung (mittelfeines Gefüge)

Es ist ersichtlich, daß der volumenmäßige Anteil in allen vorgenannten Sorten wesentlich geringer ist als der gewichtsmäßige, bedingt durch die niedrige Wichte des Al_2O_3 im Vergleich zu den Wichten der verwendeten Schwermetalle und Schwermetallkarbide. Besonders groß ist der Unterschied zwischen den volumen- und gewichtsmäßigen Anteilen bei der Schneidkeramik C 40, bei der neben Mo_2C ($\gamma = 9{,}18\ g/cm^3$) das spezifisch besonders schwere WC ($\gamma = 15{,}72\ g/cm^3$) als Zusatzkomponente benutzt wird.

Der verhältnismäßig geringe volumenmäßige Anteil der metallischen oder karbidischen Zusatzkomponenten in den bisher entwickelten Schneidkeramiksorten unterstreicht die Feststellung, daß diese Werkstoffe eindeutig zur „Keramik" gerechnet werden müssen.

6.40 Korngrößenbestimmung

Die Ätzlinien am Schliff können, sofern sie gut erkennbar sind, zur Korngrößenbestimmung benutzt werden. Dabei ist davon auszugehen, wie C. Agte und Mitarbeiter [178] nachgewiesen haben, daß nicht alle als Kugeln gedachten Körner an der Stelle des größten Durchmessers geschnitten werden, sondern vollkommen willkürlich. Es ergibt sich dann als statistisches Mittel für den gemeinsamen Mittelwert d der Kugeln

$$d = \frac{\pi}{4} D,$$

worin D der Durchmesser über dem Äquator ist.

Man erhält den Korndurchmesser D somit auf Grund der Beziehung

$$D = 1{,}275\, d\,,$$

d. h., der wahre Durchmesser ist um 27,5% größer als der gemessene.

Die Korngröße der einzelnen Kristallite zeigt in den verschiedenen Erzeugnissen, wie sie im In- und Ausland in den Handel gebracht werden, sehr erhebliche Unterschiede. Neben Produkten, die eine extreme Feinkörnigkeit aufweisen, gibt es Erzeugnisse, die wesentlich gröber sind. Eine besonders große Feinkörnigkeit des Gefüges zeigen z. B. die in Abb. 59 und 60 wiedergegebenen Schliffbilder von Keramiksorten mit größeren (Abb. 59) und kleineren Karbidanteilen ausländischer Erzeugung (Abb. 60).

Ein wesentlich gröberes Gefüge weisen die in Abb. 61 und 62 wiedergegebenen Schneidkeramiksorten auf. Abb. 63 und 64 zeigen mittelfeine Oxydkeramiksorten ausländischer Herkunft.

In Tabelle 30 ist die Korngröße der oxydischen Grundkomponente für verschiedene in- und ausländische Schneidkeramiksorten angegeben. Dabei ist jeweils die niedrigste und höchste sowie die durchschnittliche Korngröße ermittelt worden.

---

[178] Agte, C., Schönborn, H. und Schröter, K., „Zs. f. techn. Physik", **7a**, 293 (1925).

Tabelle 30

Korngröße des Grundoxydes in verschiedenen schneidkeramischen Erzeugnissen

Keramikbezeichnung	niedrigste bis höchste Korngröße in μ	durchschnittl. Korngröße in μ
Oxyd-Keramik 1	2—20	8—10
Oxyd-Keramik 2	1—14	6
Oxyd-Keramik 3	3—30	12—14
Oxyd-Keramik 4	1—30	10—12
Oxyd-Keramik 5	1—20	6
Oxyd-Keramik 6	2—20	10
Oxyd–Karbid-Keramik 1	0,5—5	1—2
Oxyd–Karbid-Keramik 2	2—20	8—10
Oxyd–Karbid-Keramik 3	1—8	2—4
Cermet 1	6—60	20—25

6.50 Bruchgefüge

Aus dem Bruchgefüge einer Schneidkeramik kann sowohl auf die Kornfeinheit des Materials als auch auf die Zähigkeit desselben geschlossen werden.

Die Kornfeinheit ist am Bruchgefüge meist schon durch den Augenschein, genauer mit einer Lupe geringer Vergrößerung (z. B. 10fach), erkennbar. Unterschiede zwischen der Kornfeinheit in der Randzone und im Kern können ebenfalls aus dem Bruchgefüge in einfacher Weise festgestellt werden. Abb. 65 zeigt das Bruchgefüge einer Oxyd–Karbid-Schneidkeramik Sorte B 40 bei vierfacher Vergrößerung. Diese Sorte weist ein ziemlich grobes Bruchgefüge im Gegensatz zu dem der in Abb. 66 wiedergegebenen Schneidkeramik C 40 auf, das wesentlich feinkörniger und daher günstiger zu bewerten ist.

Zeigt der Bruch, ähnlich wie bei Sinterhartmetallen, ein etwas muscheliges Aussehen, dann kann dies als ein Hinweis für eine relativ gute Zähigkeit des Materials gewertet werden. Sind dagegen die Bruchflächen vollständig glatt, dann kann darin ein Anzeichen für eine zu hohe Sprödigkeit des Werkstoffes gesehen werden.

6.60 Mikrohärte der Gefügebestandteile

Da es sich bei gewissen Sorten der Schneidkeramik um Verbundwerkstoffe handelt, in denen zwei oder mehr Gefügebestandteile nebeneinander vorhanden sind, kann man exakt nicht von einer einheitlichen Härte des Materials sprechen (vgl. Kapitel 5.00). Es sind vielmehr zur einwandfreien Charakterisierung Angaben über die Härte der einzelnen Gefügebestandteile notwendig. Wegen der geringen Größe der einzelnen Kristallite muß hierbei die Mikrohärtemessung angewendet werden. Sie erfolgt meist in Form der Vickershärte (H_V) bei einer Belastung von 50 g, gegebenenfalls auch weniger.

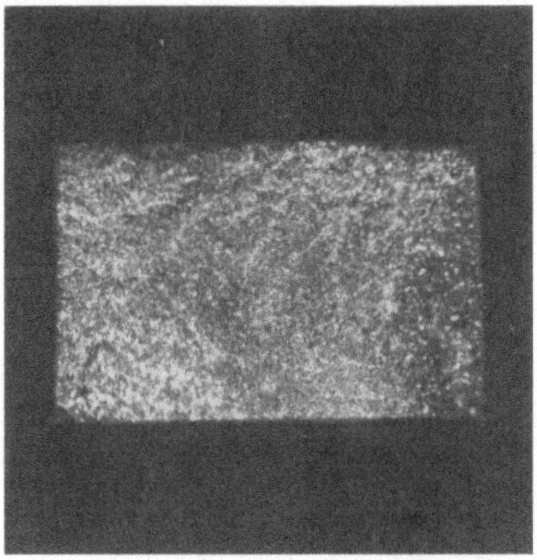

Abb. 65. Bruchgefüge (grob) der Schneidkeramik B 40 (V = 4 ×)

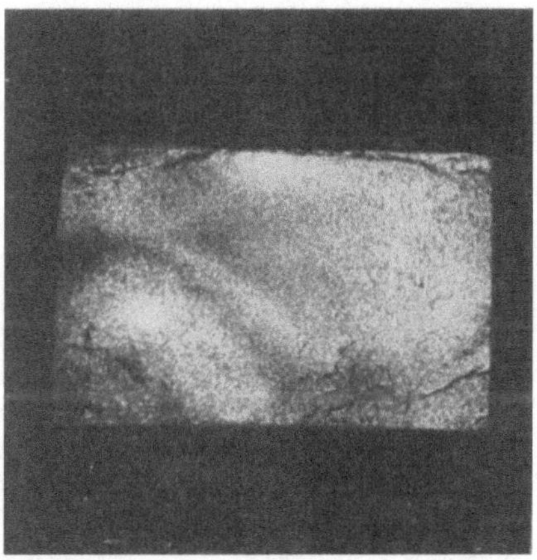

Abb. 66. Bruchgefüge (fein) der Schneidkeramik C 40 (V = 4 ×)

Die Unterschiede in der Mikrohärte von oxydischem Grundbestandteil (Al_2O_3) und Zusatzkomponente (z. B. Schwermetallkarbid) sind sehr beträchtlich. Das Aluminiumoxyd ist dabei der härtere Bestandteil. Aber auch innerhalb der verschiedenen Sorten der Oxydkeramik haben Messungen der Mikrohärte des Al_2O_3 nicht unerhebliche Unterschiede ergeben. Dies geht im einzelnen aus Tabelle 31 hervor, in welcher nach unseren Messungen die Mikrohärten verschiedener Sorten der Schneidkeramik angegeben sind.

Tabelle 31

Mikrohärten von Grundoxyd und Zusatzkomponente in verschiedenen Sorten der Schneidkeramik

Art der Schneidkeramik	Mikrohärte H_V (bei 50 g Belastung)	
	Grundoxyd (Al_2O_3)	Zusatzkomponente
Oxyd-Keramik 1	2850	–
Oxyd-Keramik 2	2350	–
Oxyd-Keramik 3	2950	–
Oxyd-Keramik 4	2550	–
Oxyd-Keramik 5	2850	–
Oxyd-Keramik 6	2620	–
Oxyd-Keramik 7	2680	–
Cermet	2700	1700–2000
Oxyd–Karbid-Keramik 1	2715	nicht bestimmt
Oxyd–Karbid-Keramik 2	2650	2050
Oxyd–Karbid-Keramik 3	2750	2080
Oxyd–Karbid-Keramik 4	2350	1850

Zusammenfassend darf festgestellt werden, daß Schliffuntersuchungen an Proben der Schneidkeramik ein sehr wertvolles Hilfsmittel darstellen, welches wesentliche Erkenntnisse über die Strukturbestandteile und ihre Mikrohärte, über die Kornfeinheit des Gefüges und gegebenenfalls auch über die Kornbindung zu vermitteln vermag. Wesentliche Fortschritte, die allgemein in der letzten Zeit in der Gütesteigerung der verschiedenen Arten der Schneidkeramik erzielt werden konnten, wie Erhöhung der Feinkörnigkeit, Steigerung der Zähigkeit, Verbesserung der Kornbindung usw., sind zweifellos auf eine erweiterte Anwendung und Vervollkommnung der „metallographischen" Untersuchungstechnik zurückzuführen.

7.00 Zerspanungstechnische Grundlagen

(E. Heymel)

Die Leistungsfähigkeit einer Werkzeugschneide kommt in erster Linie durch ihre Standzeit und das in einer bestimmten Zeit zerspante Werkstoffvolumen oder durch die Größe der in der gleichen Zeit bearbeiteten Werkstückoberfläche zum Ausdruck. Beim Schruppschnitt kommt es darauf an, in kürzester Zeit größte Werkstoffmengen abzuheben. Bei der Fertigbearbeitung, also beim Feindrehen, soll die Werkzeugschneide zwischen zwei Anschliffen in möglichst kurzer Zeit eine große Anzahl Werkstücke bearbeiten.

Die Standzeit einer Schneide wird durch das Zusammenwirken einer Vielzahl von Einflußgrößen bestimmt, die zum Teil vom Dreher durch entsprechende Einstellung der Maschine unmittelbar beeinflußt werden können, und zum Teil von der Form der Schneide, den Eigenschaften des Schneidwerkstoffes und der Zerspanbarkeit des zu bearbeitenden Werkstoffes abhängig sind. Zu den vom Bedienungsmann zu beeinflussenden Größen gehören die Schnittgeschwindigkeit, die Schnitttiefe und der Vorschub. Die Schneidenform und die Schneidenwinkel sollen dem unmittelbaren Einfluß des Drehers entzogen sein, indem die Instandhaltung und das Nachschleifen der Werkzeuge in zentralen Werkzeugschleifereien vorgenommen wird. Auf die Eigenschaften des Schneidstoffes und des Werkstoffes kann der Bedienungsmann gar nicht einwirken, da sie ihm fertig angeliefert werden.

7.10 Standzeit, Abnutzungskriterium und Schneidenverschleiß

Unter dem Begriff Standzeit eines Werkzeuges versteht man die reine Schnittzeit einer Werkzeugschneide zwischen zwei Anschliffen. Sie wird in Minuten angegeben und ist neben anderen Größen, wie z. B. Schnittgeschwindigkeit, Spanquerschnitt, Schneidenwinkel, Zerspanbarkeit des Werkstoffes usw., von den Schneideigenschaften des Schneidstoffes abhängig.

Die Beendigung der Standzeit wird bei den verschiedenen Schneidwerkstoffen unterschiedlich angezeigt. Bei Schnellstählen werden unmittelbar nach dem Versagen der Schneide auf dem Werkstück blankgebremste Stellen sichtbar. Es handelt sich dabei um ein Erliegen durch die zu hoch gewordene Schneidentemperatur. Man spricht dann vom Erliege- oder Ausgabekriterium.

Bei sehr verschleißfesten Hartmetallen und bei Schneidkeramik tritt das Blankbremsen gar nicht und bei zähen Hartmetallen nur so undeutlich auf, daß es als Kennzeichen für die Abstumpfung nicht zu verwenden ist. Für die Begrenzung der Standzeit wird deshalb nach Vereinbarung ein höchstzulässiger Schneidenverschleiß festgelegt, welcher dann mit Verschleißkriterium bezeichnet wird. Ein Vergleich von Standzeitergebnissen ist nur möglich, wenn den Untersuchungen gleiche Standzeitkriterien zugrunde liegen.

Jede Werkzeugschneide ist vom ersten Augenblick ihres Einsatzes an dem Verschleiß unterworfen, der je nach den Verschleißursachen mehr oder weniger schnell anwächst. Von H. AXER [180] werden für Hartmetall eine Vielzahl von Verschleißursachen genannt, von denen nachstehend die wichtigsten angeführt werden:

1. Verschweißen des Schneidstoffes mit dem Werkstoff
2. Gefügeänderung im Schneidstoff
3. Mechanische Spannungen im Schneidstoff
4. Überschreitung der Warmhärte mit anschließender plastischer Verformung der Schneide
5. Reaktion des Schneidstoffes mit den Gasen der Luft
6. Elektrochemische Vorgänge
7. Diffusionserscheinungen.

G. OSTERMANN [181] erklärt den Kolk- und Freiflächenverschleiß grundsätzlich als eine Folgeerscheinung der Reibvorgänge auf der Span- und Freifläche des Werkzeuges. Die Entstehung der beiden Verschleißformen hat unterschiedliche Ursachen, die im wesentlichen auf die verschiedenen Druck- und Temperaturverhältnisse an den einzelnen Verschleißstellen zurückzuführen sind. Druck und Temperatur üben also einen sehr großen Einfluß aus.

Werkzeugschneiden aus keramischen Schneidstoffen zeigen in mancher Hinsicht ein anderes Verschleißverhalten als Hartmetall. So treten z. B. Verschweißungen und Diffusionserscheinungen zwischen Schneidstoff und Werkstoff nicht auf. Auch Überschreitungen der Warmhärte werden praktisch nicht vorkommen, und die Reaktion des Schneidstoffes mit den Gasen der Luft wird keine große Rolle spielen. Obwohl sich die Verschleißbilder von Hartmetall- und Keramikschneiden sehr ähnlich sehen, besteht zwischen ihnen ein beträchtlicher Unterschied, der später noch erläutert wird.

Die Verschleißformen an der Werkzeugschneide sind unterschiedlich. In Abb. 67 sind vier verschiedene Möglichkeiten dargestellt, die zum Teil entweder allein oder mit einer zweiten Verschleißform zusammen entstehen können.

Der Schneidenverschleiß entsteht an der Freifläche und an der Spanfläche der Schneide. Bei der Stahl- und Stahlgußbearbeitung wird auf der Spanfläche der Schneidstoff muldenförmig abgetragen. Diese für die Bearbeitung langspanender Werkstoffe charakteristische Verschleißform wird als Kolkverschleiß bezeichnet. Gleichzeitig entsteht an der Freifläche noch eine Verschleißmarke, so daß man es bei der Stahlbearbeitung mit zwei Verschleißformen zu tun hat, von denen jede

---

[180] AXER, H., Über die Ursachen des Werkzeugverschleißes an Hartmetall-Drehwerkzeugen, Dissertation TH Aachen (1956).

[181] OSTERMANN, G., Über die Ursachen des Werkzeugverschleißes. Forschungsbericht „Zerspanung“ II, Mitteilungen aus dem Laboratorium für Werkzeugmaschinen und Betriebslehre an der Rhein.-Westf. Techn. Hochschule Aachen.

für sich für die Beendigung der Standzeit ausschlaggebend sein kann. Welche Verschleißform für die Standzeitbeendigung entscheidend ist, hängt von den Eigenschaften des Schneidstoffes, besonders von dessen Warmhärte und Ver-

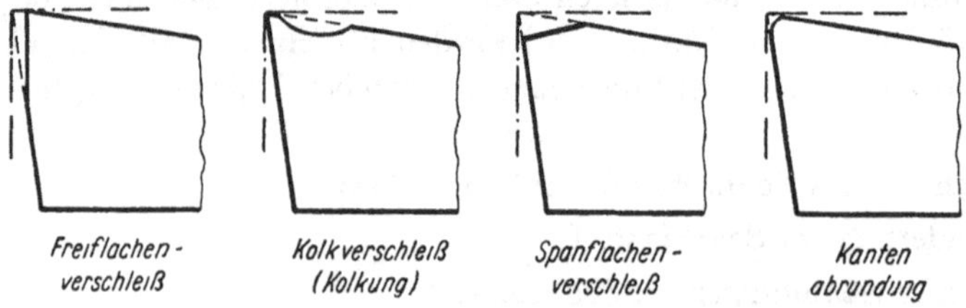

Abb. 67. Verschleißformen am Drehmeißel (nach SCHALLBROCH-WALLICHS)

schleißfestigkeit, von der Schneidstoff-Werkstoff-Paarung und von den Schnittbedingungen ab. Die Kantenrundung ist eine Übergangsform zwischen Freiflächen- und Spanflächenverschleiß.

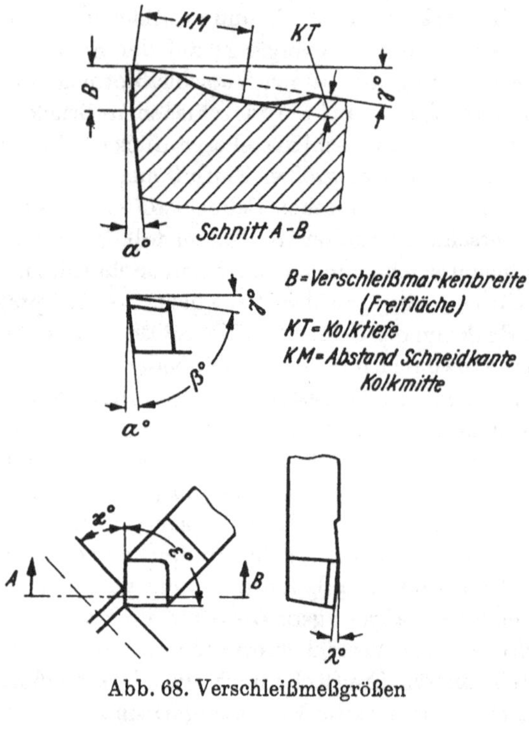

Abb. 68. Verschleißmeßgrößen

Bei der Erfassung des Schneidenverschleißes werden die in Abb. 68 angegebenen Größen gemessen. Die Messung der Verschleißmarke B an der Freifläche erfolgt von der unversehrten Schneidkante ausgehend senkrecht zur Bezugsebene, wobei aus der kleinsten und größten Breite ein Mittelwert gebildet wird. Für die

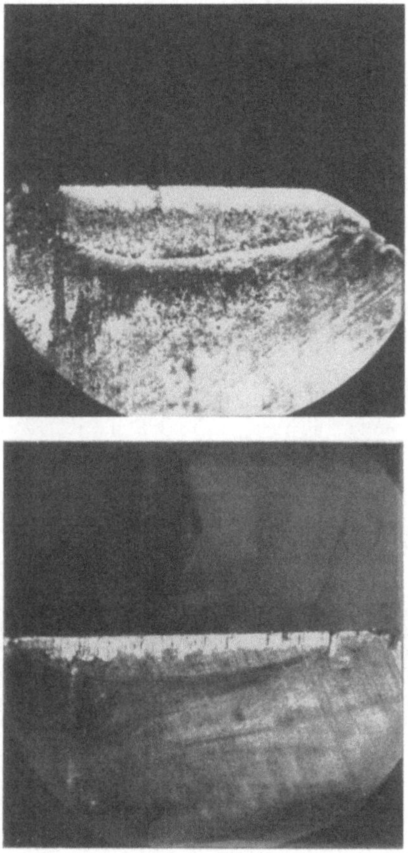

Abb. 69

Verschleiß an Hartmetall S 1

Werkstoff : Stahl C 60, $\sigma_B = 85\ kg/mm^2$

Drehzeit T	= 4 min
Schnitt-geschwindigkeit v	= 300 m/min
Spanquerschnitt a·s	= 2 · 0,2 mm²

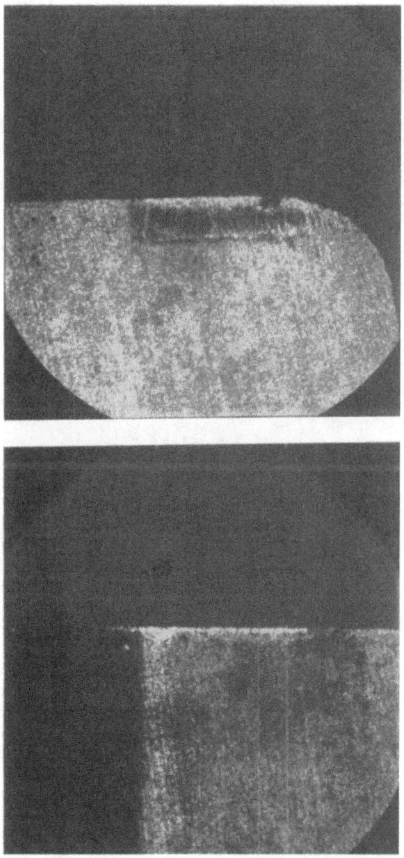

Abb. 70

Verschleiß an Oxyd-Karbid-Keramik C 40

Werkstoff : Stahl C 60, $\sigma_B = 85\ kg/mm^2$

Drehzeit T	= 4 min
Schnitt-geschwindigkeit v	= 300 m/min
Spanquerschnitt a·s	= 2 · 0,2 mm²

Bestimmung der Auskolkung genügt die Ermittlung der Kolktiefe K_T und des Kolkmittenabstandes K_M. Durch den Quotient

$$K = \frac{K_T}{K_M}$$

wird die durch den Kolkverschleiß verursachte Vergrößerung des Spanwinkels zum Ausdruck gebracht.

In den Abb. 69 und 70 wird der Schneidenverschleiß an Hartmetall- und Keramikschneiden gezeigt.

Die S-1-Hartmetallschneide in Abb. 69 zeigt auf der Spanfläche eine sehr stark ausgebildete Kolkung, deren schnelles Anwachsen bei höheren Schnittgeschwindigkeiten einen Schneidenausbruch herbeiführt. Die Hartmetallschneide wird schon unbrauchbar, bevor die Verschleißmarke der Freifläche ihre zulässige Größe, die je nach der verlangten Güte der Werkstückoberfläche zwischen 0,4 und 0,8 mm Breite betragen darf, erreicht hat. Meistens ist es aber so, daß die Verschleißmarke an der Freifläche die kritische Größe zuerst erreicht und die Standzeit dadurch beendet wird.

Abb. 70 zeigt das Verschleißbild einer Keramikschneide. An der Freifläche tritt ebenfalls eine deutliche Verschleißmarke auf. Auf der Spanfläche markiert der ablaufende Span die Kontaktzone, wobei die Kolkung viel schwächer ausgebildet ist als bei Hartmetallschneiden. Nach H. Opitz [182] erreicht die Auskolkung bei der Schneidkeramik nur etwa $^1/_5$ der Tiefe, die bei Hartmetallen auftritt. Für Schneidkeramik wird eine zulässige mittlere Verschleißmarkenbreite von 0,5 mm vorgeschlagen. Bei genauer Betrachtung kann man feststellen, daß die Verschleißflächen durch viele kleine Ausbrüche entstanden sind.

7.20 Die Schnittgeschwindigkeit [217, 218]

Der Schnittgeschwindigkeitsbereich, in dem ein Schneidstoff arbeiten kann, wird im wesentlichen von seiner Warmhärte bestimmt. In Abb. 46 sind die Warmhärten einiger Schneidstoffe dargestellt (siehe Abschnitt 5. 122). Der Arbeitsbereich für die Werkzeuge aus Schnellarbeitsstahl geht bis zu einer Schnittgeschwindigkeit von 60 m/min. Der wirtschaftliche Schnittgeschwindigkeitsbereich für Stellite kann mit 60 bis 100 m/min angegeben werden. Verschleißfeste Hartmetalle der Standard-Sorten, z. B. F 1, arbeiten in einem Bereich von 150 bis 230 m/min. Für die hochverschleißfesten Hartmetallsorten der neuesten Entwicklung, wie z. B. HT 1 [183] und HF 1 [184], konnte die Schnittgeschwindigkeit auf 180 bis 300 m/min erhöht werden. Noch höhere Schnittgeschwindigkeiten sind ausschließlich den keramischen Schneidstoffen vorbehalten.

---

[182] Vgl. Dawihl, W. und Klingler, E., „VDJ-Zs.", **100**, 13, 560 (1958).

[183] Agte, C. und Wehner, R., Schneidwerkstoffe für hohe und höchste Schnittgeschwindigkeiten „Neue Hütte", **1**, H. 7 (1955/56).

[184] Agte, C. und Kohlermann, R., „Fertigungstechnik", **8**, H. 8 (1958).

[217] Heymel, E., Zerspanungstechnische Untersuchungen an keramischen Schneidstoffen. „Fertigungstechnik", **7**, 496—497 (1957).

[218] Heymel, E., Anwendungsmöglichkeiten der Schneidkeramik. „Fertigungstechnik", **8**, 2—9 (1958).

In Abb. 71 sind die Schnittgeschwindigkeitsbereiche einiger Schneidstoffe dargestellt. Eine zu starke Schnittgeschwindigkeitserhöhung hat ein beträchtliches Anwachsen der Schneidentemperatur zur Folge, was bei Schnellarbeitsstahl, Stellit und auch bei den meisten Hartmetallsorten zu plastischen Schneidenverformungen und somit zum Unbrauchbarwerden der Schneide führt. Bei keramischen Schneidstoffen liegt die Warmhärte wegen des großen Anteils an hochtemperaturbeständigen Bestandteilen so hoch, daß in der Praxis die zulässige Schneidentemperatur wohl kaum erreicht werden kann. Plastische Schneidenverformungen können also nicht auftreten. Trotzdem schreitet der Schneidenverschleiß bei sehr hohen Schnittgeschwindigkeiten und somit höheren Schneidentemperaturen bedeutend schneller fort als in normalen Bereichen. Diese Erscheinung dürfte auf die in schneller Folge auftretenden kleinen Ausbrüche an den Schneidenverschleißflächen zurückzuführen sein. Die Abbildungen 72 und 73 zeigen als Bestätigung dafür Schneiden aus Oxyd–Karbid-Keramik C 40, mit denen bei 100 bzw. 500 m/min Schnittgeschwindigkeit 60 bzw. 6 Minuten lang gedreht wurde. Die Kontaktzonen auf den Spanflächen lassen bei der höheren Schnittgeschwindigkeit deutlich eine stärkere Kraterbildung erkennen. Auch an den Verschleißmarken der Freiflächen sind bei der hohen Schnittgeschwindigkeit die Ausbrüche größer.

In Abb. 74 ist der genaue Verlauf einer Standzeitkurve für die Oxyd–Karbid-Keramik C 40 angegeben. Die Kurve nimmt, genau gesehen, im doppellogarithmischen Liniennetz an keiner Stelle die Form einer Geraden an. Unter den gewählten Versuchsbedingungen erreicht die Schneide ihre höchste Standzeit bei einer Schnittgeschwindigkeit von 100 m/min. Bei noch niedrigeren Schnittgeschwindigkeiten wird die Standzeit immer geringer, was offenbar auf die stärker in Erscheinung tretenden Werkzeugschwingungen zurückzuführen ist.

In Abb. 75 ist der Fortschritt des Freiflächenverschleißes für eine Schneide aus Oxyd-Karbid-Keramik C 40 für verschiedene Schnittgeschwindigkeiten aufgetragen. Bei 100 m/min Schnittgeschwindigkeit ist der Freiflächenverschleiß am geringsten, bei 50 m/min liegt er wieder höher, ebenso bei 200 m/min, 300 m/min, 400 m/min und 500 m/min.

W. Dawihl und E. Klingler [185] geben an, daß sich bei niedrigen Schnittgeschwindigkeiten bei einer Schneidentemperatur bis 25% der Schmelztemperatur des Werkzeugbaustoffes (bezogen auf den absoluten Nullpunkt) das Werkzeug durch Ausbrechen von Gefügeteilchen abnutzt. Der Anstieg der Standzeit mit höher werdender Schnittgeschwindigkeit in diesem Schnittgeschwindigkeitsbereich soll sich durch die steigende Anzahl ausgeheilter Kerbstellen, die infolge der Erhöhung der Schneidentemperatur möglich wird (Erholungseffekt), erklären. Wählt man höhere Schnittgeschwindigkeiten mit Schneidentemperaturen von 45 bis 70% der absoluten Werkstoff-Schmelztemperatur, nehmen die Härte und die Festigkeit des Werkzeugbaustoffes schneller ab. Gleichzeitig wird die Adhäsion zwischen dem bearbeiteten Werkstoff, insbesondere dem abrollenden Span, und dem Werkzeugbaustoff so groß (infolge Erreichung der Klebetemperatur, über-

[185] Dawihl, W. und Klingler, E., Standzeit und Wirtschaftlichkeit oxydkeramischer Drehwerkzeuge „VDJ-Zs.," **100,** 13, 562 (1958).

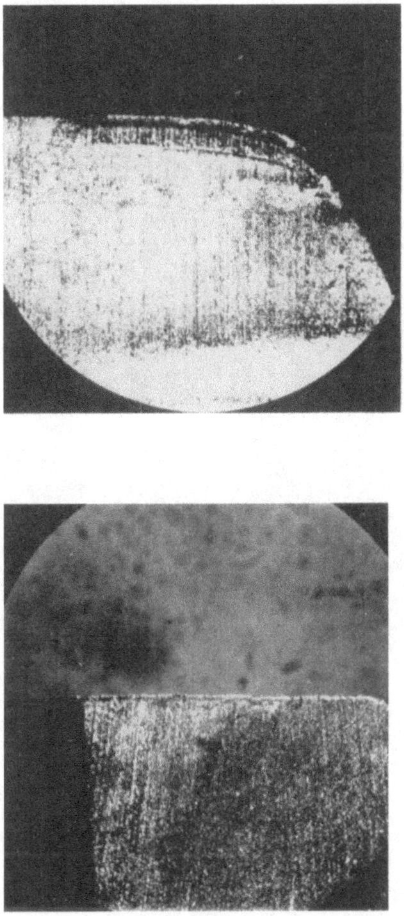

Abb. 72

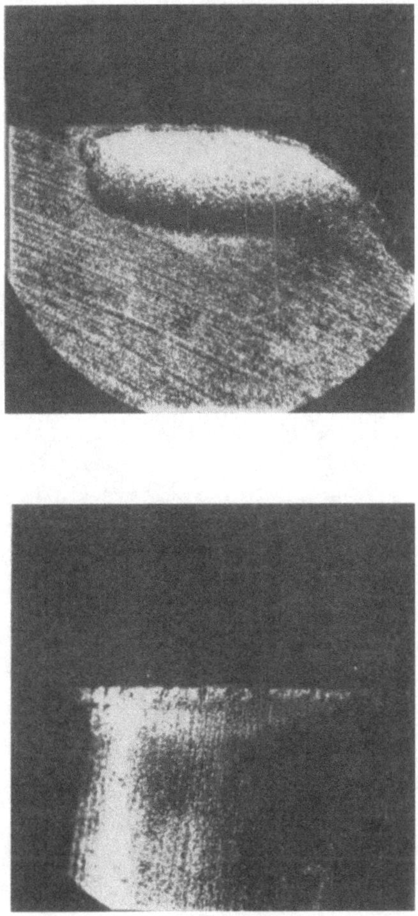

Abb. 73

Kolkung und Freiflächenverschleiß an Oxyd-Karbid-Keramik C 40

Abb. 72	Abb. 73
v = 100 m/min	v = 500 m/min
T = 60 min	T = 6 min

a = 2 mm
s = 0,3 mm/U
Werkstoff: Stahl C 60, $\sigma_B = 85$ kg/mm²
$\alpha = 6°, \gamma = 0°, \lambda = 4°, \varkappa = 60°$

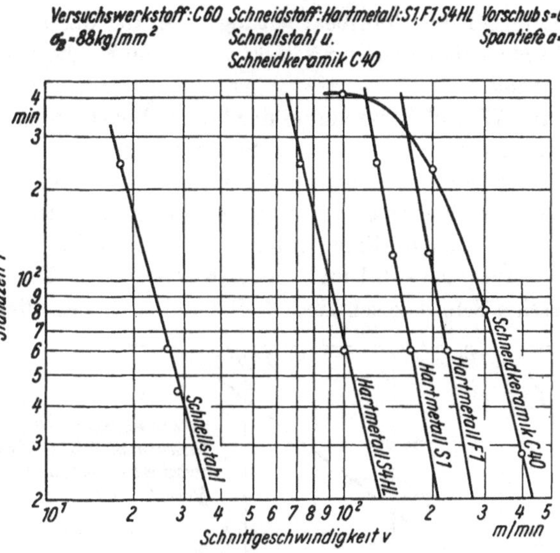

Abb. 71. Standzeitkurven verschiedener Schneidstoffe (Schnellarbeitsstahl, S 1, F 1, S 4 HL und C 40)

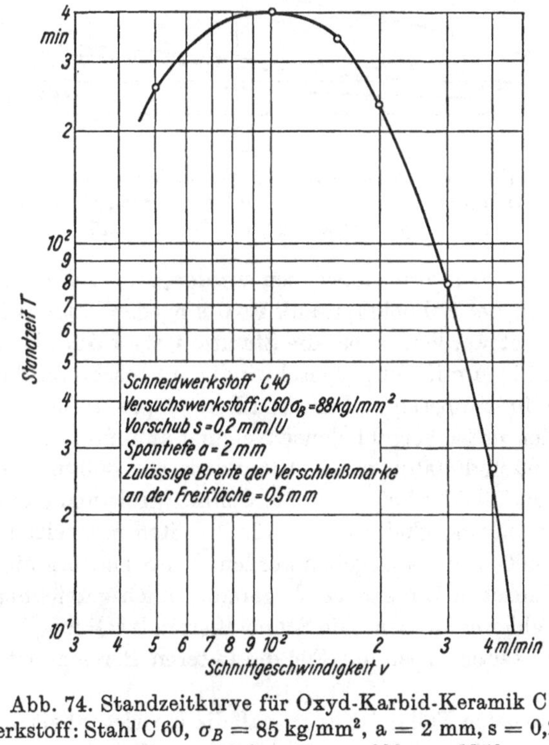

Abb. 74. Standzeitkurve für Oxyd-Karbid-Keramik C 40
Werkstoff: Stahl C 60, $\sigma_B = 85$ kg/mm², a = 2 mm, s = 0,2 mm/U
$\alpha = 6°, \gamma = 0°, \lambda = 4°, \varkappa = 60°, \varepsilon = 115°$

mäßiger Kolkbildung bei der Stahlbearbeitung), daß die dadurch bedingte Abnutzung des Werkzeuges den Erholungseffekt immer mehr überwiegt, die Standzeit also absinken muß.

In den Abb. 76 und 77 sind T-v-Schaubilder für die Bearbeitung von Stahl C 60 und Grauguß GG 22 dargestellt. Es wird die Standzeit der Oxyd-Karbid–Keramik C 40 mit den Hartmetallsorten S 1 bzw. G 1 verglichen. In beiden Fällen verhält sich die Keramik bei verschiedenen Schnittgeschwindigkeiten anders als Hartmetall. Die Neigungen der Standzeitlinien unterscheiden sich sehr stark voneinander. Bei Hartmetall S 1 beträgt sie —6,1 und bei der Keramik —1. Dies hat zur Folge, daß auch der zulässige Schnittgeschwindigkeitsbereich verschieden ist. Er kann

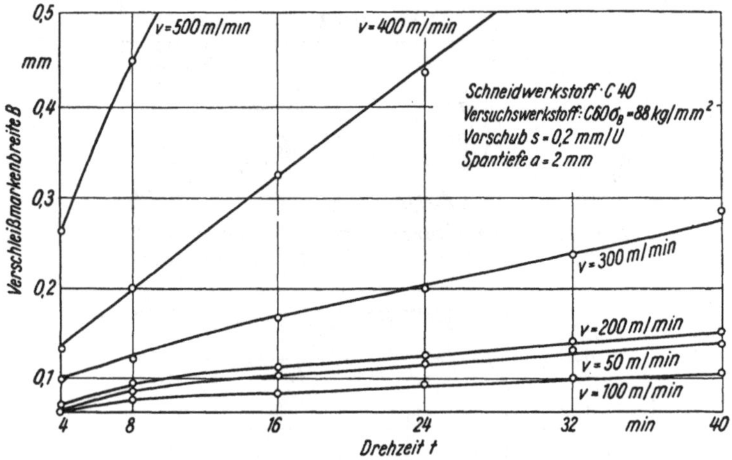

Abb. 75. Freiflächenverschleiß an Oxyd-Karbid-Keramik C 40
Werkstoff: Stahl C 60, $\sigma_B = 85$ kg/mm², a = 2 mm, s = 0,2 mm/U
$\alpha = 6°, \gamma = 0°, \lambda = 4°, \varkappa = 60°, \varepsilon = 115°$

für S 1 mit 120 bis 200 m/min angegeben werden, wobei die Standzeit 600 bis 30 min beträgt. Mit der Schneidkeramik C 40 hingegen kann zwischen 100 und 500 m/min gearbeitet werden, wobei die Standzeit etwa 540 bis 20 min beträgt. Zwischen 100 und 500 m/min Schnittgeschwindigkeit beschreibt die Standzeitlinie eine Kurve, die in ihrem oberen und unteren Bereich praktisch den Charakter von zwei geraden Linien unter verschiedener Neigung annimmt. Die Neigungen betragen zwischen 100 und 400 m/min —1 und zwischen 400 und 500 m/min etwa —8,8. Die Standzeit fällt also bei sehr hohen Schnittgeschwindigkeiten sehr schnell ab. Der Schnittgeschwindigkeitsbereich für die Stahlbearbeitung kann für die Praxis mit 150 bis 400 m/min angegeben werden. Die Standzeitlinien dafür können im doppellogarithmischen Liniennetz als gerade Linien gezeichnet werden, ohne daß unzulässige Fehler entstehen. Die Schneidkeramik soll möglichst bei höheren Schnittgeschwindigkeiten arbeiten. Für die unteren Bereiche ist Hartmetall zu empfehlen.

In den weitaus meisten Fällen ist es so, daß die Überlegenheit der Schneidkeramik gegenüber anderen Schneidstoffen in der höheren Schnittgeschwindigkeit zum

Ausdruck kommt, die auch noch beim Vergleich mit den hochverschleißfesten Hartmetallen erhalten bleibt. So zeigt z. B. Abb. 78 die Verschleißfestigkeit einiger Hartmetall- und Schneidkeramiksorten. Den Hartmetallen der Reihe S ist die Schneidkeramik C 40 um das Mehrfache überlegen. Die Hartmetallsorte HT hingegen ist fast so verschleißfest wie die Schneidkeramik C 40.

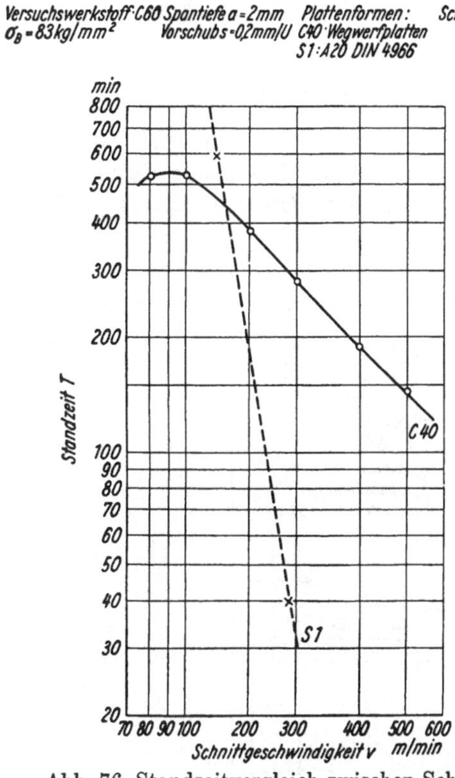

Abb. 76. Standzeitvergleich zwischen Schneidkeramik C 40 und Hartmetall S 1
Werkstoff: Stahl C 60, $\sigma_B = 83$ kg/mm²

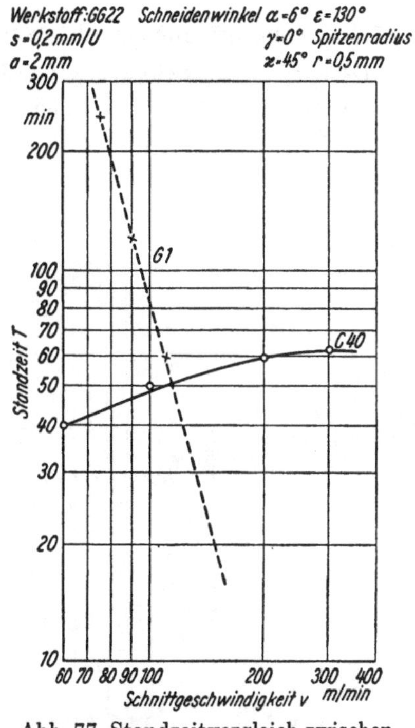

Abb. 77. Standzeitvergleich zwischen Schneidkeramik C 40 und Hartmetall G 1
Werkstoff: Grauguß GG 22,
HB = 195 kg/mm²

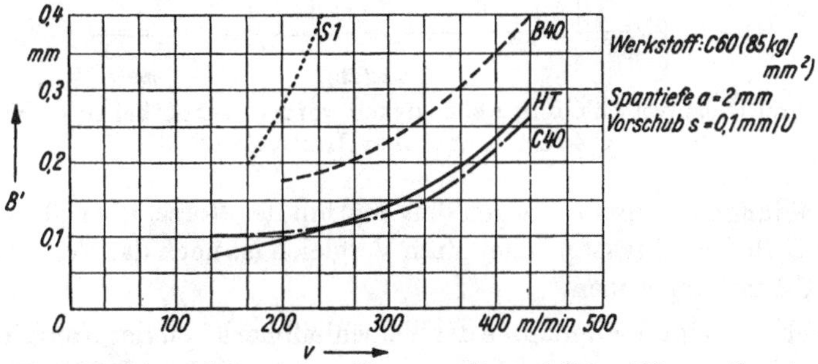

Abb. 78. Verschleißfestigkeit einiger Hartmetall- und Schneidkeramiksorten bei verschiedenen Schnittgeschwindigkeiten. T = 16 min

Die angegebenen Schnittgeschwindigkeiten liegen noch innerhalb des auf den meisten Werkzeugmaschinen der Gegenwart möglichen Bereichs. Noch höhere Geschwindigkeiten sind unter Berücksichtigung des derzeitigen Standes der Werkzeugmaschinenentwicklung nicht zu empfehlen, da sie eine beträchtliche Steigerung der Unfallgefahr mit sich bringen, und der Arbeitsablauf nicht mehr exakt beherrscht werden kann. Besonders schwierig gestaltet sich dann bei der Stahlbearbeitung die Ableitung der Späne.

7.30 Vorschub und Schnittiefe [217, 218]

Da keramische Schneidstoffe relativ spröde sind, glaubte man zunächst, diese nur bei sehr kleinen Vorschüben einsetzen zu können. Die neuere Entwicklung zeigte jedoch, daß mittlere und große Vorschübe, wie bei Hartmetall, möglich sind.

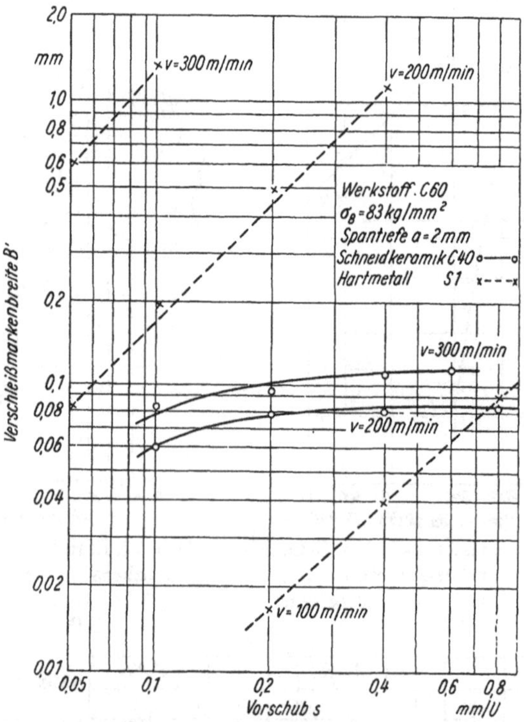

Abb. 79. Freiflächenverschleiß in Abhängigkeit vom Vorschub bei Oxyd-Karbid-Keramik C 40 im Vergleich zu Hartmetall S 1

Die Abbildungen 79 und 80 zeigen den Einfluß der Vorschubgröße auf die Standzeit von C 40-Keramikschneiden. Zum Vergleich ist noch das Verhalten des Hartmetalls S 1 mit angegeben.

Die Abb. 79 zeigt die Zunahme der Verschleißmarke an der Freifläche der Keramikschneiden bei Schnittgeschwindigkeiten von 200 und 300 m/min. Für S 1 gelten die Schnittgeschwindigkeiten von 100, 200 und 300 m/min. Es kommt zum

Ausdruck, daß ein Anwachsen des Vorschubes den Freiflächenverschleiß bei der Keramik nur wenig größer werden läßt.

Zu gleichen Feststellungen kamen L. GION und L. PERRIN [122] an einer in Frankreich hergestellten Oxydkeramik. Sie geben an, daß der Freiflächenverschleiß praktisch vom Vorschub unabhängig ist. So soll bei v = 200 m/min beim Übergang von 0,2 auf 0,4 und dann 0,6 mm/U Vorschub kein unterschiedlicher Freiflächenverschleiß festgestellt worden sein.

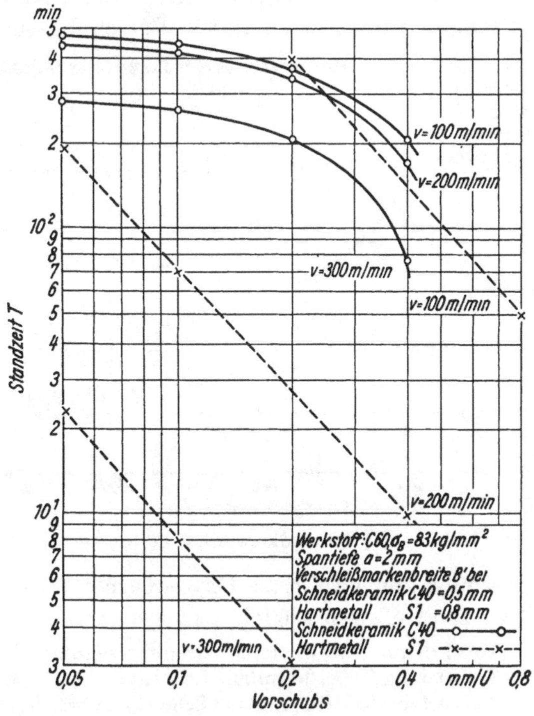

Abb. 80. Standzeit in Abhängigkeit vom Vorschub
Schneidstoffe: Oxyd-Karbid-Keramik C 40 und Hartmetall S 1

Nach W. DAWIHL und E. KLINGLER [182] ändert sich die Werkzeugstandzeit nur wenig bei Vorschüben zwischen 0,1 und 0,4 mm/U. Wählt man größere Vorschübe als 0,4 mm/U, so sinkt nach den genannten Autoren die Standzeit ab. Über den Einfluß kleinerer Vorschübe (unter 0,1 mm/U) auf die Standzeit gibt es bisher noch keine sicheren Erfahrungen.

Bei Hartmetall S 1 ist der Einfluß des Vorschubes wesentlich stärker. Die Beeinflussung der Standzeit ist in Abb. 80 dargestellt.

Für den praktischen Einsatz sind Kenntnisse über die Grenzvorschübe wichtig. Man versteht darunter eine bestimmte Vorschubgröße, bei der unter festgelegten Bedingungen der Schneidenbruch eintritt.

Abb. 81 gibt die Grenzvorschübe der Schneidkeramik C 40 für die Bearbeitung von Stahl bei zwei verschiedenen Schnittgeschwindigkeiten an. Es zeigt sich, daß Vorschübe von 1 mm/U und darüber möglich sind. So kann bei 1 mm Vorschub und 200 m/min Schnittgeschwindigkeit etwa 45 min bis zum Bruch der Schneide gedreht werden.

Die Unempfindlichkeit der Keramikschneiden wächst mit größer werdender Abrundung der Schneidenspitze. Für hohe Beanspruchungen haben sich Spitzenradien von r = 3mal Vorschub am besten bewährt. Bei kleineren Vorschüben können die Spitzenabrundungen kleiner, z. B. r = Vorschub, sein.

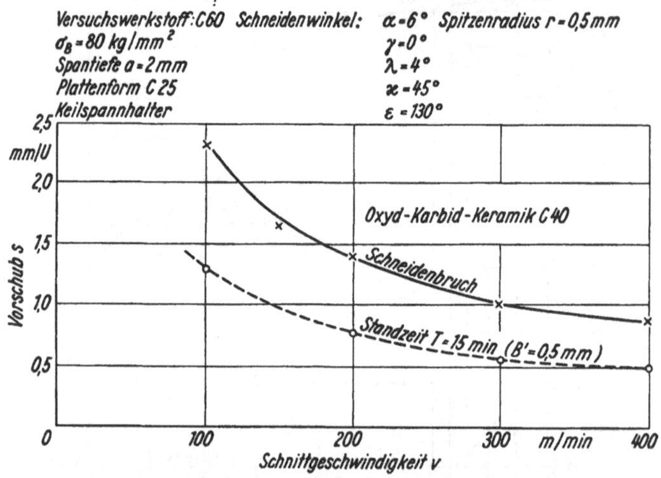

Abb. 81. Grenzvorschübe der Schneidkeramik C 40 für die Stahlbearbeitung

Die Gebrauchsvorschübe können für die Oxyd–Karbid-Keramik C 40 für die Bearbeitung von Stahl und Gußeisen wie folgt angegeben werden:

0,5 bis 1,0 mm/U bei 200 m/min Schnittgeschwindigkeit
0,3 bis 0,6 mm/U bei 300 m/min Schnittgeschwindigkeit
0,2 bis 0,4 mm/U bei 400 m/min Schnittgeschwindigkeit
0,1 bis 0,2 mm/U bei 500 m/min Schnittgeschwindigkeit.

Von L. Gion und L. Perrin [122] wird für Oxydkeramik die Einhaltung folgender Werte empfohlen:

0,4 bis 0,5 mm/U bei 200 m/min Schnittgeschwindigkeit
0,3 bis 0,5 mm/U bei 300 m/min Schnittgeschwindigkeit
0,2 bis 0,3 mm/U bei 400 m/min Schnittgeschwindigkeit
bis 0,2 mm/U bei 500 bis 700 m/min Schnittgeschwindigkeit.

Die Gegenüberstellung der Gebrauchsvorschübe für Oxyd–Karbid-Keramik und reine Oxydkeramik läßt erkennen, daß bei der ersten wegen ihrer besseren Zähigkeit größere Vorschübe zugelassen werden können. Dies tritt am stärksten bei Schnittgeschwindigkeiten zwischen 200 und 300 m/min in Erscheinung.

In vielen anderen Veröffentlichungen bewegen sich die Angaben über die zulässigen und für die praktische Anwendung zu empfehlenden Vorschübe zwischen 0,2 und 0,5 mm/U. Größere Vorschübe werden meistens nicht angewandt.

Die Schnittiefe hat auf das Verschleißwachstum und somit auf die Standzeit der Keramikschneiden ebenfalls einen gewissen Einfluß. Zu kleine und zu große Schnittiefen beschleunigen den Verschleißfortschritt und verringern die Standzeit. Für die Oxyd–Karbid-Keramik C 40 wurde die günstigste Schnittiefe bei 2 mm ge-

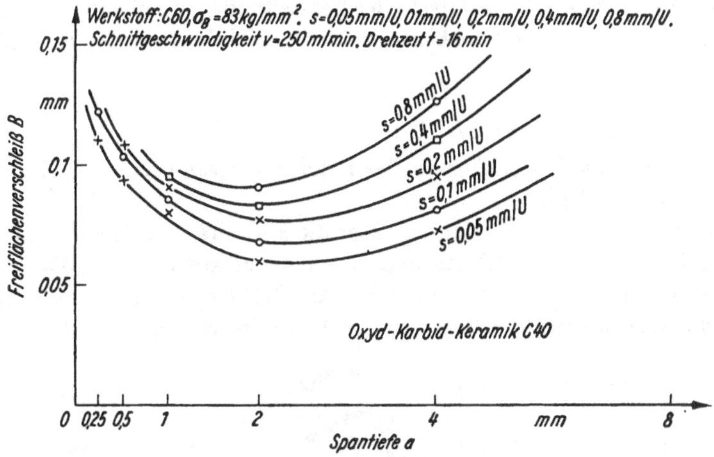

Abb. 82. Freiflächenverschleiß in Abhängigkeit von der Schnitttiefe

funden. Schnittiefen größer als 8 mm sollen nach Möglichkeit vermieden werden, da dann häufig Plattenbrüche eintreten. Den gleichen Standpunkt nehmen W. Dawihl und E. Klingler ein. Sie geben an, daß bei der Abnahme größerer Spantiefen als 5 mm die Standzeit merklich abgekürzt wird.

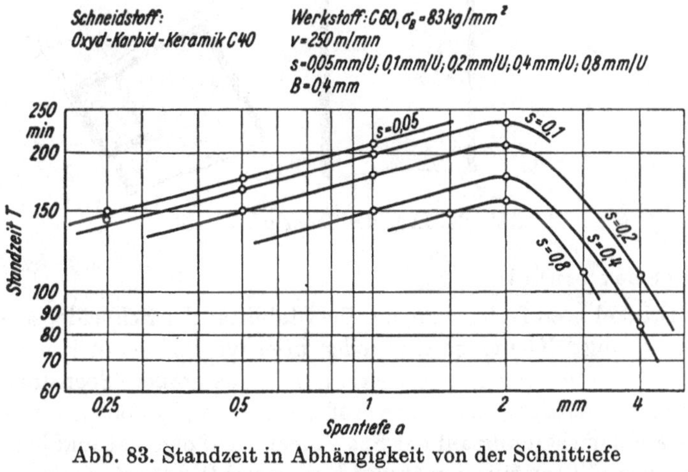

Abb. 83. Standzeit in Abhängigkeit von der Schnittiefe

Auch die derzeitigen Befestigungsmöglichkeiten für Keramikschneidplatten lassen eine Überschreitung dieser Grenze nicht ratsam erscheinen. In den Abbildungen 82 und 83 ist der Einfluß der Schnittiefe auf das Anwachsen des Freiflächenverschleißes bzw. auf die Veränderung der Standzeit dargestellt.

L. GION und L. PERRIN [122] stellten fest, daß bei ihren oxydkeramischen Platten die Schnittiefe keinen Einfluß auf den Verschleiß hat, sondern daß die Begrenzung derselben von der zugeführten Leistung und dem dadurch beim Anschnitt verursachten Wärmestoß abhängig ist. Bei einer Zuführung von mehr als 30 PS wurde die Schneidplatte innerhalb einer Sekunde rotglühend. Es wird angenommen, daß der Wärmestoß die Ursache für die Rißbildung in der Keramikplatte war.

7.40 Die Schneidenwinkel [217, 218]

Die Schneidenwinkel beeinflussen das Schneidverhalten und die Standzeit zu einem wesentlichen Teil.

Vom Keilwinkel und Spitzenwinkel hängt die Stabilität der Schneide ab. Da der Freiwinkel bei den meisten Schneiden eine nahezu konstante Größe beibehält, wird der Keilwinkel im wesentlichen durch die Größe des Spanwinkels bestimmt. Die Lage der verschiedenen Schneidenwinkel wird in Abb. 84 erklärt.

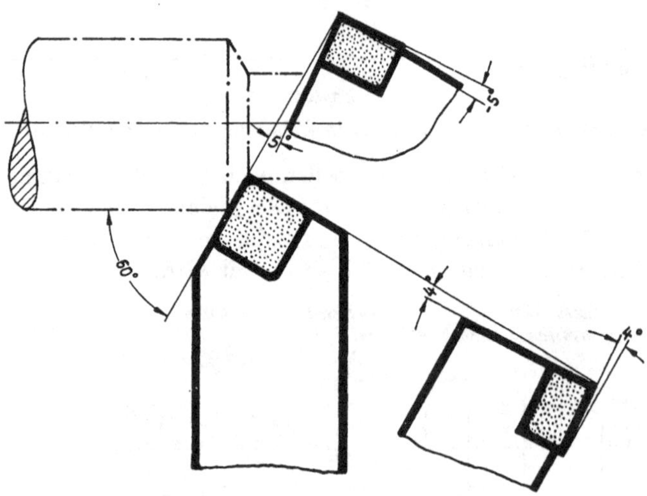

Abb. 84. Lage der Schneidenwinkel

7.41 Der Spanwinkel

Der Spanwinkel beeinflußt nicht nur die Stabilität der Schneide, sondern auch die Spanstauchung. Kleine positive oder negative Spanwinkel verringern die Bruchanfälligkeit der Schneide und veranlassen eine größere Spanstauchung. Es wird dadurch auf der Spanfläche eine größere Leistung in Wärme umgesetzt, was eine stärkere Wärmestauung auf der Spanfläche zur Folge hat und bei der Oxyd-Karbid-Keramik C 40 zu einem größeren Kolkverschleiß führt. Obwohl der Kolkverschleiß innerhalb der Grenzen bleibt, in denen er keinen unmittelbaren Einfluß auf die Beendigung der Standzeit ausübt, ist dies doch mittelbar der Fall. Ein Teil der auf der Spanfläche konzentrierten Wärme wandert über die Schneidkante ab und läßt dadurch den Freiflächenverschleiß anwachsen. Bei positiven Spanwinkeln ist die Spanstauchung und somit die Wärmeentwicklung und der Kolkverschleiß kleiner. Die Schneidkante ist aber wegen des kleineren Keilwinkels gegen die Abtragung kleinster Schneidstoffteilchen viel empfindlicher, so daß der Freiflächenverschleiß ebenfalls anwächst. Es ist also so, daß für den Freiflächenverschleiß, der ja für die Beendigung der Standzeit ausschlaggebend ist, einmal der eine und dann der andere Einfluß entscheidend ist. Der Freiflächenverschleiß nimmt deshalb auch, wie aus Abb. 85 ersichtlich, mit kleiner werdendem Spanwinkel bis zu einer bestimmten Größe immer mehr ab und steigt dann wieder an. Bei Oxyd–Karbid-Keramik C 40 ist er bei einem Spanwinkel $\gamma = 0°$ am kleinsten. Für die praktische Anwendung wäre also in allen Fällen diese Größe anzustreben.

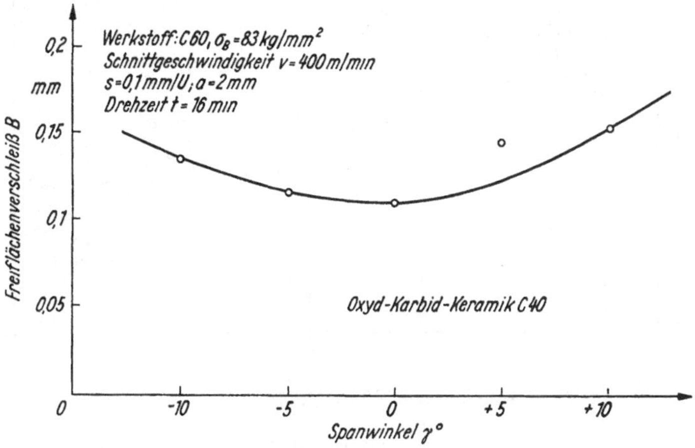

Abb. 85. Freiflächenverschleiß in Abhängigkeit vom Spanwinkel

Die Tatsache, daß die meisten Keramikschneidplatten auf Klemmhaltern befestigt werden müssen und dabei meistens sogenannte Wegwerfplatten zur Verwendung gelangen, steht dieser Bestrebung entgegen. Es muß häufig mit negativem Spanwinkel gearbeitet werden. Der dadurch verursachte Standzeitverlust ist jedoch tragbar.

7.42 Der Freiwinkel

Der Freiwinkel hat zu einem gewissen Teil ebenfalls einen Einfluß auf das Wachstum des Freiflächenverschleißes. Der Normalfreiwinkel liegt bei Hartmetall-Drehwerkzeugen zwischen $\alpha = 5$ bis $8°$. Es ist bekannt, daß auch bei diesen Werkzeugen größere Freiwinkel unter bestimmten Bedingungen eine Verzögerung im Wachstum des Freiflächenverschleißes veranlassen, und so längere Standzeiten erzielt werden. In diese Richtung gehende Untersuchungen an der Oxyd-Karbid-Keramik C 40 führten zum gleichen Ergebnis.

Der Einfluß des Freiwinkels ist für Schneiden mit einem Spanwinkel von $\gamma = 0°$, $\gamma = 5°$ und $\gamma = 10°$ in Abb. 86 dargestellt.

Es ist ersichtlich, daß bei einem Mindestfreiwinkel von $\alpha = 5°$ der Freiflächenverschleiß relativ schnell anwächst, während dies bei $\alpha = 15°$ langsamer vor sich geht. Da zu große Freiwinkel zu unzulässig hohen Biegebeanspruchungen führen, ist die Nutzanwendung dieser Erkenntnis aber sehr eingeschränkt. Bei der Stahlbearbeitung sollte der Freiwinkel nur dann über die Normalgröße von 5 bis 8° hinaus gewählt werden, wenn der Schnitt gleichmäßig ist und keine Unterbrechungen und schädlichen Schwingungen auftreten. Für das Drehen von Grauguß sind größere Freiwinkel nicht zu empfehlen.

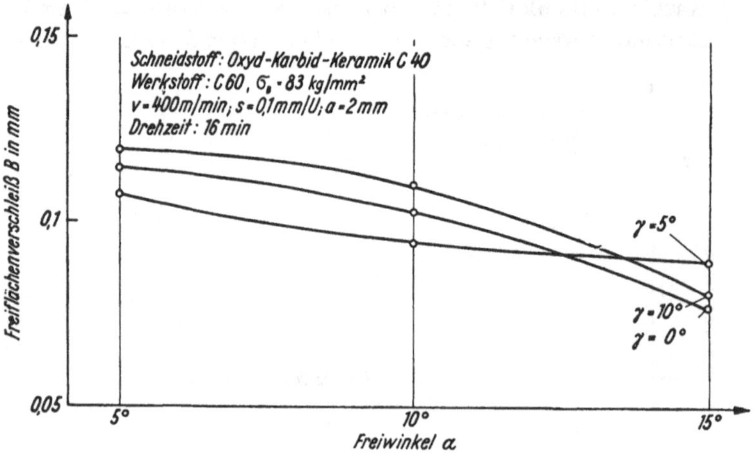

Abb. 86. Freiflächenverschleiß in Abhängigkeit vom Freiwinkel

Die Erkenntnis, daß größere Freiwinkel längere Standzeiten bringen können, mag in der Sowjetunion [186] Veranlassung dafür gewesen sein, für „Wegwerfplatten" den Freiwinkel mit $\alpha = 10°$ zu wählen. Allerdings wurde ein Keilwinkel von $\beta = 90°$ beibehalten, so daß ein wirksamer Spanwinkel von $\gamma = -10°$ entsteht. Es wird dadurch der Vorteil größerer Freiwinkel wahrgenommen, während der große Keilwinkel die Festigkeit der Schneide erhält.

7.43 Der Neigungswinkel

Der Neigungswinkel λ der Hauptschneidkante hat nach bisherigen Feststellungen bei kleineren Vorschüben keinen Einfluß auf das Schneidverhalten. Seine Größe wird deshalb, wie bei Hartmetall üblich, mit $\lambda = 4$ bis 6° angegeben. Anders verhält es sich bei großen Vorschüben ($s > 0{,}8$ mm/U) und unterbrochenen Schnitten. Der Neigungswinkel muß dann 15 bis 20° groß gewählt werden.

7.44 Einstellwinkel und Spitzenwinkel

Dem Einstellwinkel und dem Spitzenwinkel kommt in allen Fällen eine sehr große Bedeutung zu. Keramische Schneiden sollen wegen ihrer relativ geringen

[186] Issajew, A. J., Kutschma, L. K. und Sorjew, N. N., Über die Anwendung von keramischen Werkstoffen zum Zerspanen von Metallen. Werkzeugmaschinen und Werkzeuge, Moskau (1952) H. 4, 12—14, Übersetzung: „Fertigungstechnik", **3**, 5, 70—71 (1953).

Zähigkeit einen möglichst großen Spitzenwinkel ε erhalten, da dadurch ihre Bruchempfindlichkeit geringer wird. Bei Einstellwinkeln $\varkappa < 90°$ kann man durch das Anschleifen einer Nachschneide, so wie in Abb. 87 dargestellt, den Spitzenwinkel vergrößern. Bei einem Einstellwinkel von $\varkappa = 45°$ kann so ein wirksamer Spitzenwinkel $\varepsilon = 135°$ erreicht werden. Mit kleiner werdendem Spitzenwinkel steigt die Bruchempfindlichkeit beträchtlich. Einstellwinkel von $\varkappa > 90°$ sollten deshalb möglichst vermieden werden.

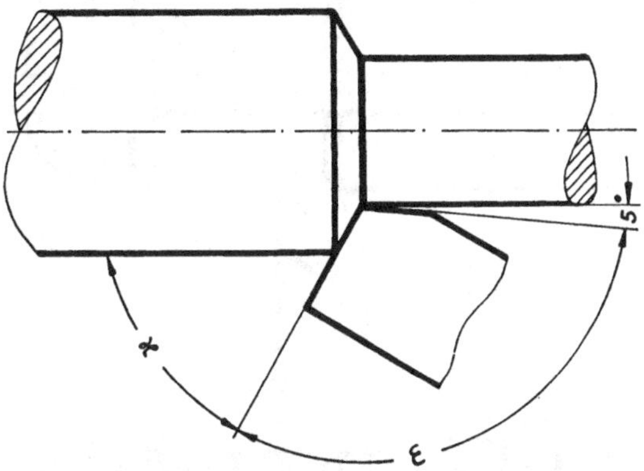

Abb. 87. Einstellwinkel $\varkappa$ und Spitzenwinkel ε

Der Einstellwinkel $\varkappa$ beeinflußt, wie bekannt, die Zusammensetzung des Spanquerschnitts. Bei kleineren Einstellwinkeln wird die Kontaktlänge der Hauptschneidkante größer. Dadurch wird bei gleichem Vorschub und gleicher Schnitttiefe die spezifische Belastung der Schneidkante geringer, was sich in einer Standzeitverlängerung auswirkt. Dieser Tatsache kommt bei keramischen Schneidstoffen noch mehr Bedeutung zu als bei Hartmetall. In allen Fällen, in denen durch die Form des Werkstückes nicht unbedingt ein Einstellwinkel von 90° verlangt wird, sollte mit möglichst kleinen Einstellwinkeln — am besten hat sich $\varkappa =$ 45° und $\varkappa = 60°$ bewährt — gearbeitet werden.

7.50 Schneidkeramik im unterbrochenen Schnitt

Schnittunterbrechungen liegen nach unserer Auffassung dann vor, wenn die Schneidenspitze in Schnittrichtung aus dem Werkstoff heraustritt, z. B. beim Abdrehen einer längsgenuteten Welle (Abb. 88 a). Nach einer anderen Auffassung, die in verschiedenen Veröffentlichungen [122] vertreten wird, spricht man von Schnittunterbrechungen, wenn die Schneidenspitze in Vorschubrichtung aus dem Werkstoff austritt, z. B. beim Abdrehen einer Welle, in die vorher mit einem Einstechmeißel Nuten eingestochen wurden (Abb. 88 b). Im ersten Falle ist die Beanspruchung der Schneide am größten, da der Werkstoffein- und -austritt eine starke stoßartige Belastung verursacht. Im zweiten Fall tritt eine so starke Stoßbelastung nicht auf, sondern die Schneide ist nur in häufiger Folge der normalen Anschnittbelastung ausgesetzt. Beide Arten des unterbrochenen Schnitts sind nicht miteinander vergleichbar, da die Art der Beanspruchung unterschiedlich ist.

Zwecks Klarstellung der Anwendungsmöglichkeiten wurden im Zerspanungsprüffeld des VEB Hartmetallwerk Immelborn nach beiden Auffassungen Versuche durchgeführt.

Für den ersten Fall wurde eine längsgenutete Welle aus Stahl C 60 entsprechend der Abb. 88 a vorbereitet und am Umfang überdreht. Die Schnittgeschwindigkeit betrug 200 m/min, der Vorschub 0,1 mm/U und die Schnittiefe 2 mm. Es wurden

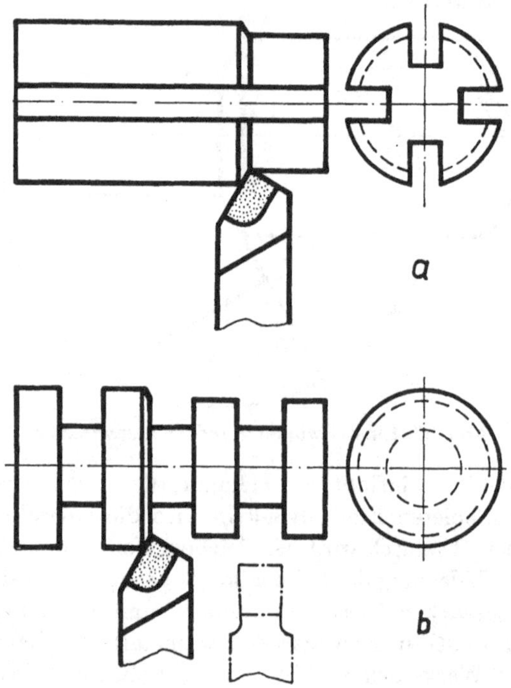

Abb. 88. Beispiele für Schnittunterbrechungen

die Standzeiten von Werkzeugen mit verschiedenen Neigungswinkeln und Spanwinkeln ermittelt. Über die übrigen Versuchsbedingungen und die Ergebnisse der Versuche unterrichtet Abb. 89. Der unterbrochene Schnitt im Sinne der Abb. 88 a setzt negative Spanwinkel und große Neigungswinkel voraus. Neigungswinkel und Spanwinkel unterliegen der gegenseitigen Beeinflussung. Die günstigsten Ergebnisse werden nach Abb. 89 erzielt, wenn der Spanwinkel $\gamma = -15$ bis $-20°$ und der Neigungswinkel $\lambda = 15°$ beträgt. Die Standzeit beträgt dann unter den angegebenen Bedingungen etwa 28 Minuten. Unter Berücksichtigung der Tatsache, daß während des Versuches die Keramikschneide pro Minute 1700mal die schlagartige Beanspruchung während des Ein- und Austrittes aus dem Werkstoff überwinden mußte, kann die erzielte Standzeit als befriedigend bezeichnet werden.

Im zweiten Falle, entsprechend der Abb. 88 b, ist die Schneidenbelastung ebenfalls größer als beim Normalschnitt, jedoch ist die Anzahl der Stöße weit geringer als bei dem vorhergehenden Beispiel. Das Werkzeug brauchte bei dem gewählten Werkstück nur 6 bis 7mal pro Minute anzuschneiden. Die Kurven in Abb. 90 zeigen, daß dabei der Schneidenverschleiß nicht wesentlich über den Verschleiß

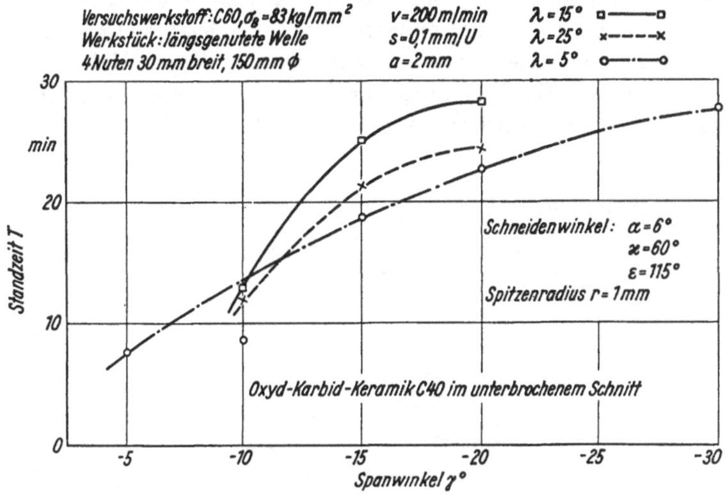

Abb. 89. Oxyd-Karbid-Keramik C 40 im unterbrochenen Schnitt

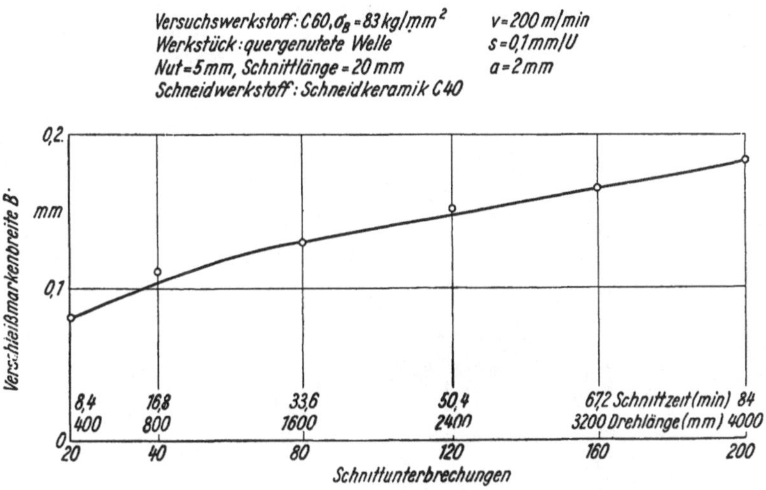

Abb. 90. Oxyd-Karbid-Keramik C 40 im unterbrochenen Schnitt

beim Normalschnitt hinausgeht. Für Schnittgeschwindigkeit, Vorschub und Schnittiefe wurden die gleichen Größen wie beim vorhergehenden Beispiel eingestellt. Auf die Wahl besonderer Schneidenwinkel kann verzichtet werden.

Die gleiche Feststellung machten L. Gion und L. Perrin [122] an einer Oxydkeramik. Leider ist in der Literatur kein Beispiel über das Verhalten von keramischen Schneidstoffen beim unterbrochenen Schnitt entsprechend Abb. 88a zu finden.

In der Sowjetunion wird von ISSAJEW und KIRILLOWAJA [187] die Anzahl der Drehmeißelein- und -austritte (Abb. 88 b) als Maßstab für die Zähigkeit der oxydkeramischen Schneidstoffe angenommen. Es wurde festgestellt, daß die Anzahl der möglichen Drehmeißelein- und -austritte von der Biegefestigkeit der Schneidplatten abhängig ist. Die Erhöhung der Biegefestigkeit steigerte auch die Unempfindlichkeit gegen die Belastungen während des Anschnittes.

[187] GELFLAND, O. E. und FUTORJAN, S. B., Die Einführung oxydkeramischer Werkzeuge. Mitteilungen für den Maschinenbau, April 1957, S. 50—56 (russisch).

8.00 Herstellung von Werkzeugen mit keramischen Schneidplatten

(E. Heymel)

Am fertigen Werkzeug müssen die hervorstechenden guten Eigenschaften eines Schneidstoffes voll zur Wirkung kommen. Eine zweckentsprechende Werkzeugkonstruktion und technologisch richtige Herstellung des Werkzeuges müssen die Voraussetzungen dafür schaffen.

Vom Hartmetall her ist man gewöhnt, nicht mehr die ganzen Werkzeuge, wie es auch noch heute bei einem großen Teil der Schnellarbeitsstahl-Werkzeuge üblich ist, sondern nur deren Wirkungsstellen an den Schneiden aus dem hochwertigen Schneidstoff herzustellen. Für den Werkzeugkörper wird in den meisten Fällen ein billiger Baustahl verwendet. Beim Hartmetall ist einer der wichtigsten Gründe dafür, daß der relativ hohe Preis zu sparsamster Verwendung zwingt. Wenn dieses Argument für den keramischen Schneidstoff in der Deutschen Demokratischen Republik auch nicht zutreffend ist, so gibt es genügend Gründe, die, vor allen Dingen von den Eigenschaften des keramischen Schneidstoffes ausgehend, zu ähnlichen Maßnahmen zwingen. Die Herstellung größerer Keramikschneidplatten oder gar -werkzeuge kann wegen der geringen Zähigkeit nicht empfohlen werden. Es müssen also in allen Fällen Verbundwerkzeuge, bei denen die Schneide aus Keramik und der Werkzeugkörper aus Baustahl bestehen, hergestellt werden. Beim Hartmetall wird in großem Umfang das Löten angewandt. Bei der Schneidkeramik kann man von dieser Möglichkeit nur in geringem Umfang Gebrauch machen. Eine gewisse Bedeutung hat die Befestigung durch Kleben mittels temperaturbeständiger Klebemittel erreicht. Geringe Möglichkeiten bietet noch das Einschrumpfen. Die größte Bedeutung kommt aber der mechanischen Befestigung zu. Sie soll deshalb auch in den nachfolgenden Betrachtungen einen breiteren Raum einnehmen. Auch mit eingegossenen Schneidplatten lassen sich befriedigende Ergebnisse erzielen.

8.10 Befestigung der Schneidplatten auf Werkzeugträgern

Ein Schneidwerkzeug für die spanabhebende Bearbeitung muß im wesentlichen folgende Hauptforderungen erfüllen:

1. Sichere Befestigung der Schneidplatte
2. Richtige Schneidenwinkel
3. Ungehinderte Spanableitung
4. Wenn notwendig, gute Spanbrechung
5. Weitgehendste Ausnutzung der Schneidplatte
6. Handliche Ausführung und leichte Anwendbarkeit

7. Weitgehende universelle Verwendungsmöglichkeit
8. Niedriger Anschaffungspreis.

Diese Forderungen lassen sich bei Werkzeugen mit keramischen Schneidplatten bei keiner der erwähnten Befestigungsarten gleichzeitig in einem Werkzeug vereinigen.

8.11 Klemmen und Einspannen

Die bisher am meisten angewandte Art der Befestigung ist die Aufnahme in Klemmstahlhaltern. Von dieser Möglichkeit wird seit den ersten Versuchen, keramische Massen zum Schneiden zu verwenden, Gebrauch gemacht. Im Laufe der Entwicklung zeigte sich, daß neue, den besonderen Verhältnissen angepaßte Konstruktionen erforderlich waren. Die Klemmhalter müssen so beschaffen sein, daß Biegespannungen in der Keramikplatte nicht auftreten können. Aus diesem Grunde müssen die Keramikplatten ebene Auflagen aus Schnellarbeitsstahl- oder Hartmetallplatten haben, die über einen langen Zeitraum eine einwandfreie Auflage gewährleisten.

In den letzten Jahren sind in der Literatur eine große Anzahl von Klemmhaltern beschrieben worden, von denen die wichtigsten neben den in der Deutschen Demokratischen Republik entwickelten Konstruktionen erwähnt werden sollen.

Die Halterkonstruktion ist zu einem nicht geringen Teil von der Schneidplattenform abhängig. Man kann davon ausgehend zwei Haltergrundformen unterscheiden, einmal Klemmhalter, deren Keramikschneidplatte zum mehrmaligen Nachschleifen bestimmt ist und Klemmhalter, deren Schneidplatten nach Ausnutzung aller Schneidkanten weggeworfen werden.

8.111 Klemmhalter für Nachschleifplatten

Aus der Sowjetunion sind Halterkonstruktionen bekannt, bei denen die Keramikplatte wie beim Hartmetall in den Halterkörper eingelegt wird. Die einfachste Art stellt die in Abb. 91 wiedergegebene Ausführung dar [188]. Die unter dem Angriffspunkt des Spanneisens auftretenden Druckspitzen führen häufig zum Zerbrechen der Schneidplatte.

Bessere Ergebnisse wurden mit dem in Abb. 92 abgebildeten Halter erzielt [188]. Das Schneidplättchen *a* ist schwalbenschwanzförmig ausgebildet und wird in einer entsprechenden Aussparung des Werkzeugschaftes *b* aufgenommen. Das Spannen erfolgt mittels des Spannkeils *c* und der Zugschraube *d*. Zur Nachstellung des abgenutzten Plättchens dient die Druckschraube *e*. Obwohl die Plättchenbefestigung sehr fest und sicher sein wird, muß bemängelt werden, daß die genaue Herstellung des trapezförmigen Plattenquerschnitts erhöhten Arbeitsaufwand erfordert.

Zwei andere einfache Befestigungsmöglichkeiten sind in den Abb. 93 und 94 zu sehen [186]. Im Halter der Abb. 93 wird die gleiche Schneidplatte wie im Werk-

[188] Kisselew, N., Befestigung keramischer Werkzeugschneiden, Moskau. (1952) H. 8, 36. Übersetzung: „Fertigungstechnik", 3, 5, 142 (1953).

zeug der Abb. 92 aufgenommen. Zum Spannen wird die seitlich wirkende Spannschraube *a* angezogen, die den geschlitzten Kopf des Stahlschaftes zusammenzieht. Die abgenutzte Platte *b* wird durch die Exzenterschraube *c* nachgestellt. Bei dem Halter der Abb. 94 erfolgt das Spannen mittels Spanneisen, dessen Vorderseite als Spanbrecher dient. Meißel dieser Ausführung können als Langdreh- und Plandrehwerkzeuge benutzt werden.

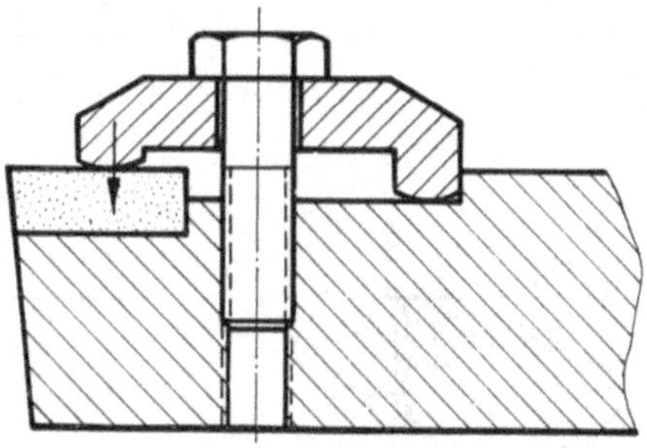

Abb. 91. Befestigung eines keramischen Schneidplättchens mittels Spannbügel (nach N. Kisselew)

Einige interessante Halterkonstruktionen veröffentlichte M. F. Beljajew [189]. Sie sind in den Abb. 95, 96 und 97 wiedergegeben. Alle drei Halter haben gemeinsam, daß für das Spannen ein Spanneisen 4 mit fest angearbeiteter Spannschraube verwendet wird. Diese wird von der Schaftunterseite her mit einer

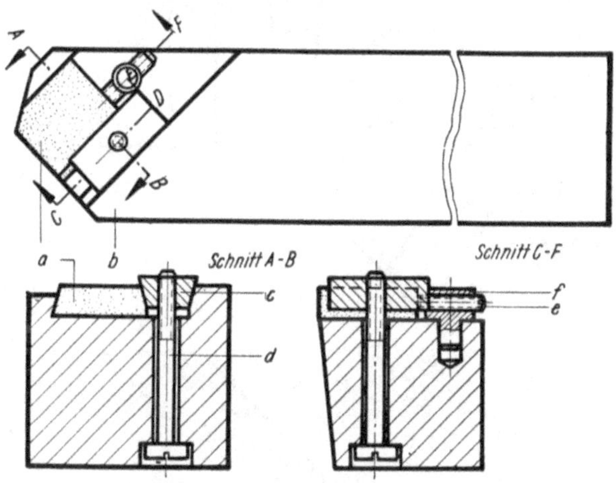

Abb. 92. Befestigung einer Keramikschneide in Keilnut mit Spannkeil (nach N. Kisselew)

Mutter gespannt. Die Vorderseite des Spanbrechers ist mit einer Hartmetallplatte 3 versehen. Zwischen der Keramikschneidplatte 2 und der Unterlage 5 liegt eine Folie aus Messing oder Kupfer. Die Spannschraube hat in ihrer Bohrung etwas

[189] Beljajew, M. F., Mechanische Befestigung keramischer Plättchen. „Werkzeugmaschinen und Werkzeuge“, Moskau 1956, Nr. 11, 21—23.

Spielraum, so daß die Größe der Spanleitstufe in gewissen Grenzen verändert werden kann. Für die Auflageflächen werden nur geringe Unebenheiten von

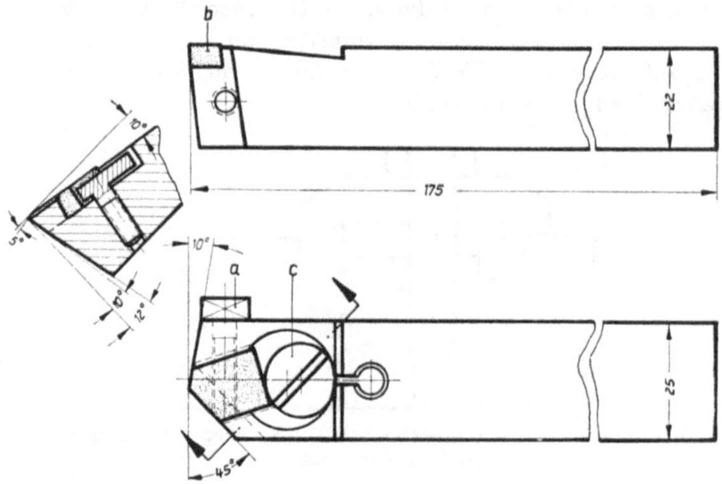

Abb. 93. Klemmhalter für keramische Schneidplatten

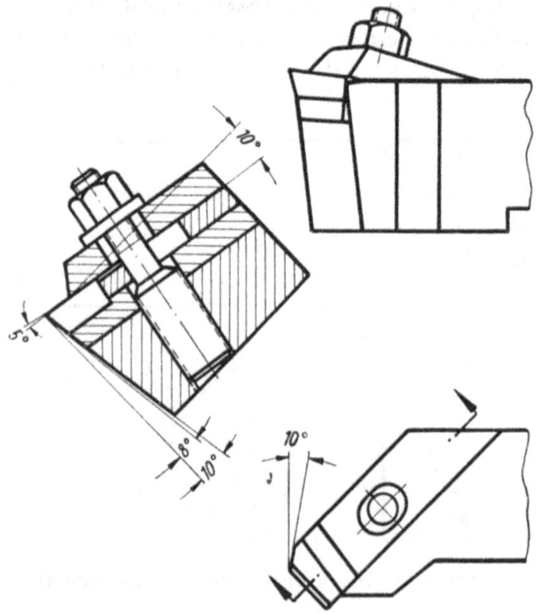

Abb. 94. Klemmhalter für keramische Schneidplatten mit Spanbrecher

0,02 bis 0,04 mm zugelassen. Die große Genauigkeit verursacht hohe Kosten. Um die Werkzeuge zu verbilligen, werden zwischen das keramische Plättchen und die harte Unterlage Messing- oder Kupferfolien gelegt, welche geringe Unebenheiten ausgleichen.

Abb. 95 zeigt einen rechten Schruppmeißel, dessen Einstellwinkel $\varkappa = 30$ bis $60°$ und dessen Nebenwinkel $\varkappa_1 = 15$ bis $30°$ betragen kann.

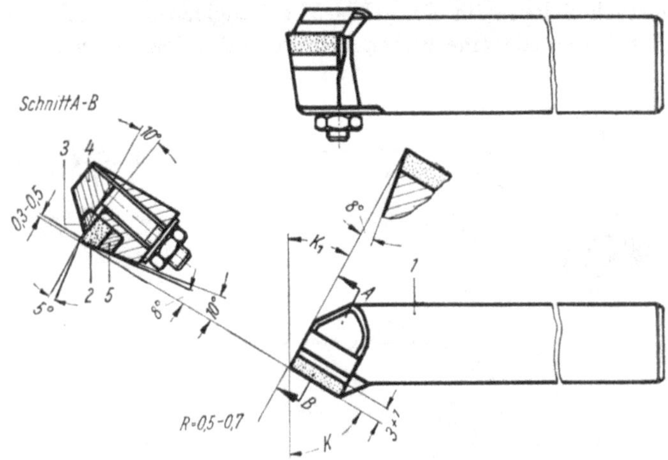

Abb. 95. Klemmhalter für Keramikschneidplatten. Rechter Schruppmeißel

In Abb. 96 wird ein rechter Seitendrehmeißel gezeigt. Sein Einstellwinkel beträgt an der Hauptschneide 90° und an der Nebenschneide 8°. Somit hat sein Spitzenwinkel ein Größe von nur 82°.

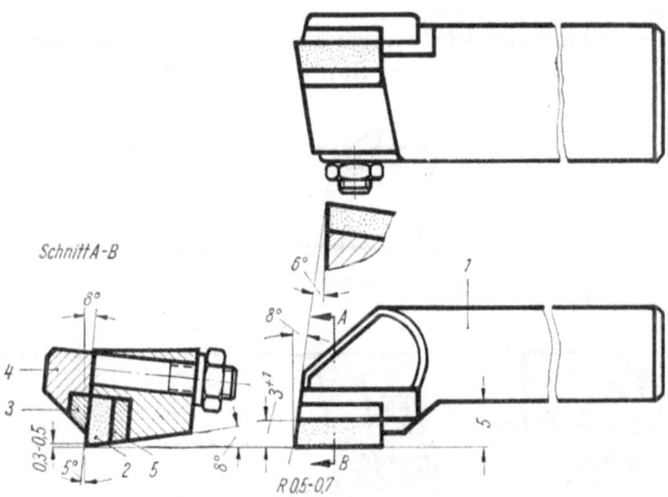

Abb. 96. Klemmhalter für Keramikschneidplatten. Rechter Seitendrehmeißel

Der Innendrehmeißel, Abb. 97, ist für das Bearbeiten größerer Bohrungen geeignet.

Die Abb. 98 zeigt einen Klemmhalter aus den USA nach W. B. Kennedy [190]. Auf einer harten Unterlage 6 liegt die Keramikschneidplatte 5. Sie wird durch

[190] Kennedy, W. B., Keramische Werkstoffe für Schneidwerkzeuge. „Machine moderne“, S. 65—70, Sept. 1956.

ein Klemmstück 2, welches den Spanbrecher 3 trägt, gespannt. Der Spanbrecher 3 ist gegen zu schnelle Abnutzung mit einer verschleißfesten Platte ausgestattet. Das Klemmstück 2 kann im Bereich seines Langloches verstellt werden. Die Stützschraube 4 gestattet eine Höhenverstellung des Spanneisens.

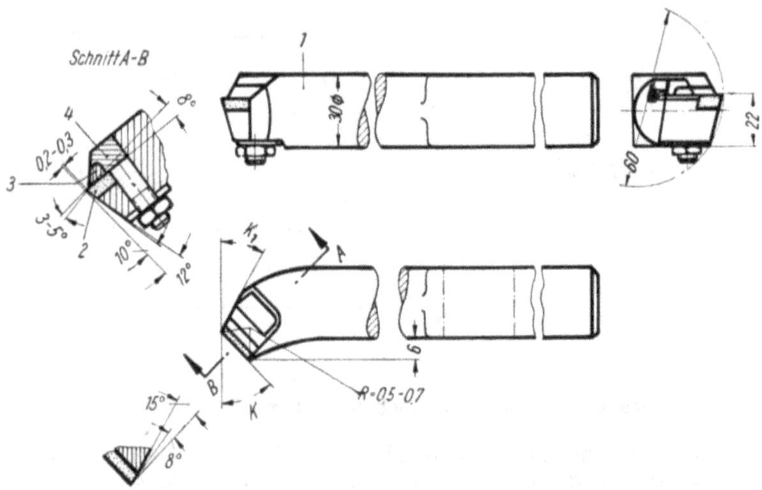

Abb. 97. Klemmhalter für Keramikschneidplatten. Innendrehmeißel

Vom gleichen Verfasser wird vorgeschlagen, die verschleißfeste Bestückung der Spanbrecher, die meistens aus Hartmetall besteht, nicht durch Hartlöten

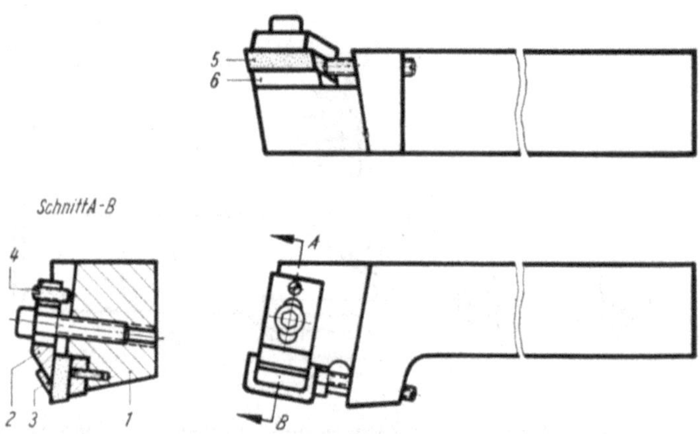

Abb. 98. Klemmhalter für keramische Schneidplatten (nach Kennedy)

fest mit dem Spannstück zu verbinden, sondern sie, entsprechend der Abb. 99, auswechselbar zu gestalten. Die Instandsetzung verschlissener Spanbrecher soll dadurch weniger Kosten verursachen. Es werden einige der möglichen Konstruktionen gezeigt.

Anfänglich kamen in der Deutschen Demokratischen Republik, der geringen Zähigkeit der damaligen Schneidkeramik Rechnung tragend, nur Halter zur Anwendung, deren Platte unter einem Winkel von 40° im Schaft geneigt an-

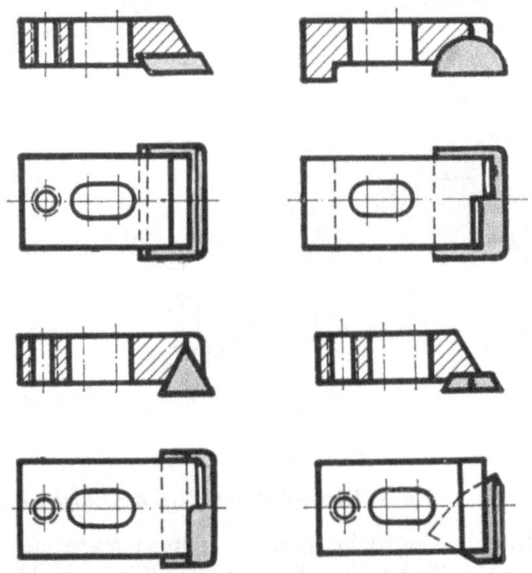

Abb. 99. Als Spanbrecher ausgebildete Klemmstücke für keramische Werkzeuge

gebracht war [70] (Abb. 100). Die Platte wurde, wie in Abb. 101 dargestellt, angeschliffen, so daß die erforderlichen Arbeitswinkel von $\alpha = 10°$ und $\gamma = 5°$ zu-

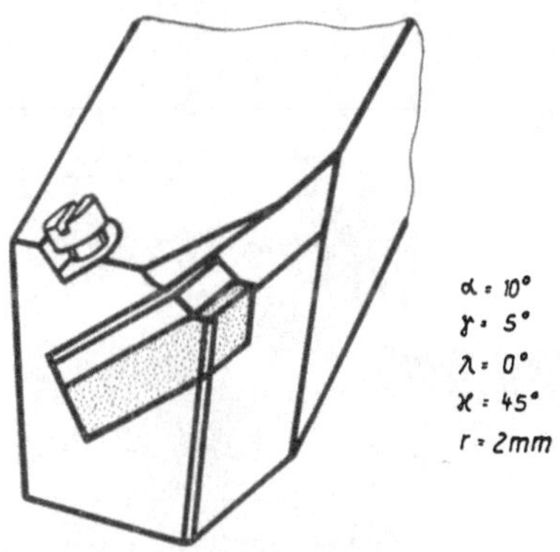

Abb. 100. Klemmhalter für Keramikschneidplatten

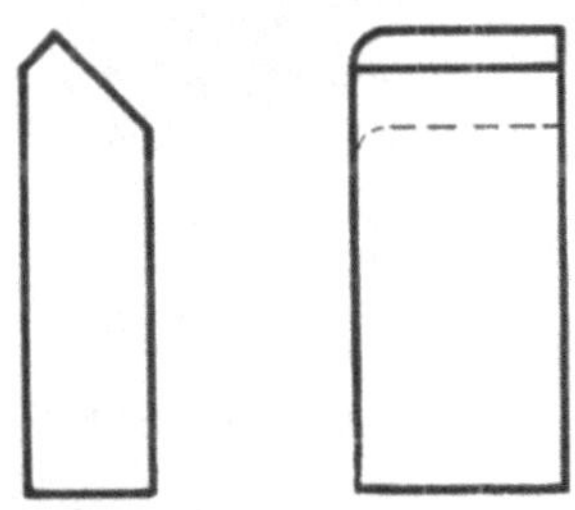

Abb. 101. Keramikschneidplatte zum Klemmhalter nach Abb. 100

stande kamen. Die übrigen Schneidenwinkel werden durch die Form des Halters bestimmt und betrugen $\varkappa = 45°$, $\lambda = 0°$, Spitzenrundung $r = 2$ mm.

In Abb. 102 wird die Notwendigkeit der schrägen Plattenanordnung unter 40° begründet. Es wird dadurch erreicht, daß die Resultierende aus der Hauptschnittkraft, der Vorschubkraft und der Rückkraft etwa unter dem gleichen Winkel durch den größten Plattenquerschnitt verläuft. Somit ist jede gefährliche Biegebeanspruchung an der Keramikschneide ausgeschaltet, es herrschen die

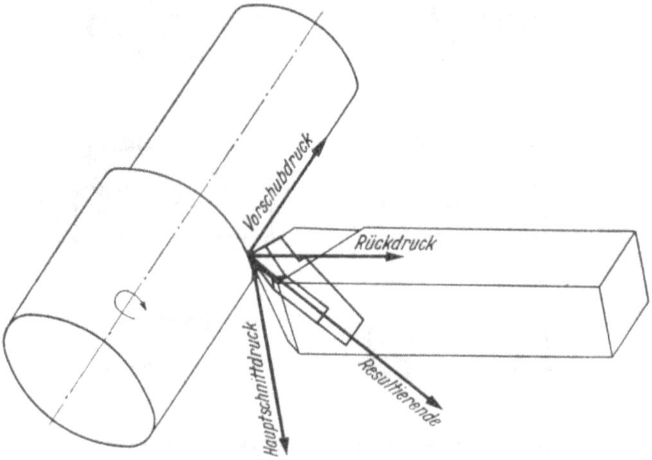

Abb. 102. Schnittkräfte am Klemmhalter für einschneidige Keramikplatten

ungefährlichen Druckbeanspruchungen vor. Zum Festspannen der Schneidplatte diente eine Zylinderkopfschraube, die auf eine Zwischenlage aus Hartmetall

Abb. 103. Klemmhalter für einschneidige Keramikplatten

drückte. Der Klemmhalter fand hauptsächlich bei der Preßholz-, Hartgewebe- und Hartpapierbearbeitung Verwendung. Bei der Stahlbearbeitung konnte, vorausgesetzt daß die Spanfläche in der richtigen Breite angeschliffen war, die Hartmetallzwischenlage als Spanbrecher benutzt werden.

Einen weiteren Klemmhalter ähnlicher Art, der heute in großem Umfang in Anwendung ist, zeigt Abb. 103 [191]. Er entstand aus der Notwendigkeit, eine ungehinderte Spanableitung zu ermöglichen, weshalb alle sperrigen Spannelemente weggelassen wurden. Die Keramikschneidplatte, die ebenfalls wie in Abb. 101 gezeigt, angeschliffen wird, liegt in einem Keil, der mit der Platte zusammen in eine Aufnahme des Schaftes geschoben wird. Das Festspannen besorgt die resultierende Kraft aus den verschiedenen Schnittkraftkomponenten. Vorteile dieses Halters sind, daß die günstigsten Frei- und Spanwinkel eingehalten werden können, und daß die Spanableitung durch keine vorspringenden Spannelemente behindert wird. Als nachteilig ist zu betrachten, daß Halter mit einem Einstellwinkel größer als 80° unmöglich sind, weil dann während des Schnittes die Platte aus der Halterung gezogen wird. Die Anbringung von aufgesetzten Spanbrechern ist nicht möglich, weshalb der Halter hauptsächlich für die Bearbeitung von Gußeisen und anderen kurzspanenden Werkstoffen zu empfehlen ist. Soll Stahl oder Stahlguß bearbeitet werden, so muß die Spanbrechung durch geeignete Wahl des Vorschubes herbeigeführt oder eine Spanleitstufe in die Spanfläche der Schneidplatte eingearbeitet werden. Zum An- und Nachschleifen muß die Schneidplatte in einer besonderen Schleifvorrichtung, Abb. 104, aufgenommen werden.

Abb. 104. Vorrichtung zum Schleifen von einschneidigen Platten

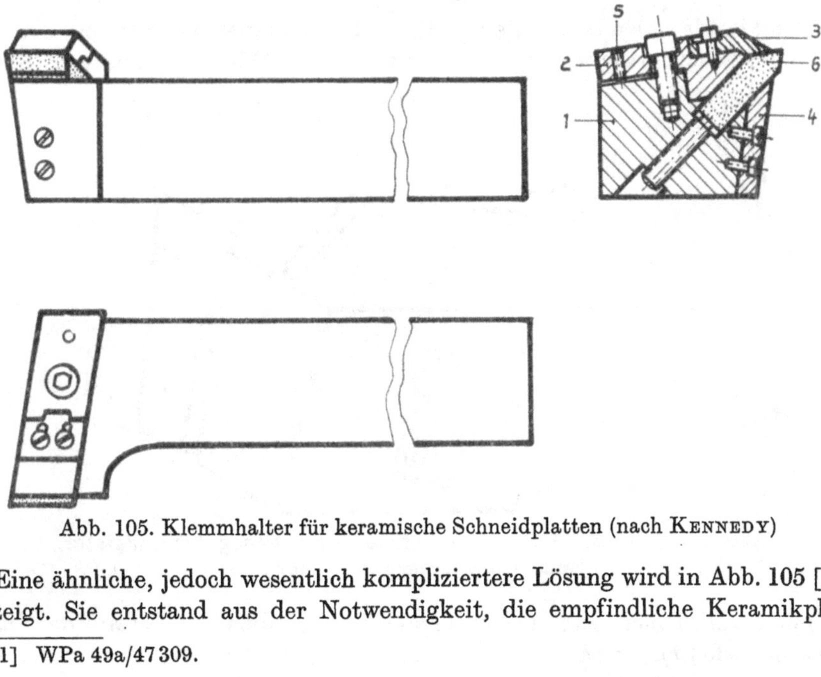

Abb. 105. Klemmhalter für keramische Schneidplatten (nach KENNEDY)

Eine ähnliche, jedoch wesentlich kompliziertere Lösung wird in Abb. 105 [190] gezeigt. Sie entstand aus der Notwendigkeit, die empfindliche Keramikplatte

[191] WPa 49a/47 309.

vor dem Zerbrechen zu bewahren. Die Spannkraft soll auf eine möglichst große Fläche der Schneidplatte wirken. Aus diesem Grunde ist das Spannstück mit einer Stellschraube 5 versehen. Sie hat die Aufgabe, das Spannstück so einzustellen, daß es mit seiner ganzen Spannfläche an der Keramikplatte anliegt. Der Spanbrecher 3 ist auf das Spannstück aufgesetzt. Die gehärtete Stahlplatte 4 schützt den Halter vor Beschädigungen durch die ablaufenden Späne.

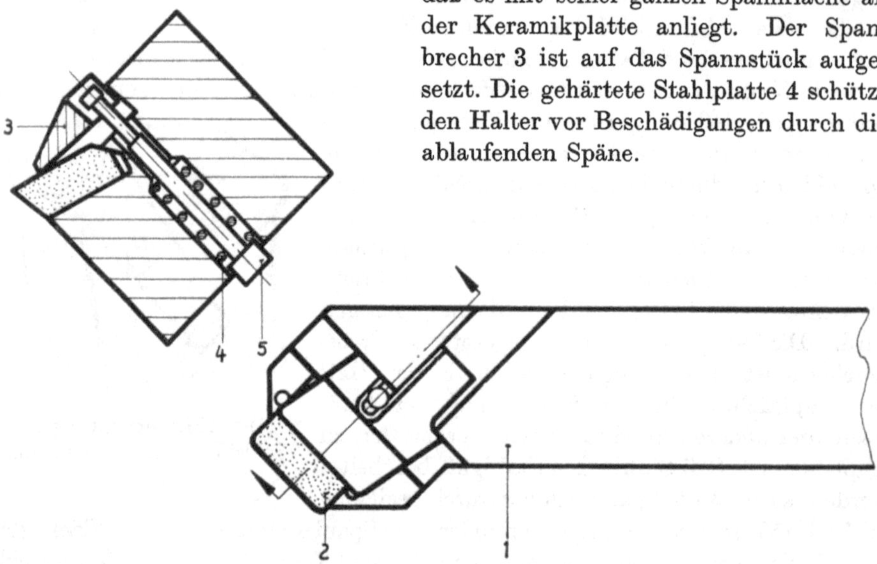

Abb. 106. Plättchenhalter ohne Spannelemente für Keramik- und Hartmetallplatten

Aus der Sowjetunion ist noch ein weiterer Klemmhalter bekannt, bei dem die schräge Platteneinspannung angewendetwird. Der in Abb. 106 dargestellte Halter

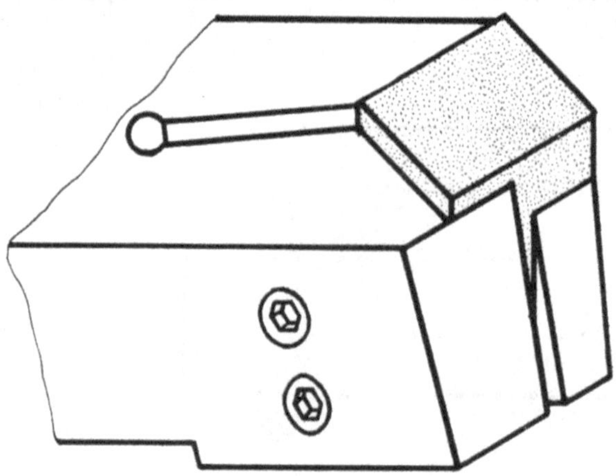

Abb. 107. Klemmhalter mit tangentialer Einspannung. Schneidplatte mit quadratischem Querschnitt

hat kein Spannelement zum Festspannen der Schneidplatte. Der auf der Spanfläche sitzende Spanbrecher 3 steht unter dem Druck der Feder 4, wodurch das

Herausfallen der Schneidplatte während des Einspannens des Halters verhindert werden soll. Die Schneidplatte ist so weit geneigt, daß die Resultierende aus allen an der Schneide angreifenden Einzelkräften die Platte in den Schaft

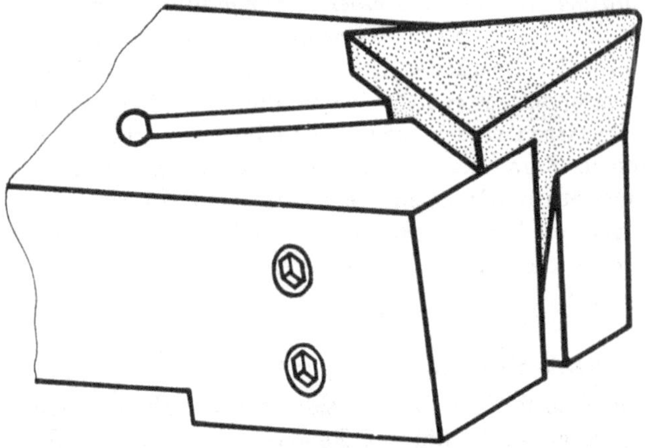

Abb. 108. Klemmhalter mit tangentialer Einspannung. Schneidplatte mit dreieckigem Querschnitt

drückt. Zum Auswechseln der Schneidplatte braucht nur der federnde Spanbrecher angehoben zu werden. Der Halter findet sowohl für Hartmetall- als auch Keramikschneiden Verwendung.

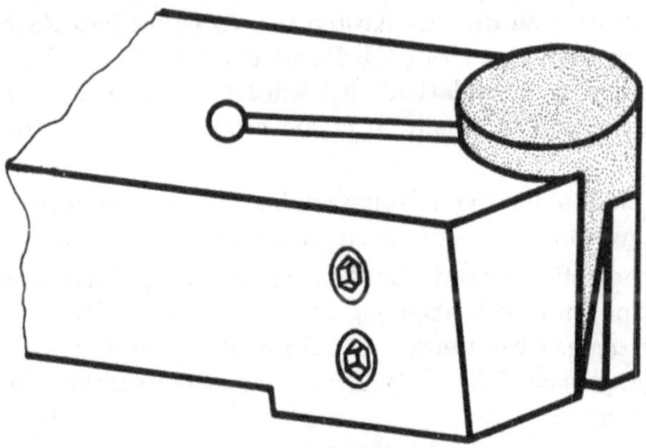

Abb. 109. Klemmhalter mit tangentialer Einspannung. Schneidplatte mit kreisförmigem Querschnitt

Eine vorteilhafte Lösung ist auch der Klemmhalter mit tangentialer Schneidplattenanordnung (Abb. 107) [192]. Die Keramikeinsätze können stirnseitig nachgeschliffen werden. Zwischen zwei Nachschliffen stehen je nach der geometrischen Form des Keramikeinsatzes 6 oder 8 Schneidkanten zur Verfügung.

[192] Urheber: Lehrstuhl für Fertigungstechnik an der Techn. Hochschule Dresden.

Der Schneideinsatz ruht auf einer Höhenverstellschraube. Die Klemmung erfolgt seitlich durch zwei Schrauben mit Innensechskant. Zur Spanbrechung wird eine Zwischenlage verwendt, die an der Stelle, an der sie mit dem ablaufenden Span in Berührung kommt, mit einer Hartmetallplatte versehen ist, und die zusammen mit dem Halter durch die Spannschrauben des Supports festgespannt wird. Die Breite der Spanleitstufe kann durch Vor- und Zurückschieben der Zwischenlage verändert werden. Klemmhalter mit tangentialer Einspannung können mit Einsätzen verschiedener Grundquerschnitte ausgestattet werden. Meistens kommen Keramikkörper mit quadratischer, rechteckiger, dreieckiger oder kreisförmiger Grundfläche zur Verwendung. In den Abb. 108 und 109 werden solche Halter gezeigt. Mit dem Halter nach Abb. 108 können Einstellwinkel von 90° verwirklicht werden, d. h., die Herstellung von rechtwinkeligen Absätzen an Wellen ist möglich.

8.112 Klemmhalter für Wegwerfplatten

Das Nachschleifen von Keramikschneidplatten setzt beim Schleifer einige Übung voraus, birgt eine ganze Anzahl von Fehlerquellen in sich und ist mit ziemlich hohem Kostenaufwand verbunden. Um die durch die erhöhten Schnittgeschwindigkeiten ermöglichten Produktionssteigerungen auch wirksam werden zu lassen, müssen stumpf gewordene Schneiden schnell und leicht ausgewechselt werden können, da sonst der Gewinn an Bearbeitungszeit durch längere Nebenzeit vernichtet wird. Wenn man noch berücksichtigt, daß der Anschaffungspreis der Schneidkeramik in den Ländern des sozialistischen Sektors weit geringer als beim Hartmetall ist, und daß die Kosten für ein einmaliges Nachschleifen weit höher sind, so kommt man zwangsläufig zu der Einsicht, daß die Verwendung von sogenannten „Wegwerfplatten“ beträchtliche wirtschaftliche Vorteile bietet. Diese Erkenntnis hat bereits in einem großen Teil der Anwendungsländer Fuß gefaßt.

Die Schneidplatten für diese Halterart haben meistens quadratische, rhombische, dreieckige, fünfeckige oder auch sechseckige Grundform.

Da die Bruchempfindlichkeit der Schneide zu einem beträchtlichen Teil von der Größe des Spitzenwinkels abhängig ist, muß den vier-, fünf- und sechseckigen Platten der Vorzug gegeben werden. Die Anwendung der dreieckigen Platten soll auf die unumgänglichen Fälle, z. B. Drehen von rechtwinkligen Wellenabsätzen, beschränkt bleiben.

„Wegwerfplatten“ verfügen, je nach Form der Grundfläche, über sechs, acht, zehn oder zwölf Schneidkanten, die nacheinander zum Einsatz gebracht werden. Ihre Ausnutzung wird bis zum Erliegen fortgesetzt. Größere Ausbrüche sollen jedoch vermieden werden, da die Brauchbarkeit der benachbarten Schneidkanten darunter leidet.

„Wegwerfplatten“ werden vom Hersteller einsatzfertig geliefert, so daß beim Verbraucher jede Schleifbehandlung überflüssig wird. Es kann demzufolge auch auf die Anschaffung teurer Schleifmaschinen und Schleifwerkzeuge verzichtet werden. Der größte Gewinn für den Verbraucher besteht aber darin, daß das Schleifrisiko beim Keramikhersteller liegt.

Bevor auf die eigenen Entwicklungen in der Deutschen Demokratischen Republik eingegangen wird, soll noch ein charakteristischer Klemmhalter fremder Herkunft betrachtet werden.

Aus der Tschechoslowakei ist ein Halter bekannt [193], der Beachtung verdient (Abb. 110). Die Hauptforderungen, geringe mechanische Beanspruchung des keramischen Plättchens durch die Spannkräfte, vollkommene Unterstützung auf der ganzen Auflagefläche des Plättchens, kleine Verlustzeiten beim Schneiden- bzw. Plättchenwechsel, Widerstandsfähigkeit des Halters gegen Beschädigungen bei Schneidenbrüchen und einfache Fertigung, die Koloc an den Halter stellt, werden erfüllt. Das prismatische Plättchen 2 sitzt tangential in einer Aussparung des Halterkörpers 1 auf der Beilage 3. Zwecks Höhenverstellung des Plättchens greifen geriffelte Flächen der Beilage und des Werkzeugkörpers ineinander. Das Plättchen wird während des Schneidens von den Schnittkräften festgespannt. Der das Plättchen umschließende Stahldraht ist lediglich eine Sicherung gegen Herausfallen während des Transportes und des Einspannens. Beim Schneidenbruch kann nur der Stahldraht oder die auswechselbare Unterlage beschädigt werden. Der Halter hat sich hauptsächlich beim Drehen von Gußeisen bewährt.

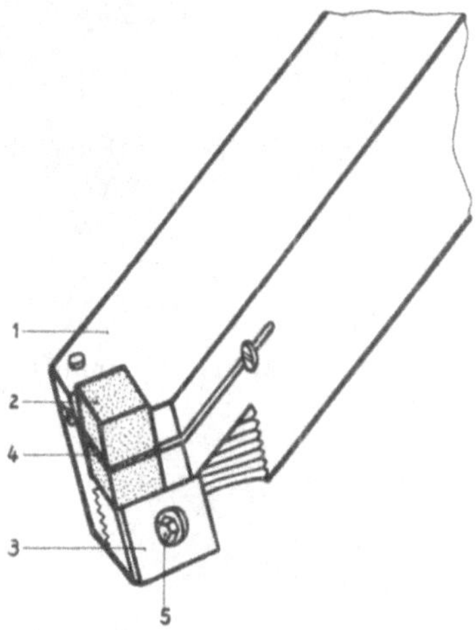

Abb. 110. Plättchenhalter ohne Spannelemente für Keramikschneidplatten (nach Koloc)

In der Deutschen Demokratischen Republik wurden aus der großen Anzahl der vorhandenen Halterkonstruktionen für das Außendrehen einige mit den besten Eigenschaften ausgewählt und in größeren Mengen hergestellt. Inzwischen ist die Entwicklung aber nicht stehengeblieben und es liegen neue Konstruktionen vor, über deren Einführung noch diskutiert und entschieden werden muß.

Bei der Auswahl der Halter strebte man danach, deren Anzahl möglichst klein zu halten. Ebenso wurden Plattenformen und -größen gewählt, die für viele Zwecke verwendbar sind. Für die Normung wurden die in Abb. 144 zusammengestellten Platten vorgeschlagen. Die Plattenformen werden in Abschnitt 10.10 ausführlich besprochen.

Die Halter zu den Platten der Abb. 144 sind aus den Abb. 111 und 112 ersichtlich.

Beide Halter bestehen aus gleichen bzw. ähnlichen Einzelteilen. Die Keramikschneidplatte 2 ruht auf einer Auflage 3, die aus Hartmetall besteht, und liegt

[193] Koloc, J. Nutzen und Anwendung keramischer Schneidwerkstoffe. „Techn. Rundschau" Bern, Nr. 7, vom 15. 2. 1957, S. 10, 11 und 13.

mit zwei Seiten an einem der Plattenform angepaßten Einsatzstück an. Das Einsatzstück wird ausgewechselt, wenn andere Plattenformen oder -größen einge-

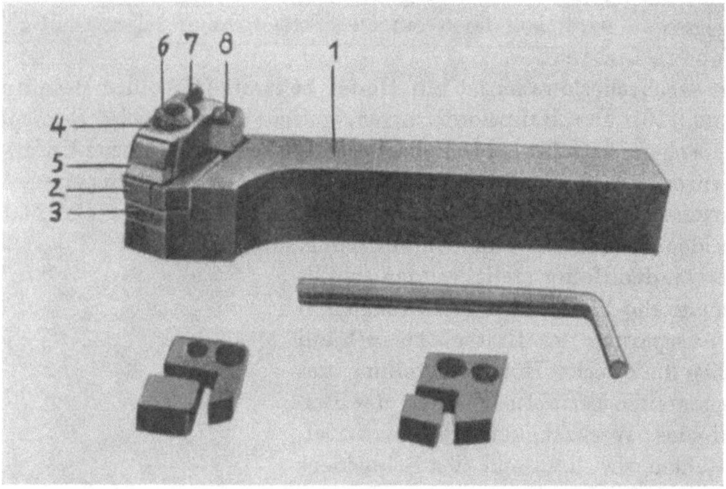

Abb. 111. Klemmhalter für Wegwerfplatten aus Schneidkeramik
Einstellwinkel $\varkappa = 60°$

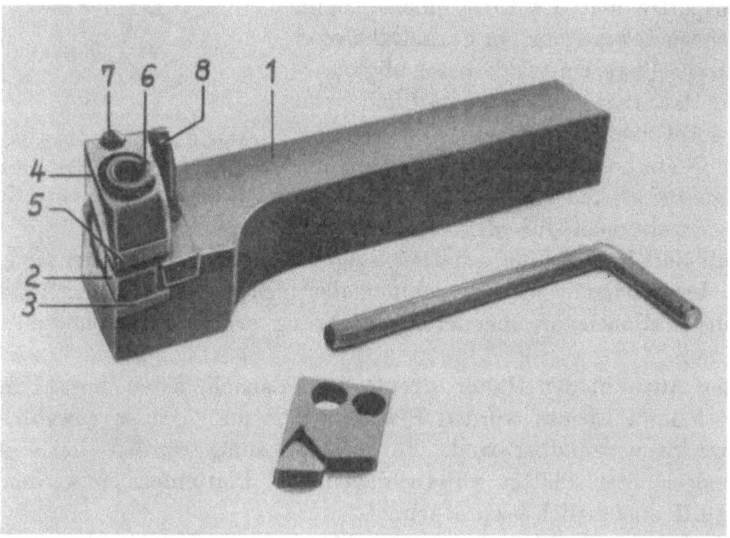

Abb. 112. Klemmhalter für Wegwerfplatten aus Schneidkeramik
Einstellwinkel $\varkappa = 90°$

spannt werden sollen. Das Spannstück 4 ist als Spanbrecher ausgebildet und zur Erhöhung der Verschleißfestigkeit mit der Hartmetallplatte 5 bestückt. Die Stellschrauben 7 und 8 sind für die Höhenverstellung des Spannstückes bzw. für das

Einstellen der Spanleitstufe vorgesehen. Im Halter Abb. 111 können die Platten der Formen KA und KB verwendet werden. Der Halter der Abb. 112 arbeitet mit Platten der Form KB und mit der spitzwinkeligen Seite der Form KC.

Bei den beschriebenen Klemmhaltern für Wegwerfplatten werden folgende Schneidenwinkel bevorzugt:

Freiwinkel	$\alpha =$	$6°$
Spanwinkel	$\gamma =$	$-6°$
Neigungswinkel	$\lambda =$	$4°$
Spitzenwinkel	$\varepsilon =$	$60°$ bzw. $80°$ bzw. $90°$ bzw. $100°$
Einstellwinkel	$\varkappa =$	$60°$ bzw. $90°$

Einen vom Institut für Werkzeugmaschinen, Karl-Marx-Stadt, entwickelten Klemmhalter mit Höhenverstellung des Schneidkopfes zeigt Abb. 113. Der Kopf *b* wird mit seiner Verzahnung mittels einer im Schaftinneren liegenden Hammerschraube in die Gegenverzahnung des Schaftes *a* gezogen. Die Schneidköpfe sind auswechselbar.

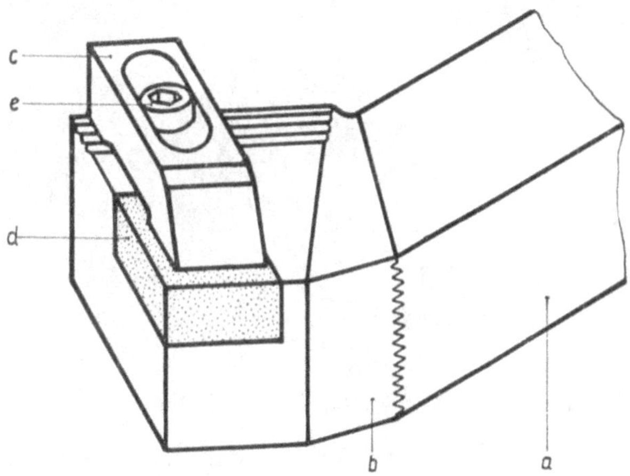

Abb. 113. Klemmhalter mit Höhenverstellung

8.12 Auflöten und Eingießen

In der Herstellung von Hartmetallwerkzeugen sind die Lötverfahren ein wichtiger Bestandteil der Fertigungstechnologie. Auf die Befestigung von keramischen Schneidplatten können die dabei gewonnenen Erkenntnisse leider nicht in vollem Umfange übertragen werden.

Nach einer 1927 vom Lötausschuß der Deutschen Gesellschaft für Metallkunde gegebenen Definition versteht man unter Löten das unlösbare Verbinden oder Ergänzen fester metallischer Werkstücke durch geschmolzene metallische Bindemittel. Letztere werden Lote genannt [194]. Ein weiteres charakteristisches Kennzeichen des Lötprozesses ist die Legierungsbildung des geschmolzenen Lotes mit den festen, zu verbindenden Teilen.

[194] LÜDER, E., Handbuch der Löttechnik, Verlag Technik, Berlin (1952), S. 13.

Nach dieser Begriffsfestlegung kann das Verbinden keramischer Schneidplatten mit einem Stahlschaft mittels eines flüssigen Metalls nicht zu den Lötvorgängen gerechnet werden. Eine Legierungsbildung findet nur nach der Stahlseite hin statt. Die Verbindung des Lotes mit den Keramikplatten ist nur auf dessen Verankerung in den Unebenheiten der Oberfläche zurückzuführen. Es handelt sich hier also mehr um ein Vergießen als um ein Löten.

In einem Aufsatz von Kriwouchow und Markow [195] werden für das „Löten" Kupfer- oder Messinglote empfohlen, deren Schmelzpunkte 1080 bzw. 890° C betragen. Die Werkzeuge sollen so vorbereitet werden, wie es in Abb. 114

Abb. 114. Drehmeißel mit „aufgelöteter" Keramikschneidplatte

gezeigt wird. Der „Lötvorgang" verläuft so, daß der Werkzeugschaft mit eingelegter Schneidplatte langsam auf die Schmelztemperatur des Lotes erhitzt wird. Nach erfolgter Lotzugabe wird das Werkzeug langsam abgekühlt, wobei durch die Schrumpfung des Schaftes das Plättchen festgeklemmt wird. Dabei treten häufig Plattenrisse auf, die das Werkzeug unbrauchbar machen. Die Gefahr der Rißbildung wird geringer, wenn niedrigschmelzende Lote verwendet werden. Zu empfehlen sind Bronze- und Silberlote.

Die Lötbarkeit keramischer Schneidplatten kann durch Metallisieren der Plattenoberflächen verbessert werden [196]. Eine Anlage dazu und die Technologie wird von G. D. Kovalenko [40] beschrieben. Es wird meistens eine Kupfer-

[195] Kriwouchow, W. A. und Markow, A. I., Befestigung von Schneidplättchen aus Keramik oder Hartmetall mit wärmebeständigem Klebstoff. „Fertigungstechnik," **3**, 4, 112—113 (1953), (Übersetzung aus: Werkzeugmaschinen und Werkzeuge, Moskau, Heft 6 35—36) 1952.

[196] Peklenik, J., Forschungsergebnisse und Erfahrungen beim Zerspanen mit keramischen Schneidplatten in der UdSSR und der Tschechoslowakei. „Industrie-Anzeiger" Nr. 20, März 1957, S. 280—282.

schicht aufgebracht, die ein Löten in der herkömmlichen Weise ermöglicht. Es müssen Lote verwendet werden, deren Schmelzpunkte unter dem des Kupfers liegen. Da wegen der schlechten Wärmeleitfähigkeit der Keramikschneidplatten nur ein sehr geringer Teil der bei der Spanabnahme entstehenden Wärme in die Schneidplatte abgeleitet wird, kann auch mit Weichloten gelötet werden. Beim Abkühlen des gelöteten Werkzeuges entstehen sehr leicht Plattenrisse. Es sind deshalb besondere Vorsichtsmaßnahmen notwendig. G. D. Kovalenko empfiehlt einen besonderen Abkühlofen, in dem die Abkühlung steuerbar und sehr langsam erfolgt. Gute Ergebnisse sollen auch erzielt werden, wenn der Werkzeugschaft schneller abgekühlt wird als das Keramikplättchen. Zu diesem Zweck wird der Werkzeugschaft in fließendes Wasser getaucht, während das Plättchen aus dem Wasser herausragt. Es ist darauf zu achten, daß das Plättchen auch nicht von einzelnen Wassertropfen benetzt wird. Nach dieser Behandlung sollen die Drehmeißel in einen Ofen mit 180 bis 200° C Temperatur gebracht werden und mit dem Ofen zusammen abkühlen. Die erreichbare Schubfestigkeit soll in der Lötnaht, je nach Lot, bis 900 kg/cm^2 betragen.

Einige Keramikhersteller sind schon dazu übergegangen, ihre Schneidplatten nach dem Metallisieren an einer Seite mit einer Lotschicht zu versehen. Der Verbraucher kann dann die Lötung ohne zusätzliche Lotzugabe durchführen.

Das Löten metallisierter Keramikplättchen gelingt nicht in allen Fällen [190]. Häufig löst sich nach der Lötung die aufgetragene Kupferschicht, so daß das Keramikplättchen nicht auf dem Stahlschaft haften kann. Das Lot hat sich mit der Kupferschicht und dem Stahlschaft fest verbunden, die Haftfestigkeit der Kupferschicht auf der Keramikplatte ist aber zu gering.

8.13 Das Aufkleben [197, 198, 219]

Ein in vielen Fällen ausreichendes Befestigungsverfahren für keramische Schneidplatten ist das Kleben. Werkzeuge mit aufgeklebten Keramikplatten sind einfach und raumsparend. Es können auch kleine Werkzeuge hergestellt werden, da die sperrigen Spannelemente entfallen. Die Verbindungstellen sind nahezu spannungsfrei, so daß Plattenrisse so gut wie gar nicht auftreten. Dies ist ein wesentlicher Vorteil gegenüber den gelöteten Werkzeugen.

Zum Kleben werden die Werkzeugschäfte wie für eine Lötung vorbereitet. Alle Verbindungsflächen müssen vor der Klebung gesäubert und entfettet werden, wozu sich am besten Trichloräthylen, Aceton oder andere Fettlösungsmittel eignen. Ein Aufrauhen der Oberfläche am Schaft wirkt sich günstig auf die Haftfestigkeit aus.

Die Klebemittel werden meistens pulver- oder stangenförmig angeliefert und auf die Teile aufgestreut oder aufgestrichen. Die Vorwärmtemperatur beträgt 130 bis 150° C. Das Vorwärmen ist notwendig, damit der Kleber auf der Oberfläche

[197] Druckschrift des VEB Leuna-Werke „Walter Ulbricht".
[198] Schriftenreihe der CIBA Aktiengesellschaft, Basel.
[219] Reinhold, R., Befestigung keramischer Schneidplatten mittels Epoxydharz-Kleber, „Fertigungstechnik", 8, 353 (1958).

haftet und die im Pulver eingeschlossene Luft entweichen kann. Die Teile werden dann so zusammengefügt, daß die Dicke der Verbindungsfuge etwa 0,1 mm beträgt. Überflüssiger, aus der Verbindungsstelle austretender Kleber wird vor der Aushärtung entfernt. Die Härtung kann gleich oder auch später vollzogen werden.

Die Aushärtung erfolgt am besten in einem gut regelbaren Elektroofen. Löt-, Gas- oder Schweißbrenner sind nicht zu empfehlen, da die Härtungstemperatur nicht genügend kontrolliert werden kann. Die Aushärtungstemperatur beträgt 130 bis 200° C. Die Aushärtungszeit hängt von der Temperatur ab. Aus Tabelle 32 ist die Aushärtungszeit für die verschiedenen Temperaturen zu entnehmen. Kurzzeitiges Überschreiten der Aushärtungszeiten hat keinen Einfluß auf die Qualität der Klebeverbindungen. Für die Herstellung von Keramikwerkzeugen werden Härtetemperaturen von 180 bis 200° C bei Härtezeiten von 85 bis 45 Minuten bevorzugt.

Tabelle 32

Aushärtungstemperaturen und Aushärtungszeiten für warmaushärtbare Klebemittel

Härtungstemperatur in der Verbindungsfuge °C	Härtungszeit min
130	900
140	400
150	270
160	180
170	120
180	85
190	70
200	45

An Versuchswerkzeugen wurden in der Klebenaht Schubfestigkeiten bis zu 6 kg/mm² gemessen. Dies ist mehr, als eine mit Weichlot ausgeführte Lötung aufbringen kann.

Für die Herstellung geklebter Keramikwerkzeuge können alle Plattenformen verwendet werden. Das Plättchen soll zumindest mit seiner Rückseite voll am Werkzeugschaft anliegen.

Bei geklebten Schneidwerkzeugen darf während des Betriebes die Bindemittelschicht eine Temperatur von 100° C nicht überschreiten. Bei höheren Temperaturen löst sich die Verbindung. Wegen dieser Eigenschaft hatte die Klebetechnik auch bei Keramikwerkzeugen zunächst wenig Aussicht auf breitere Anwendung. Da die Wärmeleitfähigkeit der Schneidkeramik aber schlechter als bei Hartmetall ist, geht der weitaus größere Teil der auf der Schneide erzeugten Wärme in die Späne, so daß sich die Keramikschneidplatte nur wenig erwärmt. Günstig wirkt sich auch aus, daß bei den hohen Schnittgeschwindigkeiten die Bearbeitungszeiten im Vergleich zu den Nebenzeiten sehr kurz sind, so daß zwischen zwei Schnitten genügend Zeit für die Abkühlung des Werkzeuges zur Verfügung steht. Bei Temperaturmessungen in der Verbindugsstelle zwischen Stahlschäften und Oxyd–Karbid-Keramik C 40 wurden die in Abb. 115 und 116 dargestellten Diagramme aufgenommen.

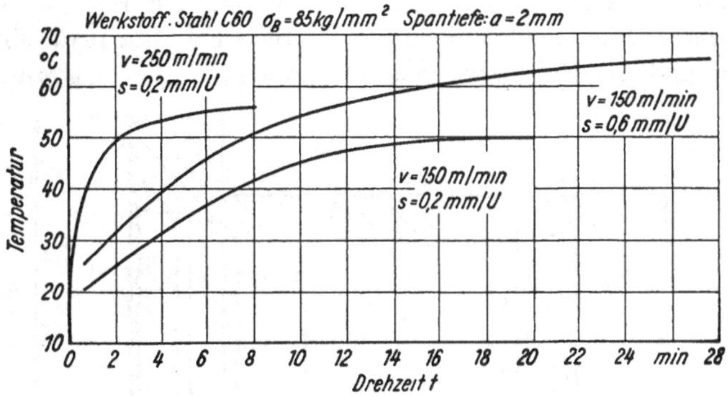

Abb. 115. Temperaturzunahme in der Verbindungsstelle geklebter Keramikwerkzeuge
Schneidplatte: Oxyd-Karbid-Keramik C 40 25 × 13 × 7 mm
Stahlschaft: 25 × 25 × 160 mm lang

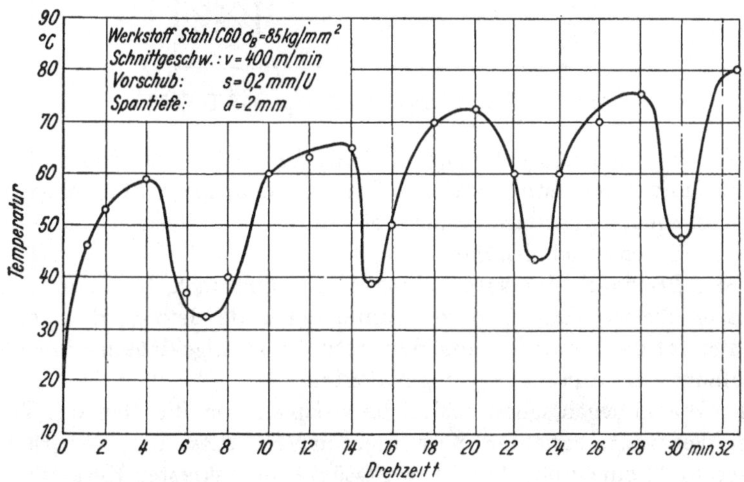

Abb. 116. Temperaturzunahme in der Verbindungsstelle geklebter Keramikwerkzeuge bei mehreren aufeinanderfolgenden Schnitten
Schneidplatte: Oxyd-Karbid-Keramik C 40 25 × 13 × 7 mm
Stahlschaft: 25 × 25 × 160 mm lang

Abb. 115 zeigt den Temperaturanstieg für die Schnittgeschwindigkeiten 150 und 250 m/min und für die Vorschübe 0,2 und 0,6 mm/U. Es wurden Werkstücke von etwa 200 mm ⌀ und 1200 mm Länge bearbeitet. Die Schnittzeit für einen Durchlauf beträgt bei 250 m/min Schnittgeschwindigkeit und 0,2 mm/U

Vorschub etwa 15 Minuten, wobei die Temperatur in der Verbindungsstelle auf etwa 60° C ansteigt. Bei gleichem Vorschub und nur 150 m/min Schnittgeschwindigkeit wurden nach der gleichen Zeit nur 50° C gemessen. Nach Erhöhung des Vorschubes auf 0,6 mm/U betrug die Temperatur nach 15 Minuten ebenfalls nur 60°C.

Auch bei Schnittgeschwindigkeiten von 400 m/min kann, wie Abb. 116 zeigt, mit geklebten Werkzeugen gedreht werden. Es wurden Werkstücke aus Stahl C 60 mit 200 mm ∅ bearbeitet, bei denen die reine Schnittzeit für ein Werkstück 5,2 Minuten und die Nebenzeit zwischen zwei Schnitten 2,5 Minuten betrug.

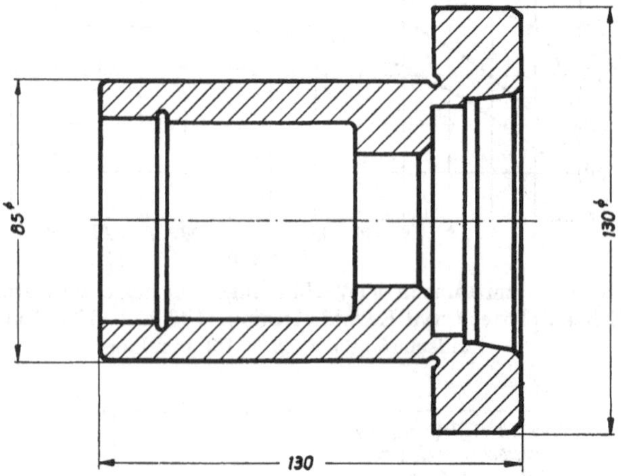

Abb. 117. Futterkörper aus Temperguß TeW 92

Der Vorschub wurde mit 0,2 mm/U und die Schnittiefe mit 2 mm eingestellt. Nach dem fünften Werkstück war die Temperatur in der Verbindungsstelle auf 80° C angestiegen, ohne daß sie sich bis zur vollständigen Abstumpfung der Schneide noch wesentlich erhöhte.

Da in der Praxis die Werkstückabmessungen und auch die Schnittgeschwindigkeiten in überwiegender Mehrzahl unter denen des letzten Beispiels liegen, ergeben sich für die Keramik-Schneidwerkzeuge mit aufgeklebten Schneidplatten recht umfangreiche Anwendungsmöglichkeiten.

Aus der Praxis liegen schon zahlreiche Beispiele vor, die über das Verhalten geklebter Werkzeuge berichten. So werden im VEB Dieselmotorenwerk Rostock seit längerer Zeit eine große Anzahl Werkstücke mit geklebten Keramikwerkzeugen im Drehvorgang bearbeitet. Beim Drehen von Kolbenbolzen 75 mm ∅ × 155 mm aus Stahl St 60 und C 45 betrug die Schnittgeschwindigkeit 215 m/min, die Schnittiefe 2 bis 3 mm und der Vorschub 0,45 mm/U. Bei jedem Schnitt war die Walzhaut abzuheben. Die Werkzeuge hatten die Form der genormten Drehstähle nach DIN 4972 mit einem Schaftquerschnitt von 32 × 32 mm. Die Keramikplatten waren mit „Epilox-Kleber M 10“[1]) aufgeklebt. Zwischen zwei Anschliffen wurden im Durchschnitt 100 Werkstücke bearbeitet.

[1]) Hersteller: VEB Leuna-Werke „Walter Ulbricht“.

In einem anderen Bearbeitungsfall wurden Zahnradkörper aus Gußeisen GG 22, in der Abmessung 177,6 mm ⌀ × 28 mm, am Umfang und an den Planseiten zunächst geschruppt und dann geschlichtet. Beim Schruppen waren die Schnittgeschwindigkeit 250 m/min, die Schnittiefe 5 mm und der Vorschub 0,3 mm/U. Obwohl die Gußkruste abgearbeitet werden mußte, konnten zwischen zwei Nachschliffen 15 Radkörper bearbeitet werden. Beim Schlichten wurde die Schnittgeschwindigkeit auf 300 m/min und der Vorschub auf 0,68 mm/U erhöht, während die Schnittiefe nur 0,6 mm betrug. Das Werkzeug brauchte erst nach 140 Stück nachgeschliffen zu werden.

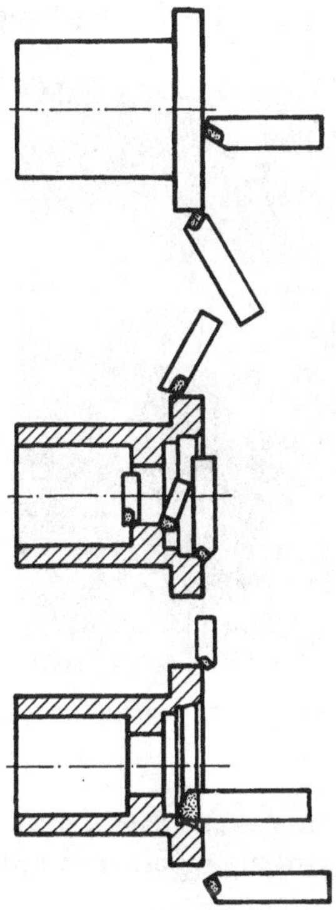

Abb. 118. Keramikdrehmeißel für Trommelrevolver (1. Aufspannung)

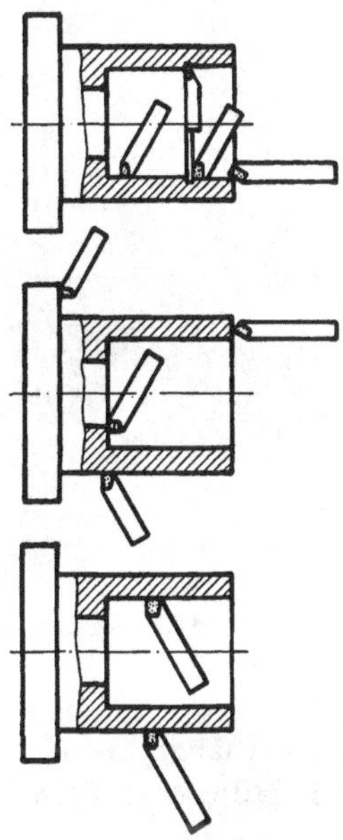

Abb. 119. Keramikdrehmeißel für Trommelrevolver (2. Aufspannung)

Versuchsweise wurde eine Trommelrevolverdrehmaschine DRT 63 mit geklebten Keramikdrehmeißeln (Oxyd–Karbid-Keramik C 40) bestückt, auf der die in der Abb. 117 gezeigten Futterkörperrohlinge aus Temperguß TeW 92 bearbeitet wurden.

Im Trommelrevolverkopf kamen die in den Abbildungen 118 und 119 dargestellten Drehmeißel zum Einsatz.

Die geklebten Drehwerkzeuge arbeiteten auch in diesem Falle zur Zufriedenheit und brachten höhere Leistungen als die früher verwendeten G 1-Hartmetallwerkzeuge. Über die Ergebnisse wird ausführlich im Abschnitt 10 berichtet.

8.20 Spanbrechung und Spanableitung

Beim Drehen von Stahl und Stahlguß ist eine gute Spanbrechung und Spanableitung für die Lebensdauer der Keramikschneide von großer Wichtigkeit. In Abb. 120 ist eine Keramikschneide zu sehen, bei welcher der nicht im Schnitt gewesene Teil der Schneidkante durch die ablaufenden Späne stark zerstört wurde. Dadurch macht sich bei Nachschleifplatten eine längere Nachschleifzeit erforderlich, während bei Wegwerfplatten oft die benachbarte Schneidkante schon in Mitleidenschaft gezogen wird. Auch am Werkstück entstehen nicht selten durch hineingerissene Späne Beschädigungen und Verluste. Dazu kommt noch die akute Unfallgefahr für den Bedienungsmann und die unmittelbare Umgebung.

Abb. 120. Ausbrüche durch ablaufende Späne außerhalb der Schnittzone

Beim Drehen langspanender Werkstoffe treten verschiedene Spanformen auf, die von M. E. Müller [199] in die nachstehende Ordnung gebracht wurden:

a) Gerade Späne
b) Wirrspäne
c) Flachwendeln
d) Lange Schraubspäne oder lange Spanlocken
e) Kurze Schraubspäne oder kurze Spanlocken
f) Geschlossene Spiralen (Uhrfederspäne)
g) Geöffnete Spiralen
h) Bruchstücke, deren Größe etwa zwischen einer und einer halben Windung liegt. Sie seien als „C-Späne" bezeichnet.
i) Spansplitter, d. h. Bruchstücke, die kleiner als eine halbe Windung sind.

[199] Müller, M. E., Die Beherrschung der Spanform beim Drehen. „Werkstattstechnik und Maschinenbau", **47**, 6, 269—273 (1957).

Keramikwerkzeuge sollen einen möglichst kurzen Span erzeugen. Es sind deshalb die Spanformen f) bis h) anzustreben. Die Spansplitter nach Form i) sind zu vermeiden, da ihre Bildung unter starken Schwingungserscheinungen erfolgt, was zum frühzeitigen Schneidenausfall führt.

Für die Verbesserung der Spanformung, -brechung und -ableitung stehen mehrere Möglichkeiten zur Verfügung [200]:

a) Verkleinerung des Spanwinkels
b) Wahl eines geeigneten Spanverhältnisses
c) Einschleifen von Spanform- oder Spanbrechstufen
d) Benutzung aufsetzbarer Spanbrecher
e) Benutzung kinematischer Spänebrechvorrichtungen.

Dem gegenwärtigen Stand der Technik entsprechend kommen in der Praxis die vier erstgenannten Verfahren zur Anwendung, während dem letzten zunächst nur mehr theoretische Bedeutung zukommt. Dies trifft besonders für den Gebrauch von Werkzeugen mit keramischen Schneiden zu.

Bei Verwendung von Werkzeugen mit glatter Spanablauffläche entstehen dünne Bandspäne, die um so unliebsamer in Erscheinung treten, je höher die Schnittgeschwindigkeit und je geringer die Spandicke ist. Erst mit zunehmender Kolkung tritt eine immer enger werdende Krümmung der Späne ein. Dies tritt bei den weniger verschleißfesten Schneidstoffen verhältnismäßig schnell, bei den hochverschleißfesten Hartmetallen recht spät und bei Schneidkeramik, die gegen den Kolkverschleiß sehr unempfindlich ist, fast gar nicht ein. Es sind also aus diesem Grunde Sondermaßnahmen zur Spänebrechung erforderlich.

8.21 Spanformung durch Verkleinerung des Spanwinkels

Kleine, im besonderen negative Spanwinkel verursachen eine stärkere Spanstauchung, so daß der Span kürzer und bröckeliger wird. Bei nicht zu hohen Schnittgeschwindigkeiten und genügend großen Vorschüben führt diese Maßnahme häufig zu einer befriedigenden Spanformung und -brechung. Es bieten sich bei Keramikwerkzeugen günstige Voraussetzungen dafür, da meistens mit Spanwinkeln von 0° und kleiner gearbeitet wird.

Nachteilig wirkt sich dabei das Anwachsen der Schnittkräfte, die eine höhere Antriebsleistung erfordern, aus.

8.22 Wahl eines geeigneten Spanverhältnisses

Bei einer bestimmten Schnittiefe krümmt sich mit steigendem Vorschub der Span immer stärker, so daß bei entsprechender Wahl des Vorschubes alle Spanformen vom geraden Span bis zum Spansplitter erzeugt werden können [201]. Bei keramischen Werkzeugen kann man davon nur wenig Gebrauch machen, da die eingestellten Vorschübe meistens unterhalb der zum Brechen erforderlichen Größe bleiben.

---

[200] Anonym: Die Spanformung beim Drehen mit Hartmetallwerkzeugen. „Technika“, Nr. 13, 22. Juni 1956.

[201] Ten Horn, B. und Schürmann, R. A., Spanformung beim Drehen mit Hartmetall. „Microtecnic“, IX (1955) S. 1—9.

8.23 Spanformung und -brechung durch eingeschliffene Spanleitstufen [202]

Eingeschliffene Spanleitstufen haben bei Keramikwerkzeugen vorläufig keine allzu große Bedeutung erlangt, da zu ihrer wirtschaftlichen Anbringung unbedingt Diamantschleifscheiben und Sondermaschinen erforderlich sind. Da ihre Wirkungsweise aber ohne Einschränkung auch auf die aufgesetzten Spanbrecher übertragen werden kann, soll in diesem Abschnitt über die Ausbildung von Spanleitstufen näher berichtet werden.

In letzter Zeit haben sich für die Spanleitstufe verschiedene Formen herausgebildet, von denen nur zwei erwähnt werden sollen (Abb. 121).

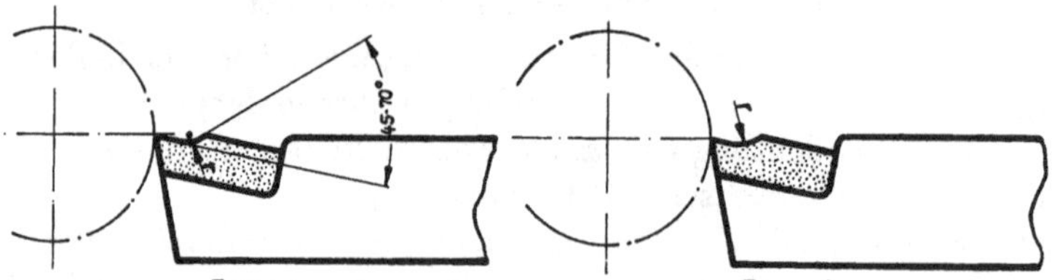

Abb. 121. Grundformen der Spanleitstufen

Die beiden Spanleitstufen unterscheiden sich durch die Form des Stufenrückens. Form *a* hat eine gerade Rückenfläche mit einem Rückenwinkel von 45 bis 70° und einem kleinen Übergangsradius, während bei Form *b* der Rückenwinkel als Kreisbogen ausgebildet ist. Die Form *b* mag für die relativ spröde Schneidkeramik günstiger erscheinen, da durch den bogenförmigen Übergang des Stufenrückens in die Stufenfläche jede Kerbwirkung vermieden wird.

Beide Spanleitstufenformen können in der in den Abbildungen 122 bis 124 dargestellten Weise am Werkzeug angebracht werden. Die Stufe nach Stellung 122 lenkt den Span von der erzeugten Werkstückoberfläche und schützt diese dadurch vor Beschädigungen. Sie ist aber für Keramikschneiden nicht günstig, da der ablaufende Span die nicht im Eingriff stehende Schneidkante beschädigt. Die Spanleitstufe Abb. 123 läßt den Span nach der bearbeiteten Werkstückoberfläche hin ablaufen und schließt Ausbrüche an dem nicht schneidenden Schneidkantenteil aus. Es können jedoch Beschädigungen an der erzeugten Werkstückoberfläche entstehen. Bei entsprechender Wahl des Stufenneigungswinkels können sowohl Schneidkantenausbrüche als auch Oberflächenbeschädigungen vermieden werden. Diese Form ist überall dort zu empfehlen, wo die Werkstückoberfläche noch eine nachfolgende Bearbeitung durch Schleifen erfährt. Bei der Stufenstellung Abb. 124 verläuft der Stufenrücken parallel zur Hauptschneidkante, so daß der ablaufende Span eingerollt, gegen die Schnittfläche des Werkstückes gedrückt wird und abbricht. Dabei schlagen die Spanstücke häufig gegen den hinteren Teil der Schneidkante, so daß auch Ausbrüche entstehen. Diese Stellung wird wohl am meisten angewandt, sie ist aber nicht in allen Fällen zweckmäßig.

[202] Henriksen, E., Die Abmessungen der Spanbrechernute. „American Machinist", New York (1954) H. 9, 117–124.

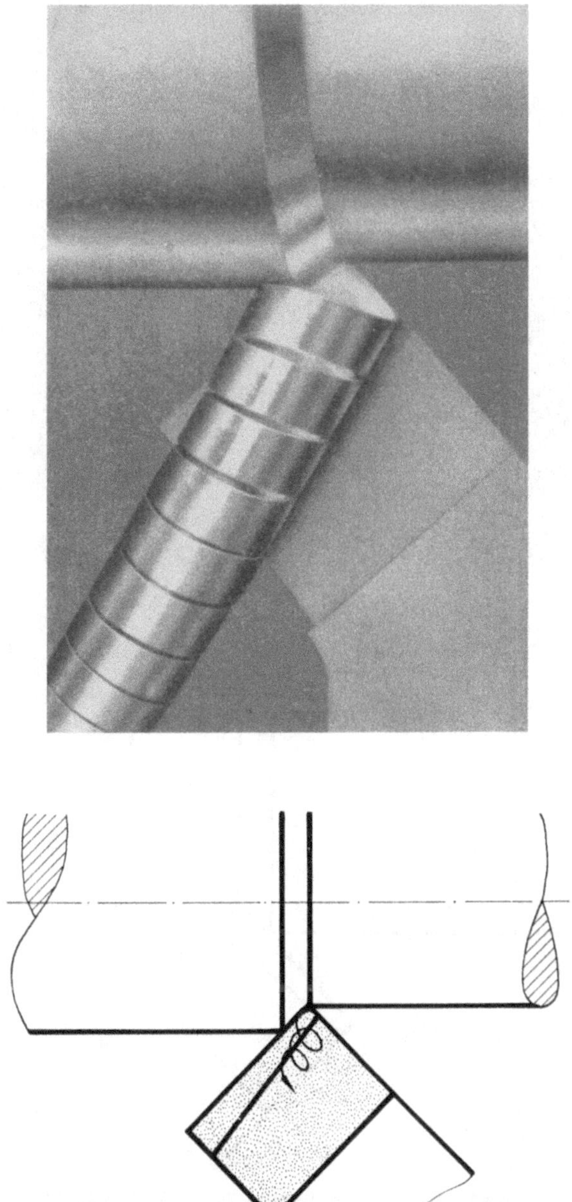

Abb. 122. Lenkung des Spanes durch Winkelstellung des Stufenrückens zur Hauptschneide

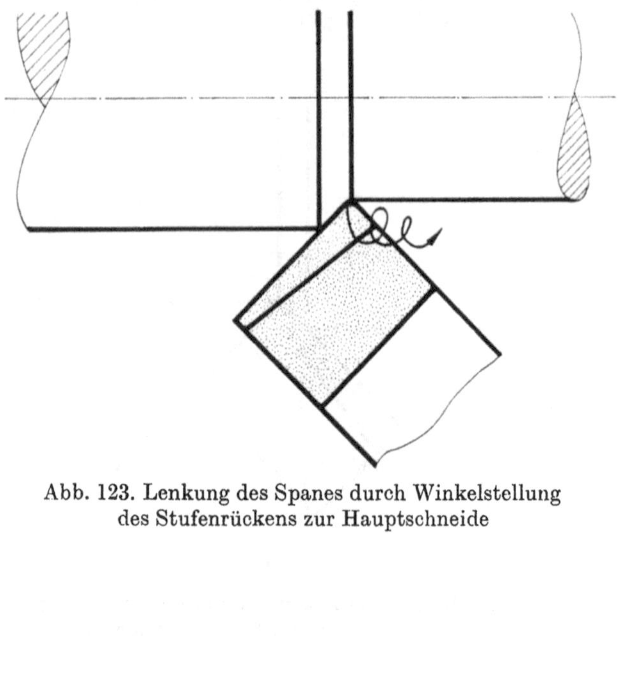

Abb. 123. Lenkung des Spanes durch Winkelstellung des Stufenrückens zur Hauptschneide

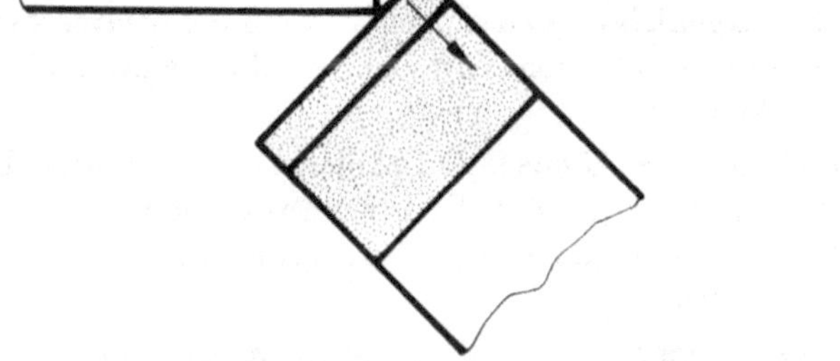

Abb. 124. Lenkung des Spanes durch Winkelstellung des Stufenrückens zur Hauptschneide

Die Abmessungen Breite, Tiefe und Stufenrückenwinkel der Spanleitstufe sind von einer so großen Zahl von Einflüssen abhängig, daß sie in der Praxis nicht alle von vornherein berücksichtigt werden können. Die günstigsten Werte lassen sich nur durch Versuch ermitteln. Weiche, zähe Stähle erfordern eine breite und tiefe Spanleitstufe. Für Stähle hoher Festigkeit und geringerer Zähigkeit kann die Stufe flacher und schmaler sein. Mit kleiner werdendem Spanwinkel kann die Nutentiefe geringer werden. Nach den bisherigen Erfahrungen muß eine Spanleitstufe in Schneidkeramik etwas breiter als in Hartmetall sein. Die Tiefe kann wie bisher beibehalten werden. Empfehlungen für Abmessungen sind aus Tabelle 33 zu entnehmen.

Tabelle 33

Richtwerte für Spanleitstufen

Zu bearbeitender Werkstoff Festigkeit (kg/mm²)	Tiefe t[1]) (mm)	Breite b (mm)	Rücken-radius[1]) (mm)
Stahl bis 75	0,6—0,8	etwa 12 · s	etwa 0,5
Stahl 75 bis 110	0,4—0,6	etwa 10 · s	
Stahl über 110	0,3—0,4	etwa 8 · s	

[1]) Diese Werte entfallen bei Klemmhaltern mit aufgesetzten Spanbrechern

Eingeschliffene Spanleitstufen bedeuten für Keramikschneiden keine günstige Lösung. Durch den Verbrauch teurer Diamantschleifscheiben und durch gelegentlich auftretende Plattenrisse wird die Anbringung von Spanleitstufen besonders kostspielig. Ein weiterer Nachteil besteht darin, daß die einmal angebrachten Spanleitstufen nur durch erneutes Schleifen auf einen anderen Vorschubbereich umgestellt werden können.

8.24 Aufgesetzte Spanbrecher

Aufgesetzte Spanbrecher können, wie Abb. 125 zeigt, für Keramikwerkzeuge mit aufgelöteten, aufgeklebten und aufgeklemmten Schneidplatten benutzt werden. Sie bieten eine Anzahl von Vorteilen, welche die Keramikwerkzeuge erst leistungsfähig machen.

1. An einem Drehmeißel können die Spanleitstufen so eingestellt werden, daß die gewünschte Spanform in jedem Falle erreicht wird, ohne daß der Vorschub und die Schnittiefe geändert werden müssen. Das gleiche Werkzeug ist für viele Schnittbedingungen zu gebrauchen.

2. Das Einschleifen der Spanleitstufe mit allen unangenehmen und kostspieligen Begleiterscheinungen entfällt.

Von J. Stanescu [203] werden Spanbrecherkonstruktionen veröffentlicht, die sich ebenfalls sehr gut für die Verwendung auf Drehmeißeln mit eingegossenen,

[203] Stanescu, J., Gegenüberstellung verschiedener Spanbrecher für die Zerspanung von Stahl. „Fertigungstechnik“, 6, 2, 65—70 (1956).

aufgelöteten oder geklebten Keramikschneidplatten eignen. Abb. 126 zeigt einen einstellbaren Spanbrecher, der auf dem Drehmeißel aufgesetzt und mit den Spann-

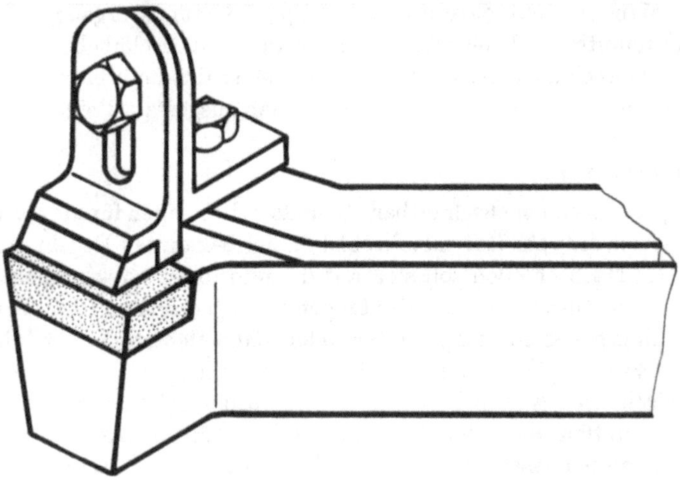

Abb. 125. Aufgesetzter Spanbrecher für Keramikdrehmeißel mit nicht lösbarer Schneidplatte (nach REDETZKY)

schrauben der Drehmaschine zusammen mit dem Werkzeug befestigt wird. Der Spanbrecher nach Abb. 127 wird am Stichelhaus der Drehmaschine befestigt. Er ist ebenfalls einstellbar.

Über den Aufbau und die Ausführungsformen der aufgesetzten Spanbrecher bei Klemmhaltern wurde in Abschnitt 8.11 „Klemmen und Einspannen" ausführlich berichtet. Für die Wirkungsweise, die Abmessungen und Formen gelten in vollem Umfang die Ausführungen des vorhergehenden Abschnittes 8.23 „Spanformung und -brechung durch eingeschliffene Spanleitstufen".

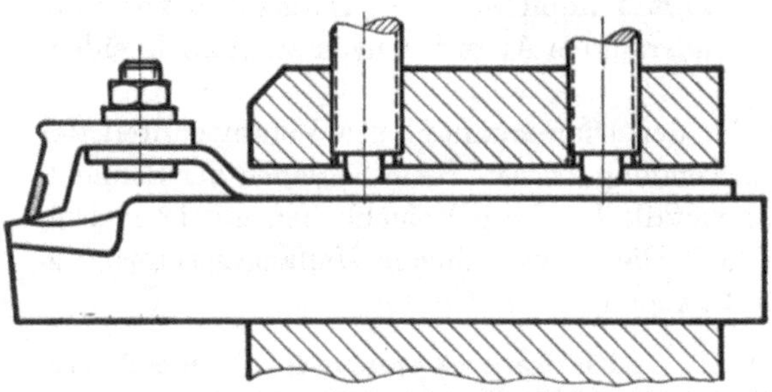

Abb. 126. Einstellbarer Spanbrecher (nach A. P. IWANOW und M. J. BIRIUKOW)

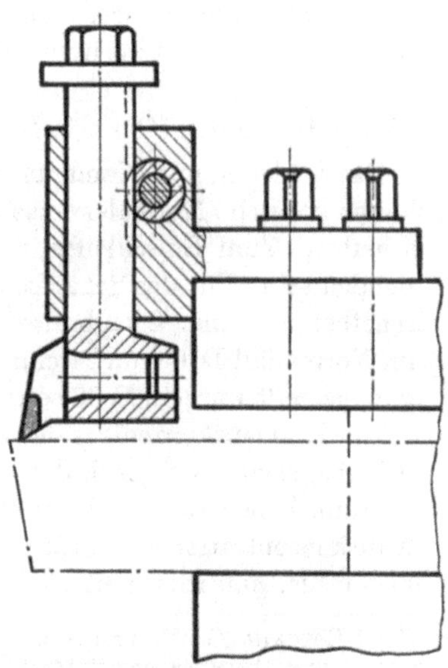

Abb. 127. Einstellbarer Spanbrecher (Bauart V. N. I. I.)

8.25 Kinematische Spänebrechvorrichtungen

G. M. Rywkin und B. J. Samoilow [204] berichten über kinematische Spänebrechung. Man versteht darunter einen Spanbrechungsvorgang, bei dem der Drehmeißel ununterbrochene Schwingungen in der Vorschubebene ausführt, so daß eine Spänebrechung eintritt. Es sind dazu Maschinen mit besonderen Supporten erforderlich, die mit einem Vibrationsantrieb ausgestattet sind.

8.30 Das Schleifen

Keramikplatten sind nachschleifbar. Grundsätzlich gelten für die Durchführung der Schleifarbeit die vom Hartmetallschleifen her bekannten Regeln in strengerer Fassung. Das Nachschleifen soll sich auf die unbedingt notwendigen Fälle, wie Klemmhalter mit einschneidigen oder tangential angeordneten Platten und Werkzeuge mit eingegossenen, aufgelöteten oder aufgeklebten Schneidplatten, beschränken. Wegwerfplatten werden nicht nachgeschliffen.

Die Standzeit einer Keramikschneide ist genauso wie die der Schneiden aus anderen Schneidstoffen von ihrer Anfangsschärfe abhängig. An schlecht geschliffenen, schartigen Schneidkanten schreitet der Verschleiß viel schneller fort als an Schneiden mit geringer Schartigkeit. Dies ist bei Gegenüberstellung der Abbildungen 128 und 129 deutlich zu erkennen.

Es gibt drei Schleifmittel, mit denen man Keramikschneidplatten schleifen kann:

Diamant, Siliziumkarbid und Borkarbid.

Diamant und Siliziumkarbid werden in Scheiben gebunden verwendet. Borkarbid kann nur als loses Pulver in Läppasten gebraucht werden. In Schleifscheiben ist es nicht verwendbar.

8.31 Das Schleifen mit Diamantschleifscheiben

Das Schleifen mit Diamantschleifscheiben geht am besten und ohne Schwierigkeiten vor sich. Normalerweise verwendet man dazu kunststoffgebundene Schleifscheiben. Zum Einschleifen von Spanleitstufen müssen die Scheiben bronzegebunden sein. Für das Scharfschleifen werden die in Abb. 130 dargestellten Topfscheiben mit einer Belagbreite von 20 mm empfohlen. Die Diamantkörnung soll im Normalfall D100, und wenn besonders hohe Anforderungen an die Schneidengüte gestellt werden, D 30 sein.

Die Diamantkonzentration, d. h. der Diamantanteil pro Volumenanteil der Scheibe, richtet sich nach dem Verwendungszweck. Beim Schleifen der Schneidkeramik haben sich die beim Hartmetallschleifen gebräuchlichen mittleren Diamantkonzentrationen bewährt [205]. Die gebräuchlichen Umfangsgeschwindigkeiten für Diamantschleifscheiben betragen 20 bis 25 m/sec.

---

[204] Rywkin, G. M. und Samoilow, B. J., Kinematische Spanbrechung beim Drehen. „Stanki i instrument", Moskau (1953) H. 12, 15—16.

[205] Urbanek, J. W., Diamanten als Feinstbearbeitungswerkzeuge. Deutscher Zeitschriften- und Fachbuchverlag G. m. b. H. Stuttgart, 1956, S. 41—53.

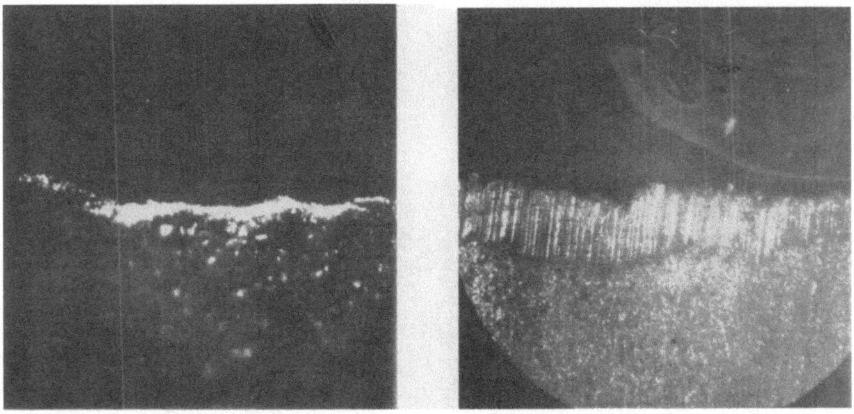

Abb. 128. Schneidkante mit großer Schartigkeit vor und nach dem Drehen

Schneidwerkstoff: Oxyd-Karbid-Keramik C 40
Anfangsschartigkeit: 20 μ
Werkstoff: Stahl C 60, $\sigma_B = 85$ kg/mm²
Verschleißmarke nach einer Drehzeit von 16 Minuten: 0,22 mm
geschliffen mit Siliziumkarbid-Segmenten, Härte J, Körnung 80

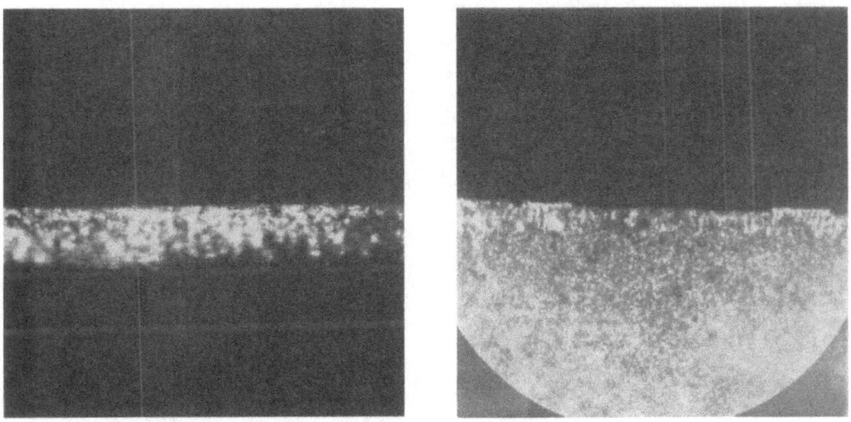

Abb. 129. Schneidkante mit geringer Schartigkeit vor und nach dem Drehen

Schneidwerkstoff: Oxyd-Karbid-Keramik C 40
Anfangsschartigkeit: 2,5 μ
Werkstoff: Stahl C 60, $\sigma_B = 85$ kg/mm²
Verschleißmarke nach einer Drehzeit von 16 Minuten: 0,05 mm
geschliffen mit einer Diamantschleifscheibe, kunststoffgebunden, Körnung D 30

Für die Lebensdauer der Schleifscheibe wirkt sich die Verwendung eines Kühlmittels günstig aus. Es eignet sich dazu Wasser mit einem Zusatz von P 3 oder einem anderen Rostschutzmittel. Die Aufgabe des Kühlmittels ist es, den Abschliff wegzuspülen, die Scheibe griffig zu erhalten und Werkstück und Scheibe zu kühlen. Die Kühlmittelzufuhr muß ausreichend, gleichmäßig und ununterbrochen sein.

Abschliffmenge, Abnutzung und Lebensdauer der Schleifscheibe sind vom Schleifdruck abhängig. Das Diagramm in Abb. 131 zeigt die Zusammenhänge. Es ist ersichtlich, daß die Abnutzung mit zunehmendem Preßdruck beachtlich

Abb. 130
Diamantschleifscheibe zum Scharfschleifen von Keramikschneidplatten

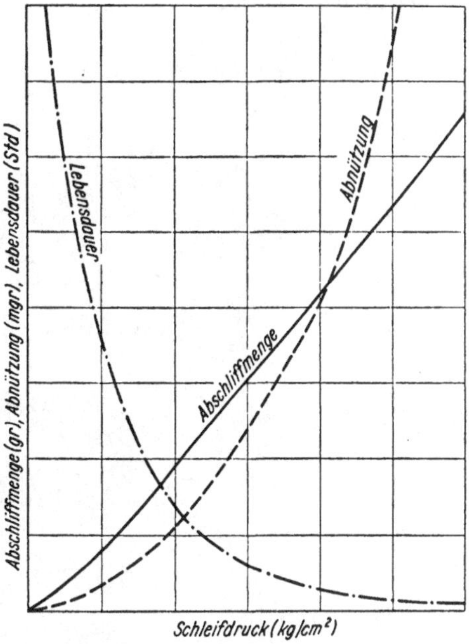

Abb. 131. Schleifdruck bei Diamantschleifscheiben (nach J. W. Urbanek)

ansteigt und die Lebensdauer in gleichem Maße absinkt, während die Abschliffmenge in viel geringerem Maße ansteigt. Im Prinzip ist dieses Diagramm für jede Art von Scheiben gültig.

Beim Schleifen mit Diamantscheiben darf also nur mit sehr kleinen Schleifdrücken gearbeitet werden, da sonst der Scheibenverbrauch zu hoch wird.

Mit Diamantschleifscheiben lassen sich hochwertige Schneidkanten herstellen. Die Schleifwärme ist gering, weshalb auch nur sehr selten Schleifbeschädigungen, wie Risse und Kantenausbrüche, auftreten.

8.32 Das Schleifen mit Siliziumkarbid-Schleifscheiben und -Segmenten

Beim Schleifen mit Siliziumkarbid-Schleifkörpern sollten die Keramikschneidplatten, wenn irgend möglich, in allen Fällen fest eingespannt werden. Dabei ist auf ebene Auflageflächen an der Platte und deren Unterlage zu achten. Beim Festspannen dürfen in der Platte keine Druckspitzen auftreten. Die Spannschraube darf deshalb nicht unmittelbar auf das Plättchen drücken, sondern es muß eine genügend steife Zwischenlage vorhanden sein.

Zum Schleifen von Keramik sind nur sehr weiche Schleifkörper geeignet. Es kommen nur die Härten H und weicher in Frage. Das Schleifkorn soll der Größe 80 bis 100 entsprechen. Die Schleifgeschwindigkeit darf bei Segmentschleifkörpern nur 8 bis 12 m/sec, bei Topf- und Zylinderscheiben, die mit einer geschlossenen Fläche an der Keramikplatte angreifen, nur 3 bis 5 m/sec betragen.

Abb. 132. Drehstahlschleifmaschine SWU St 40
Hersteller: VEB Leipziger Eisen- und Stahlwerke

Beim Schleifen muß jede starke Wärmeentwicklung vermieden werden, da sonst sofort Schleifrisse auftreten. Es darf deshalb nur pro Schleifhub höchstens $^1/_{100}$ mm zugestellt werden. Die Schleifwärme muß von der Entstehungsstelle durch einen ausgiebigen Kühlwasserstrahl abgeleitet werden. Das Trockenschleifen führt zu keinem befriedigenden Ergebnis. Es entstehen sofort Schleifrisse.

Eine geeignete Schleifmaschine zeigt Abb. 132. Die Maschine ist u. a. mit einem Segmentschleifkopf, dessen Tisch eine automatische Arbeits- und Zustellbewegung ausführt, und seitlich mit einer Läppscheibe aus Siliziumkarbid ausgestattet, die sich für das Anläppen von Fasen und für die Verbesserung der Schneidkante eignet. Auf der gegenüberliegenden Seite befindet sich eine dritte Schleifstelle, die zum Einschleifen von Spanleitstufen bestimmt ist. Zum Schleifen von Spanleitstufen in Schneidkeramik muß die Siliziumkarbid-Schleifscheibe gegen eine bronzegebundene Diamantschleifscheibe ausgewechselt werden.

8.33 Die Anbringung von Spanleitstufen und Fasen

Das Einschleifen von Spanleitstufen ist nur bei Anwendung von Diamantschleifscheiben wirtschaftlich. Es werden dafür bronzegebundene Scheiben mit einem möglichst schmalen (3 bis 4 mm) Diamantbelag bevorzugt. Dabei kann das Profil,

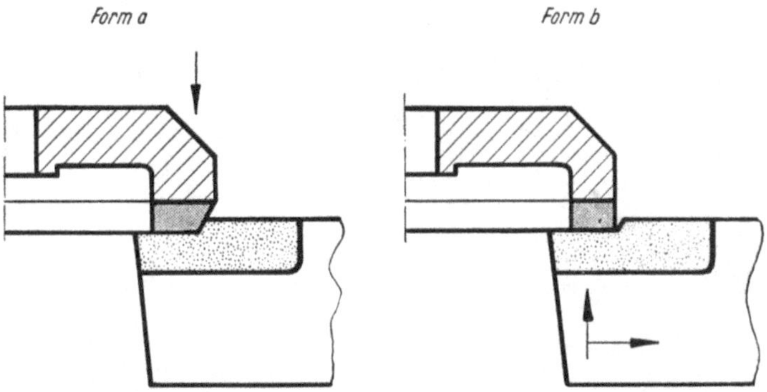

Abb. 133. Diamantschleifscheiben zum Einschleifen von Spanleitstufen

so wie Abb. 133 a zeigt, in die Scheibe eingearbeitet sein. Dies hat aber den Nachteil, daß das Scheibenprofil bald ungenau wird und nachgerichtet werden muß. Diese Schwierigkeiten treten nicht auf, wenn, wie in Abb. 133 b, Topfscheiben ohne Schräge verwendet werden. Die Schleifmaschine muß dann allerdings, wie durch die Richtungspfeile angegeben, zwei Zustellbewegungen ausführen. Über eine solche Maschine wird in der Zeitschrift Werkstattstechnik und Maschinenbau [206] berichtet.

Schmale, den Keilwinkel vergrößernde Fasen an den Hauptschneiden der Keramikschneidplatten verlängern die Standzeit. Die Fase steht unter einem negativen Spanwinkel von $\gamma = -20°$. Ihre Breite soll etwa der Größe des Vorschubes entsprechen. Die Fase verhindert die bei Schnittbeginn sonst recht zahlreich auftretenden kleinen Ausbrüche der Schneide, so daß der Schneidenverschleiß langsamer fortschreitet.

Das Anbringen der Fase geschieht am besten an einer feinkörnigen Diamantschleifscheibe oder mit einem feinkörnigen Diamant-Handläpper.

V. Šolaja [220] hat neuerdings den Einfluß verschiedener Läppmittel auf die Schneidengüte (Rauhigkeit) von Platten aus Schneidkeramik im Vergleich zu solchen aus der verschleißfesten, aber relativ spröden Hartmetallsorte F 1 näher

[206] „Werkstattstechnik und Maschinenbau", H. 7. (1956).
[220] Šolaja, V., The Institution of Production Engineers Journal (1958) Juniheft

untersucht. Verwendet wurden SiC-, B_4C-, Al_2O_3- und Diamantpulver, die in verschiedenen Korngrößen, vom gröberen bis zum feinsten Korn, benutzt wurden. Es zeigte sich, daß an der Hartmetallsorte F 1 sauberere und schärfere Schneiden bei allen Korngrößen des Läppmittels als bei der Schneidkeramik angeschliffen werden konnten. Die Schneidkeramik ist also, wie auch aus diesen Versuchen hervorgeht, selbst schlechter schleifbar als spröde Hartmetallsorten. Mit Borkarbid ließen sich nach Šolaja nur wenig bessere Schneidengüten an beiden Schneidwerkstoffen erzielen als mit SiC. Die weitaus besten Schneidengüten waren beim Läppen mit Diamantpulver zu erreichen. Die Schneidengüte nahm in allen Fällen mit Verfeinerung des Kornes des Läppmittels zu.

9.00 Die Anwendung der Schneidkeramik

(E. Heymel)

Das Hauptanwendungsgebiet der keramischen Schneidstoffe liegt zur Zeit noch bei den Bearbeitungsverfahren, die einen ununterbrochenen Schnitt zulassen, also beim Außen- und Innendrehen. Beim Fräsen kann man vorerst nur von einer bedingten Eignung sprechen. Für das Hobeln, Bohren und Reiben konnten bisher keine Anwendungsmöglichkeiten ermittelt werden.

Ein wirtschaftlicher Einsatz in den Betrieben setzt voraus, daß sich die Arbeiter, Meister, Technologen und Betriebsingenieure mit den Eigenschaften und Einsatzmöglichkeiten der Schneidkeramik vertraut gemacht haben.

Da der weitere Einsatz der Schneidkeramik weitgehend vom Ausgang der ersten Versuche abhängig ist, sollen diese unter Anleitung eines erfahrenen Instrukteurs durchgeführt werden. Der Instrukteureinsatz bei der Einführung der Schneidkeramik in der Deutschen Demokratischen Republik erfolgt in erster Linie durch das Institut für Technologie und Organisation (ITO), Karl-Marx-Stadt. Daneben bemühen sich auch die Herstellerbetriebe (VEB Hartmetallwerk Immelborn und VEB Porzellanwerk Neuhaus-Schierschnitz) um die Beratung der Anwender der Schneidkeramik. Es sollen anfangs möglichst einfache Werkstücke bevorzugt werden, um dem Arbeiter Gelegenheit zur Einarbeitung zu geben. An die Qualität der Maschine werden keine übertriebenen Anforderungen gestellt. Sie soll sich jedoch in einem guten, betriebssicheren Zustand befinden.

Die Bereitschaft des Arbeiters zur Einführung der neuen Technik darf nicht durch Mißerfolge, deren Ursachen in einer falschen Behandlung und Anwendung liegen, untergraben werden. Erst wenn er sich eine gewisse Erfahrung angeeignet hat, darf er selbständig arbeiten. Er wird dann von sich aus nach weiteren Anwendungsmöglichkeiten suchen und seine Erfahrung anderen Arbeitern zur Verfügung stellen.

9.10 Das Drehen

Lang- und kurzspanende Werkstoffe wurden bisher durchweg mit der gleichen Keramiksorte bearbeitet. Gewisse Anzeichen deuten aber darauf hin, daß man in der nächsten Zukunft auch hier verschiedene Sorten einsetzen wird (vgl. Abschnitt 12.30). Für die kurzspanenden Werkstoffe wird der größte Wert auf Beständigkeit gegen Freiflächenverschleiß gelegt, während sich die Keramik für die langspanenden Werkstoffe durch eine größere Zähigkeit auszeichnen muß.

9.11 Allgemeine Anwendungshinweise

Vor Beginn jeder Arbeit ist gewissenhaft zu prüfen, ob die Werkstückform und die vorhandene Maschine auch die Anwendung von Schneidkeramik zulassen. Zu lange und zu dünne Werkstücke geraten leicht in Schwingungen und werden deshalb besser mit Hartmetall bearbeitet.

Die Maschine muß die Einstellung der Mindestschnittgeschwindigkeit zulassen. Ihre Antriebsleistung muß so hoch sein, daß sie auch bei den erhöhten Schnittgeschwindigkeiten ausreicht.

Die Kraftübertragungselemente der Maschine, wie Kupplungen, Keil- und Flachriemen, müssen sich in gutem Zustand befinden. Jedes Steckenbleiben im Schnitt führt bei Schneidkeramik zum Schneidenbruch.

Die hohen Schnittgeschwindigkeiten bedeuten für den Dreher eine erhöhte Unfallgefahr. Es ist deshalb besonders auf sichere Einspannung der Werkstücke zu achten. Bei Werkstücken mit starker Unwucht muß diese gut ausgeglichen werden, oder es dürfen nur kleine Schnittgeschwindigkeiten zur Anwendung kommen. Bei kleineren und mittleren Werkstücken genügen Reitstockkörnerspitzen mit Hartmetallbestückung, für größere müssen mitlaufende verwendet werden. Solche aus Schnellarbeits- oder Werkzeugstahl sind ungeeignet.

Auch Keramikschneiden müssen die richtigen Schneidenwinkel besitzen. Für viele Werkstoffe, wie z. B. Stahl, Stahlguß und Gußeisen, bewährten sich Spanwinkel zwischen +6 und —6°. Der Freiwinkel kann in den meisten Fällen konstant 6° betragen. Vorteilhaft sind möglichst große Spitzenwinkel.

Schnittgeschwindigkeit und Vorschub müssen unter Berücksichtigung der Zerspanbarkeitseigenschaften des Werkstoffes nach der gewünschten Standzeit eingestellt werden. Von diesen Größen ist die Wirtschaftlichkeit des Zerspanungsvorganges weitgehend abhängig.

Bei Klemmhaltern ist darauf zu achten, daß die Plattenauflage einwandfrei eben ist. Die Halter sind nach längerer Benutzungsdauer daraufhin zu prüfen und, wenn notwendig, nachzuarbeiten.

Die Schneiden geklebter Werkzeuge dürfen nicht unzulässig stark erwärmt werden, da sonst die Klebeverbindung ihre Festigkeit verliert.

Es ist darauf zu achten, daß die Werkzeuge fest und mit kurzer Ausladung eingespannt werden. Sie müssen mit der ganzen Fläche aufliegen, weshalb zur Einstellung der Schneidenspitze auf Werkzeugmitte nur ebene Beilagen unter das Werkzeug gelegt werden dürfen. Die Spannschrauben sollen nicht unmittelbar auf den Werkzeugschaft drücken, sondern es soll eine nicht zu schwache Zwischenlage verwendet werden (Abb. 134).

Die Schneidenspitze des Keramikwerkzeuges wird immer auf Mitte Werkstück eingestellt, weil nur in dieser Einstellung die Werkzeugwinkel auch den Arbeitswinkeln entsprechen. Die bei Hartmetalldrehmeißeln häufig gebräuchliche Außermittenstellung kommt hier nicht zur Anwendung.

Mit Keramikschneiden kann in allen Fällen trocken gearbeitet werden. Die Verwendung von Kühlmitteln führt zu keiner wesentlichen Standzeitverbesserung, aber bei den hohen Schnittgeschwindigkeiten zu einer starken Belästigung der Umgebung. Plötzliches Abkühlen der Keramikschneiden führt zu Rissen in den Plättchen.

Zwecks Vermeidung größerer Schneidenausbrüche müssen stumpfe Schneiden rechtzeitig durch scharfe ersetzt werden. Dies ist besonders bei Nachschleifwerkzeugen wichtig, da die Nachschleifkosten bei zu starker Stumpfung sehr hoch sind.

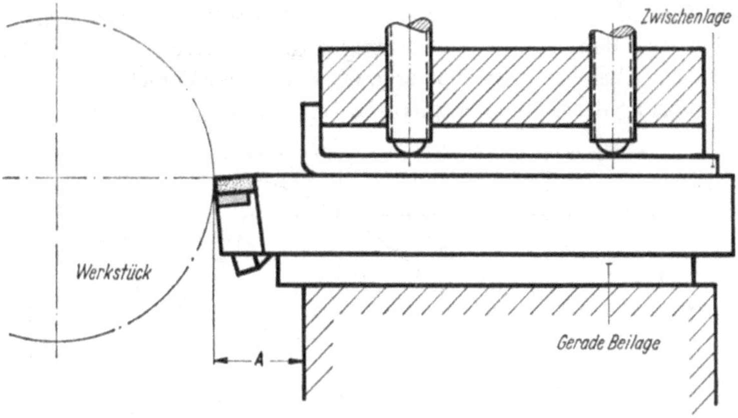

Abb. 134. Eingespanntes Werkzeug

Bei stillstehendem Werkstück darf die Keramikschneide nicht mit diesem in Berührung kommen. Deshalb muß der Bearbeitungsvorgang in nachstehender Reihenfolge ablaufen:

1. Einschalten der Hauptspindel
2. Einstellung der Schnittiefe
3. Einschalten bzw. Betätigen des Vorschubes
4. Abschalten des Vorschubes
5. Zurückziehen des Drehmeißels
6. Stillsetzen des Werkstückes.

Während des Schnittes darf die Maschine nicht angehalten werden.

Das Nachschleifen von Keramikschneidplatten und -werkzeugen darf nur von geschulten Fachkräften vorgenommen werden.

Keramikschneidplatten und -werkzeuge müssen so aufbewahrt werden, daß an den Schneidkanten keine Beschädigungen entstehen können. Schneidplatten verbleiben deshalb bis zum Verbrauch in der Originalverpackung. Werkzeuge werden so gestapelt, daß ihre Schneiden nicht mit dem Nachbarwerkzeug in Berührung kommen können.

Die Reste abgenutzter Keramikschneidplatten dürfen nicht unter die Späne gebracht werden.

Zum Schutz gegen umherfliegende Späne muß die Maschine eine geeignete Abdeckung erhalten; wo dies nicht möglich ist, wird dem Dreher das Tragen einer Schutzbrille und enganliegender Arbeitskleidung empfohlen.

9.12 Oberflächengüte und Herstellungsgenauigkeit

Bei hohen Schnittgeschwindigkeiten lassen sich Oberflächen sehr großer Güte erreichen, so daß eine Bearbeitung mit Schneidkeramik an die Stelle des Rundschleifens treten kann. Die Abbildungen 135, 136 und 137 zeigen die Ergebnisse von Oberflächenmessungen an Werkstücken, die bei sonst gleichen Bedingungen mit 200, 300 und 400 m/min Schnittgeschwindigkeit bearbeitet wurden.

Das an einer Maschine einmal eingestellte Maß soll möglichst lange erhalten bleiben, d. h., es sollen mit einer Einstellung möglichst viele Werkstücke bearbeitet werden können. Dies ist davon abhängig, wie schnell der Verschleiß der Schneidenspitze (Versetzung der Schneidenspitze) fortschreitet.

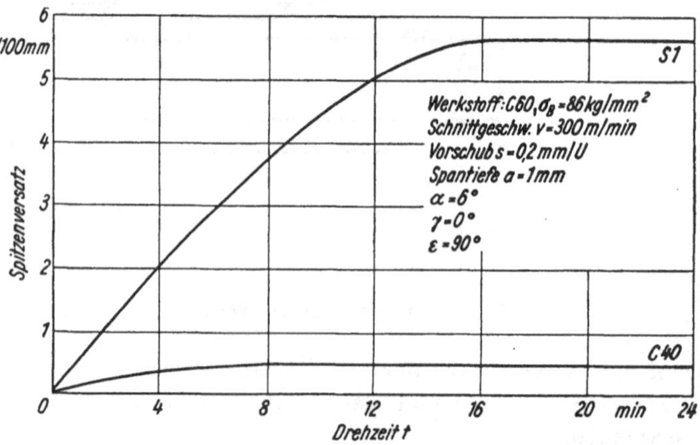

Abb. 138. Zunahme der Schneidenspitzenversetzung für Hartmetall S 1 und Oxyd-Karbid-Keramik C 40
v = 300 m/min, a = 1 mm, s = 0,2 mm/U
Werkstoff: Stahl C 60, σ_B = 86 kg/mm²

In Abb. 138 wird für die Oxyd–Karbid-Keramik C 40 und für Hartmetall S 1 das Wachstum der Schneidenspitzenversetzung dargestellt. Während sich bei Hartmetall S 1 nach 16 Minuten die Schneide schon um 0,055 mm abgenutzt hat, was einer Durchmesserzunahme am Werkstück von 0,11 mm gleichkommt, beträgt die Schneidenabnutzung an der Keramikschneide nur 0,005 mm, dies entspricht nur einer Durchmesserzunahme von 0,01 mm.

V. Šolaja [220] hat die mit Schneidkeramik und mit verschleißfesten Hartmetallen unter gleichen Zerspanungsbedingungen erreichbare Oberflächengüte des Werkstückes miteinander verglichen. Bearbeitet wurde Kohlenstoffstahl mit 0,25% C, wobei als Schneidkeramik die englische Qualität „Sintox 01" und als Hartmetall die verschleißfeste Hartmetallsorte „Seco F 1" (Schweden) bzw. die analoge Sorte „Mitia TE" (England) verwendet wurden. Mit Keramikschneiden ließen sich wesentlich bessere Oberflächengüten bei gleichzeitig niedrigerem Schneidenverschleiß erreichen als mit der Hartmetallsorte F 1. Auch bei den Versuchen von V. Šolaja nahm die Oberflächengüte mit erhöhter Schnittgeschwindig-

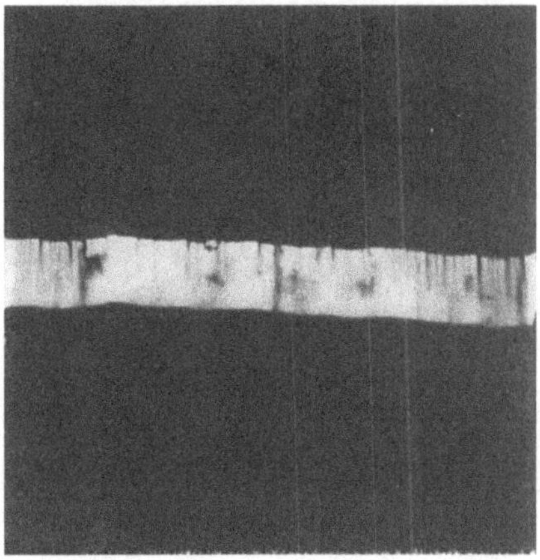

Abb. 135
Werkstückoberfläche bei v = 200 m/min, gemessene Rauhtiefe R = 9,4 μ, $\alpha = 6°$, $\gamma = -6°$, $\lambda = 4°$, $\varepsilon = 90°$, r = 1,0 mm, a = 2,0, s = 0,1 mm/U
Schneidstoff: Oxyd-Karbid-Keramik C 40,
Werkstoff: Stahl C 60, $\sigma_B = 86$ kg/mm²

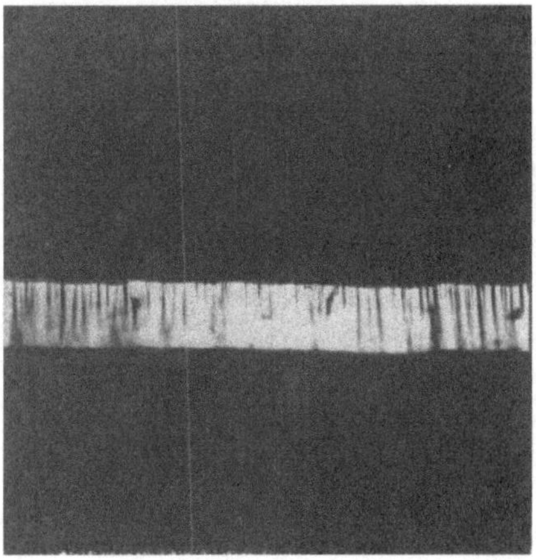

Abb. 136
Werkstückoberfläche bei v = 300 m/min, gemessene Rauhtiefe R = 7,6 μ, $\alpha = 6°$, $\gamma = -6°$, $\lambda = 4°$, $\varepsilon = 90°$, r = 1,0 mm, a = 2,0, s = 0,1 mm/U
Schneidwerkstoff: Oxyd-Karbid-Keramik C 40
Werkstoff: Stahl C 60, $\sigma = 86$ kg/mm²

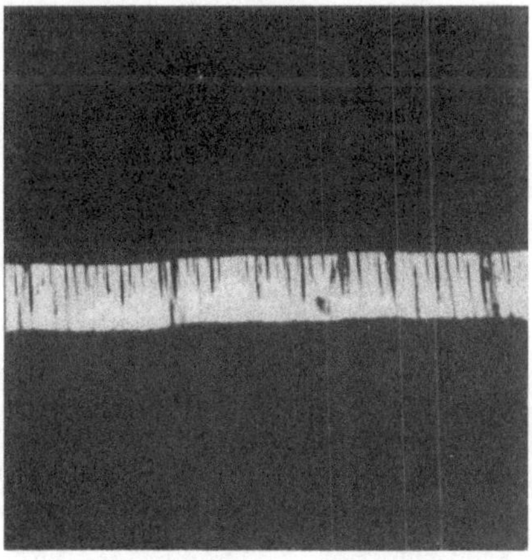

Abb. 137
Werkstückoberfläche bei v = 400 m/min, gemessene Rauhtiefe R = 5 μ, $\alpha = 6°$, $\gamma = -6°$, $\lambda = 4°$, $\varepsilon = 90°$, r = 1,0 mm, a = 2,0, s = 0,1 mm/U
Schneidstoff: Oxyd-Karbid-Keramik C 40
Werkstoff: Stahl C 60, $\sigma_B = 86$ kg/mm²

keit zu. Infolge geringen Schneidenverschleißes bei der Schneidkeramik und wegen der höheren Oberflächengüte des Werkstückes bei der Zerspanung mit Schneidkeramik war die Maßgenauigkeit des Werkstückes wesentlich besser als bei Anwendung verschleißfester Hartmetallsorten.

9.20 Das Fräsen

Das Fräsen mit Schneidkeramik steht noch im Anfangsstadium und kann vorläufig nicht für die Praxis empfohlen werden. Prüffeldversuche zeigten beim Fräsen von Stahl und Gußeisen jedoch schon beachtliche Ergebnisse.

Für die Versuche wurden stirnseitig arbeitende Messerköpfe mit Oxyd-Karbid-Keramik C 40 bestückt. Zur Plattenbefestigung dienten besonders kleine Spannvorrichtungen. Die günstigsten Schneidenwinkel für Stahl C 45 und Gußeisen GG 2 wurden wie folgt ermittelt:

radialer Spanwinkel	$\gamma_R = -20°$
axialer Spanwinkel	$\gamma_A = 25°$
Einstellwinkel	$\varkappa = 60°$
wirksamer Spanwinkel	$\gamma_W = -30°$
Spitzenwinkel	$\varepsilon = 105°$
Freiwinkel	$\alpha = 6°$

Der Messerkopf hatte einen Durchmesser von 300 mm und war mit 4 Schneiden besetzt, von denen immer nur eine im Eingriff war.

Bei der Stahlbearbeitung betrug bei einer Schnittiefe von 2 mm der Vorschub pro Zahn $s_Z = 0{,}2$ mm und die Schnittgeschwindigkeit v = 113 m/min. Die Werkstücke aus Stahl C 60 hatten an der bearbeiteten Fläche die Abmessungen 180×500 mm. Es wurde gearbeitet, bis nach 12 Durchgängen an den Freiflächen der Schneiden eine Verschleißmarke von 0,4 mm Breite vorhanden war. Das zerspante Werkstoffvolumen betrug 2160 cm^3. Die erzeugte Werkstückoberfläche zeichnete sich durch hohen Glanz und geringe Rauhtiefe aus.

Beim Fräsen von Gußeisen fielen die Ergebnisse noch günstiger aus.

Ungünstig wirkten sich in allen Fällen die großen negativen Spanwinkel aus. Sie verursachten stark gestauchte Späne bei einem merklich höheren Energieverbrauch.

Eine eingehende Untersuchung über das Fräsen mit Oxyd-Keramik (Widalox), im besonderen von Grauguß HB 180 kg/mm^2 hat kürzlich R. Schaumann [232] durchgeführt. Schaumann kommt zu dem Schluß, daß bei starren Verhältnissen auf modernen Fräsmaschinen mit großer Antriebsleistung bei der Zerspanung von Guß mit Oxyd-Keramik große Leistungen im Vergleich zu den bisherigen Bedingungen (Hartmetall) möglich sind. Bei richtiger Wahl der Schneidenform ist die Gefahr der Zerstörung durch Ausbrechen kleiner Schneidenpartikelchen nur gering.

[232] Schaumann, R., 3. Forschungs- und Konstruktionskolloquium „Werkzeugmaschinen und Betriebswissenschaft“, Oktober 1957, München, Band I, Seiten C 1—C 6.

9.30 Die Bearbeitung verschiedener Werkstoffe

In der Praxis werden heute hauptsächlich mit Schneidkeramik Stähle verschiedener Legierung und Festigkeit sowie die meisten Gußeisensorten zerspant.

In der Deutschen Demokratischen Republik werden die in Tabelle 34 aufgeführten Richtwerte für die Zerspanungsbedingungen (Schnittgeschwindigkeiten) bei der Bearbeitung von Stählen und Gußeisen mit der Schneidkeramik C 40 genannt [221]. Sie sind in Abhängigkeit vom Vorschub angegeben und beziehen sich auf eine Standzeit von 60 Minuten.

Tabelle 34

Richtwerte für Schnittgeschwindigkeiten (in Abhängigkeit vom Vorschub) bei der Zerspanung von Stählen und Gußeisen mit Schneidkeramik C 40, bezogen auf eine Standzeit von 60 Minuten

Werkstoff Bezeichnung	Festigkeit bzw. Härte kg/mm²	Vorschub mm/U				
		0,05	0,1	0,2	0,4	0,6
Stahl C 45	62	340–450	300–400	250–350	180–280	150–200
Stahl C 60	83	400–500	350–450	300–400	200–300	200–250
leg. Stahl 210 Cr 46	120	100–120	80–120	80–120		
Gußeisen GG 22	200–250HB	250–380	250–350	200–350	200–300	180–250

Es werden für den Einsatz der Schneidkeramik C 40 auf Grund umfangreicher Versuchsreihen folgende Werkzeug- und Arbeitswinkel von dem Hersteller dieses Schneidwerkstoffes (VEB Hartmetallwerk Immelborn) empfohlen (Tabelle 35).

Tabelle 35

Richtwerte für Werkzeug- und Arbeitswinkel beim Einsatz der Schneidkeramik C 40 (Immelborn)

Arbeitswinkel	Richtwerte
Freiwinkel α	6°
Spanwinkel γ	+5° bis −5°
Neigungswinkel λ	5°
Spitzenwinkel ε	möglichst groß, mit etwa 5° freiliegender Nebenschneide
Anstellwinkel $\varkappa$	45 bis 60° (90°)

Von den westdeutschen Herstellern der Schneidkeramik werden die in den Tabellen 36 (oxydische Schneidkeramik Böloxit [222]) und 37 (oxydische Schneid-

[221] Prospektmaterial „Harith Schneidkeramik C 40“, DHZ Maschinen- und Fahrzeugbau, Referat Hartmetall, Immelborn, Ausgabe Frühjahr 1958

[222] Prospektmaterial der Gebr. Böhler & Co. A.G., Düsseldorf-Oberkassel (1957). Außer der Schneidkeramiksorte Böloxit 1 stellt die genannte Firma auch eine Oxyd–Karbid-Keramik unter der Bezeichnung Böloxit 2 her, bei der die Zähigkeit bei verminderter Schleifempfindlichkeit gegenüber der reinen Oxydkeramik ohne erhebliches Nachlassen der Verschleißfestigkeit gesteigert wird.

keramik Titoxit [223]) aufgeführten Arbeitsbeispiele für die Bearbeitung verschiedener Werkstoffe mit oxydischen Schneidkeramikplatten gegeben.

Tabelle 36

Arbeitsbeispiele für die Zerspanung von Stählen und Gußeisen mit der oxydischen Schneidkeramik „Böloxit 1" (Gebr. Böhler & Co. A. G.)

Werkstoff	v m/min	s mm/U	a mm	α Grad	γ Grad	γ_f 0,2 mm	λ Grad	$\varkappa$ Grad	ε Grad	r mm
Kohlenstoffstahl F = 70–85 kg/mm²	180	0,23	3,5	6	−6	—	4	45	90	1,2
Stahl 25 CrMo 4 F = 70–90 kg/mm²	230–410	0,15	0,4	6	−6	—	4	60	90	1,2
Stahlguß F = 70–85 kg/mm²	180	0,12	0,25	6	−6	−8	4	60	100	1,2
Stahl 42 CrMo 4 F = 60–70 kg/mm²	250	0,25	3,2	8	0	—	4	45	90	1,5
Stahl 42 CrMo 4 F = 100 kg/mm²	300	0,15	4,0	6	−6	—	4	45	100	1,0
Stahl CrNiMo F = 85 kg/mm²	160	0,25	1,5	6	−6	—	4	60	90	1,0
Stahl St 50.11 F = 70 kg/mm²	270	0,13	2,5	6	−6	0	4	45	90	0,8
Cr-leg. Werkzeugstahl	350	0,11	0,75	6	−6	−8	4	60	90	0,7
Gußeisen GG 26 F = 220 HB	200	0,23	2–5	6	−6	—	4	45	90	1,0

Als Faustregel kann gelten, daß die Schnittgeschwindigkeiten beim Einsatz keramischer Schneidplatten etwa um 100 bis 200% höher gegenüber den bei der Hartmetallsorte S 1 (Zerspanung von Stahl) oder um 200 bis 300% höher im Vergleich zu den bei der Hartmetallsorte H 1 (Bearbeitung von Guß) üblichen Schnittgeschwindigkeiten bei gleicher Standzeit des Werkzeuges liegen können [224]. Es setzt dies natürlich Anwendungsfälle voraus, bei denen die Schneidkeramik ohne Gefahr ihrer Beschädigung benutzt werden kann.

Standzeit-Schnittgeschwindigkeits-Beziehungen für die Oxyd–Karbid-Schneidkeramik C 40 hat E. Heymel [218] auf Grund zahlreicher Zerspanungsversuche an verschiedenen Stählen ermittelt. Abb. 139 zeigt die Standzeitlinien für die Zerspanung der Stähle C 60, C 45 und 210 Cr 46 mit der Oxyd–Karbid-Schneidkeramik C 40. Die Neigung der Standzeitlinien, die nur in sehr kleinen Schnitt-

[223] Prospektmaterial der Deutschen Edelstahlwerke A.G., Krefeld (1957) für die Schneidkeramik Titoxit.

[224] Opitz, H. und Siebel, H., Oxydkeramische Werkzeuge für die spanende Fertigung. „Werkstattstechnik und Maschinenbau", 48, 2 (1958).

Tabelle 37

Richtwerte für die Zerspanung metallischer und nichtmetallischer Werkstoffe mit der oxydischen Schneidkeramik „Titoxit“ (Deutsche Edelstahlwerke A.G., Krefeld)

Werkstoff	Festigkeit kg/mm²	Spanwinkel γ	Freiwinkel α	Neigungs-winkel λ	Anstell-winkel $\varkappa$	Spitzen-winkel ε	Schnittgeschwindigkeit m/min Vorschub 0,05–0,1 mm/U	Schnittgeschwindigkeit m/min Vorschub 0,1–0,3 mm/U
Stahl	bis 60	0°	7°	0–4°	45°	90–110°	250–500	200–350
Stahl	über 60	–6°	6°	0–4°	45°	90–110°	200–450	150–300
Gußeisen	220 HB	–6°	6°	0–4°	45°	90–110°	200–300	150–200
Aluminium	20	10°	8°	0°	45°	90°	über 1000	über 600
Aluminium-legierung hoch Si-haltig	Si-Gehalt bis 13%	0°	8°	0°	45°	110°	600–1000	300–800
Messing	80 HB	0°	7°	0°	45°	100°	über 800	500–1000
Preßholz Hartgewebe Hartpapier	–	0°	8°	0°	45°	90°	450–800	250–500
Kohle	–	0°	10°	0°	45°	90°	über 800	400–800
Kunststoff (Thermoplast)	–	6°	8°	0°	45°	90°	über 800	400–800
Spitzenradius für alle Werkstoffe 0,5 bis 1,0 mm								

geschwindigkeitsbereichen annähernd gerade verläuft, ist für Baustahl C 60 (ca. 85 kg/mm² Festigkeit) ähnlich wie bei den sehr verschleißfesten Hartmetallsorten. Beim Bearbeiten anderer Stähle (C 45 und 210 Cr 46) ist der Verlauf der Standzeitlinien, wie aus Abb. 139 ersichtlich ist, wesentlich flacher. Dabei überrascht, daß der weniger harte und feste Baustahl C 45 schwerer mit der Oxyd-Karbid-Keramik C 40 zu bearbeiten ist als der härtere Werkstoff C 60. Erst im Bereich sehr hoher Schnittgeschwindigkeiten, wie sie praktisch kaum angewendet werden können, zeigt die Schneidkeramik C 40 bei der Zerspanung von Stahl C 45 höhere Standzeiten als bei der Bearbeitung des Werkstoffes C 60. Der Grund hierfür liegt in der bereits oben erwähnten weniger starken Neigung der Standzeit-Schnittgeschwindigkeitskurven bei der Bearbeitung von Stahl C 45.

Auch Chrom-Mangan- und Titan-Mangan-Siliziumstähle, die sich mit Hartmetall sehr schlecht zerspanen lassen, bereiteten beim Drehen mit Oxyd-Karbid-Keramik C 40 keine Schwierigkeiten. Die erzielten Standzeiten sind aus Abb. 140 ersichtlich.

Das Drehen von gehärteten Stählen läßt sich mit Keramik besser durchführen als mit Hartmetall. An einem Versuchsstück aus gehärtetem Schnellarbeitsstahl mit einer Härte von 63,5 R_c konnte bei v = 175 m/min, a = 0,5 bis 1 mm, s = 0,1 mm/U eine Werkstücklänge von 400 m überdreht werden. Die Schneidenwinkel betrugen $\alpha = 5°$, $\gamma = -5°$, $\lambda = 10°$, $\varkappa = 75°$ und $\varepsilon = 130°$. Obwohl die Späne hellrotglühend von der Schneide abliefen, hatte die Verschleißmarke der Freifläche danach nur eine Breite von 0,6 mm.

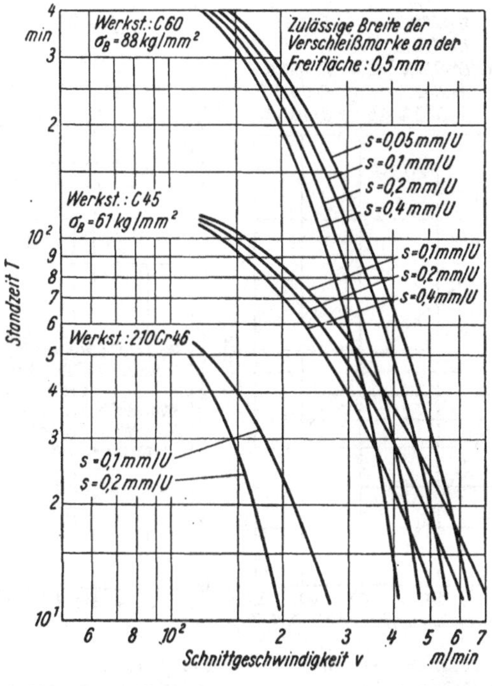

Abb. 139. Standzeit-Schnittgeschwindigkeits-Beziehungen bei der Bearbeitung verschiedener Stähle mit der Oxyd–Karbid-Keramik C 40
Zulässige Verschleißmarkenbreite an der Freifläche: 0,5 mm

Ungünstig verhält sich die Schneidkeramik beim Drehen von Leichtmetallen mit hohem Siliziumanteil. Ein Standzeitvergleich zwischen Hartmetall G 1 und Oxyd–Karbid-Keramik C 40, der an Kraftfahrzeugkolben aus Si 20 durchgeführt wurde, zeigte, daß die Standzeiten des Hartmetalls nicht von der Keramik erreicht werden konnten. Diese Legierungen werden günstiger mit Hartmetall bearbeitet. Auf den Keramikschneiden bildete sich eine fest haftende Aufbauschneide, die beim Abwandern kleine Teilchen aus der Schneide ausbricht, so daß sehr schnell eine Schneidkantenrundung entsteht.

Während der Drucklegung dieses Buches sind vom Verfasser dieses Abschnittes die Schneidleistungen einer kürzlich in Immelborn entwickelten Oxyd–Karbid-

Keramik [233] (Vers.-Nr. D 25) bei der Zerspanung einiger Werkstoffe bestimmt worden. In Abb. 141 ist die Standzeit-Schnittgeschwindigkeitsbeziehung dieser Sorte bei der Zerspanung von Stahl C 60 mit einer Festigkeit von 85 kg/mm² ($s = 0{,}2$ mm/U, $a = 2$ mm) wiedergegeben. Es wurden Wegwerfplatten verwendet (Anstellwinkel $\varkappa = 45°$). Zum Vergleich ist das Standzeitverhalten der Oxyd-Karbid-Keramk C 40 aufgeführt. Es zeigte sich, daß die Schneidleistung der

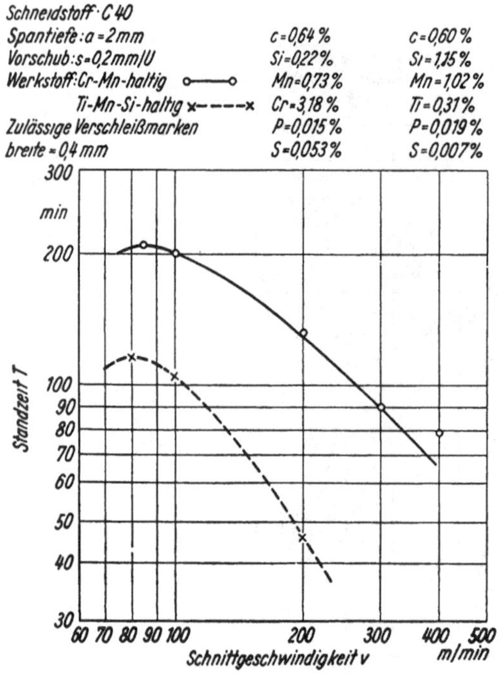

Abb. 140. Standzeit beim Drehen von Cr-Mn- und Ti- Mn- Si-Stählen

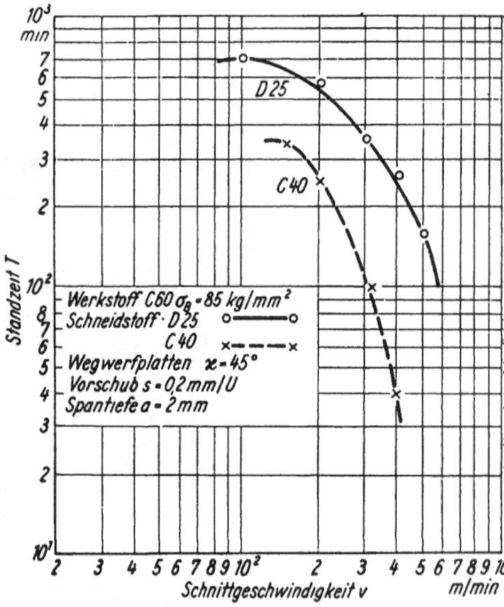

Abb. 141. Standzeit-Schnittgeschwindigkeits-Beziehung der Schneidkeramik C 40 und D 25 bei der Zerspanung von Stahl C 60
$s = 0{,}2$ mm/U

Sorte D 25 bei gleicher Verschleißmarkenbreite ($B' = 0{,}4$ mm) bei $v = 200$ m/min um etwa 150% und bei $v = 400$ m/min um etwa 200% größer ist als diejenige der Sorte C 40.

Zu einem ähnlichen Ergebnis gelangte man bei der Zerspanung von Stahl C 45 (Festigkeit 68 kg/mm²) mit D 25 im Vergleich zu C 40 (vgl. Abb. 142).

In Abb. 143 schließlich ist ein Vergleich von D 25 zu C 40 bei der Bearbeitung von Stahl C 45 bei Anwendung eines Vorschubes von 0,1 mm/U (Spantiefe 2 mm) gezogen worden. Die ausgezogene Kurve für D 25 bezieht sich auf eine Verschleißmarkenbreite B' von 0,2 mm, die gestrichelte auf eine solche von 0,5 mm,

[233] Agte, C., Kohlermann, R., Dübel W. (vgl. E. Heymel, Vortrag auf der Tagung „Zerspanungstechnik", Leipzig, Anfang November 1958).

während der Kurvenverlauf für die Sorte C 40 auf einer Verschleißmarkenbreite B' von 0,8 mm beruht.

Aus den Abbildungen ist zu erkennen, daß die Sorte D 25 eine wesentliche Verbesserung gegenüber der derzeit erzeugten Sorte C 40 bei der Bearbeitung von Stahl im Schlichtschnitt zeigt und somit ihre Entwicklung einen bedeutenden technischen Fortschritt darstellt.

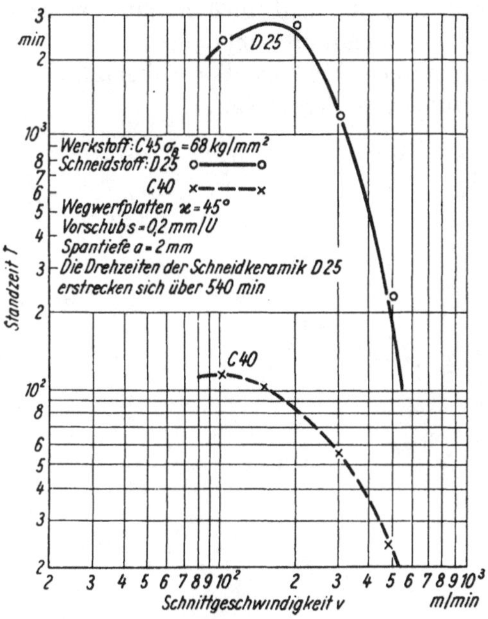

Abb. 142. Standzeit-Schnittgeschwindigkeits-Beziehung der Schneidkeramik C 40 und D 25 bei der Zerspanung von Stahl C 45, $s = 0{,}2$ mm/U

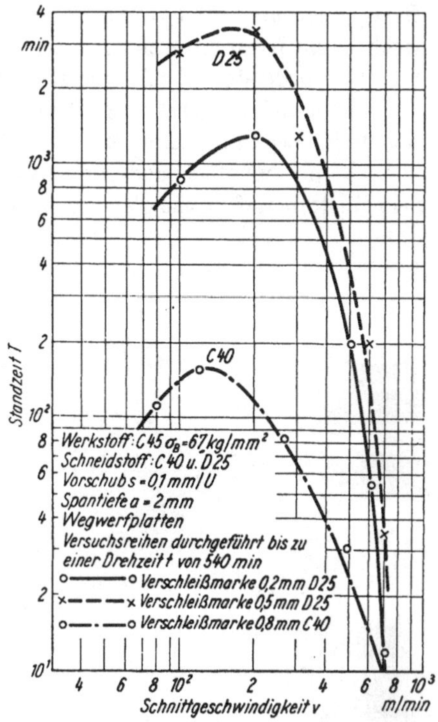

Abb. 143. Standzeit-Schnittgeschwindigkeits-Beziehung der Schneidkeramik C 40 und D 25 bei der Zerspanung von Stahl C 45, $s = 01,$ mm/U

9.40 Die Zerspanung der Walz- und Gußhaut (122)

Beim Abdrehen von Walz- und Gußhaut werden mit Keramikwerkzeugen oft recht unterschiedliche Ergebnisse erzielt. Sind die Oberflächen frei von Überlappungen und nichtmetallischen Einschlüssen, so geht die Bearbeitung meistens ohne Schwierigkeiten vonstatten. Die besten Ergebnisse lassen sich erzielen, wenn die Kruste oder die Unrundheit mit einem Durchgang abgedreht werden kann. In schwierigen Fällen müssen, um das Ziel zu erreichen, nacheinander mehrere Schneiden zum Einsatz gebracht werden.

Bei der Gußeisenbearbeitung wird die Standzeit der Keramikschneide sehr stark von der Beschaffenheit des Werkstoffes beeinflußt. Stark poriges Gefüge läßt die Schneide schneller verschleißen, nichtmetallische Einschlüsse und Hohlstellen verursachen häufig Schneidenbrüche. Im Regelfall lassen sich beim Drehen von Gußeisen mit keramischen Schneiden ausgezeichnete Ergebnisse erzielen.

9.50 Das Drehen von Preßstoffen

Die ersten guten Ergebnisse beim Drehen von Schichtpreßstoffen, wie Preßholz, Hartgewebe und Hartpapier, wurden schon im Jahre 1954 an der Technischen Hochschule Dresden erzielt. Nach einem von W. WOLF [207] veröffentlichten Bericht wurde eine oxydkeramische Schneide mit der Bezeichnung S verwendet. Es kamen Schnittgeschwindigkeiten zwischen 400 und 1000 m/min zur Anwendung. Die Standzeiten werden mit 18 bis 140 Minuten angegeben.

Auch die zur Zeit modernen oxydkeramischen und oxydkarbidkeramischen Schneidstoffe liefern die gleichen oder noch bessere Ergebnisse.

[207] WOLF, W., Das Drehen mit keramischen Schneiden. „Der Maschinenbau", Nr. 5, 123—124 (1954).

10.00 Wirtschaftlichkeitsfragen

(C. Agte und E. Heymel)

Die wirtschaftliche Bedeutung der Schneidkeramik gegenüber anderen Schneidwerkstoffen, wie z. B. den Sinterhartmetallen, liegt sowohl in einer vergleichsweise höheren Schneidleistung als auch darin, daß zu ihrer Herstellung Rohstoffe benutzt werden, die leichter zu beschaffen, preiswerter und — was für die Erzeugung in den volksdemokratischen Ländern besonders von Bedeutung ist — nicht oder nur teilweise „devisenbelastet" sind. Die einzelnen Sorten der Schneidkeramik unterscheiden sich dabei nicht nur in bezug auf ihre Schneidleistung, sondern auch hinsichtlich der Art und Menge der „devisenbelasteten" Rohstoffe. Erst die Berücksichtigung beider Gesichtspunkte kann ein eindeutiges und zuverlässiges Bild über den wirtschaftlichen Einsatz der verschiedenen Schneidkeramiksorten untereinander vermitteln.

Zunächst erscheint es jedoch notwendig, sich mit den bei der Anwendung der Schneidkeramik in Betracht kommenden Plattenformen (10.10) und mit der Frage der sogenannten Wegwerfplatten (10.20) zu beschäftigen.

10.10 Bisher verwendete Plattenformen

Die Plattenformen, die sich in der Deutschen Demokratischen Republik, der Deutschen Bundesrepublik und in anderen Ländern für die Schneidkeramik bis jetzt herausgebildet haben, weichen in bezug auf Form und Abmessungen zum Teil erheblich von denen ab, die in der Hartmetalltechnik benutzt werden. Schneidplatten aus Hartmetall wurden bis vor kurzem in den meisten europäischen Ländern nach DIN 4966, Blatt 1 und 2, ausgegeben Dezember 1943, gefertigt. Auf der Basis einer internationalen Zusammenarbeit, die sich auf die europäischen Industriestaaten beschränkte, wurde eine ISO-Empfehlung für Hartmetallschneidplatten (Resolution des ISO/TC 29, Werkzeuge) ausgearbeitet, die ihren Niederschlag in der Din-Norm 4950 gefunden hat. Formen und Abmessungen der in der ISO-Empfehlung aufgeführten Schneidplatten aus Hartmetall sind in Abb. 144 wiedergegeben.

Entsprechend dem bisherigen Anwendungsgebiet der Schneidkeramik, das im wesentlichen bei der Schlichtbearbeitung liegt, kommen bei diesem Schneidwerkstoff nur verhältnismäßig kleine Plattengrößen (Länge l max. 16 mm) in Betracht. Der Einsatz in Drehstahlhaltern (vgl. Kapitel 8.00) erfordert andere Plattenformen als bei den meist aufgelöteten Hartmetallen. In der Deutschen Demokratischen Republik ist der in Abb. 145 wiedergegebene Entwurf eines Normblattes über Schneidplatten aus Keramik (WMW 30406, Ausgabe April 1958) erarbeitet worden.

Die mit KA, KB und KC bezeichneten Formen sind für „Wegwerfplatten" aus Schneidkeramik gedacht (vgl. Kapitel 10.20). Die Mittenbohrung in den Platten hat keine Funktion im praktischen Einsatz und kann vom Herstellerwerk vernachlässigt werden. Die genannten Formen beziehen sich auf eine quadratische (KA), rhombische (KB) und Dreiecksausführung (KC). Die Form KD stellt eine Schneidkeramikplatte zum Nachschleifen dar. Während bei den Wegwerfplatten die verschiedenen Schneidkanten (8 bei den Formen KA und KB sowie 6 bei der Form

Plattenformen:

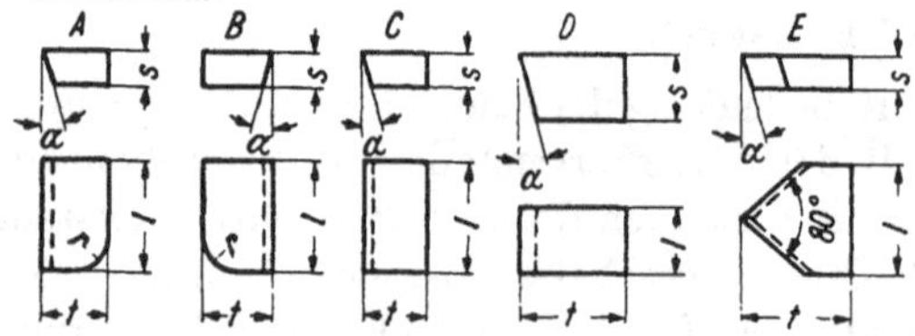

Plattenabmessungen:

Plattenform	Plattengröße													
A,B	l	–	–	5	6	8	10	12	16	20	25	32	40	50
	t	–	–	3	4	5	6	8	10	12	14	18	22	25
	s	–	–	2	2,5	3	4	5	6	7	8	10	12	14
	r	–	–	2	2,5	3	4	5	6	7	8	10	12	14
C	l	–	–	5	6	8	10	12	16	20	25	32	40	50
	t	–	–	3	4	5	6	8	10	12	14	18	22	25
	s	–	–	2	2,5	3	4	5	6	7	8	10	12	14
D	l	3	4	5	6	8	10	12	–	–	–	–	–	–
	t	8	10	12	14	16	18	20	–	–	–	–	–	–
	s	3	4	5	6	8	10	12	–	–	–	–	–	–
E	l		4	5	6	8	10	12	16	20	25	32	–	–
	t	–	10	12	14	16	18	20	22	25	28	32	–	–
	s	–	2,5	3	3,5	4	5	6	7	8	9	10	–	–

Abb. 144. Formen und Abmessungen von Hartmetallschneidplatten nach ISO-Empfehlung

KC) nacheinander — bei Stumpfwerden der vorhergehenden Schneide — zum Einsatz gebracht werden, wird die Plattenform KD mehrmals nachgeschliffen, bis sie so weit aufgebraucht ist, daß sie nicht mehr weiter verwendet werden kann. Die „Wegwerfplatten" werden vom Herstellerwerk an allen Schneidkanten geschliffen geliefert; die Nachstellplatte erhält nur den ersten Anschliff. Es geschieht dies aus dem Grunde, um das schwierige und zeitraubende Nachschleifen der Schneiden bei den Wegwerfplatten durch den Anwender zu vermeiden.

Die gewählten Plattenformen lassen den Einsatz der Schneidkeramik bei allen in Betracht kommenden Drehoperationen zu.

Von W. Dawihl und E. Klingler [209] werden die in Tabelle 38 wiedergegebenen Plattenformen und -abmessungen als gebräuchlich bezeichnet. Auch hier findet sich die quadratische, Rhombus- und Dreiecksform wieder.

[209] Dawihl, W. und Klingler, E., „VDJ-Zeitschrift" **100**, 13, 1 (1958).

Die von W. Dawihl und E. Klingler vorgeschlagene Schneidkantenfase soll zweckmäßig 0,1 bis 0,2 mm breit sein und der Fasenwinkel etwa 30° betragen. Die Fase an der Schneidkante hat vor allem den Zweck, den nicht im Schnitt stehenden

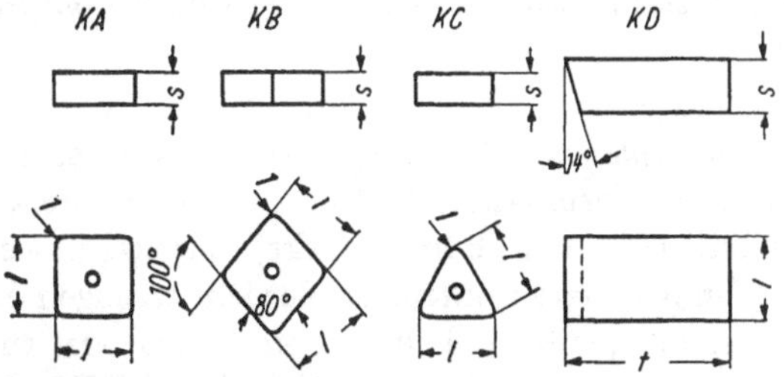

Bezeichnung einer Schneidplatte Form KC mit der Länge l = 16 mm und der Dicke s = 6 mm, aus Keramik C40 [1)]

Schneidplatte KC 16×6 WMW 30406 C40 [1)]

Länge L	KA	KB	KC	KD	
	S			S	t
12	5[2)]	-	5[2)]	-	-
12	8	8	8	8	25
16	6[2)]	-	6[2)]	-	-
16	-	8	-	-	-

1) Werkstoff: C40 u. A10 (bei Bestellung angeben)
2) Diese Größe nur für Export

Die Mittenbohrung in den Platten der Formen KA, KB u KC hat keine Funktion im praktischen Einsatz u kann vom Hersteller vernachlässigt werden.

Hersteller: VEB Porzellanwerk Neuhaus Schirschnitz, für Werkstoff A10
VEB Hartmetallwerk Immelborn für Werkstoff C40

Abb. 145. Schneidplatten aus Keramik (Normenentwurf WMW 30406)

Tabelle 38

Formen und Abmessungen von Schneidkeramikplatten
(nach W. Dawihl und E. Klingler)

Schneidplattenform	Länge der Schneidkante mm[1])	Dicke der Platten mm[1])	Schneidkantenradius mm[2])
gleichwinkliger Dreieckskörper	13,4	10.0	0,5
quadratischer Vierkantkörper	12,5	10,6	1,5
Rhombuskörper (kleiner ∢ 80°)	12,5	10,0	1,0
Rhombuskörper (kleiner ∢ 58°)	10,0	10,0	1,5

[1]) Toleranz ± 0,5 mm
[2]) Schneidkante mit Fase

Teil der Hauptschneide vor Beschädigungen durch die ablaufenden Späne zu schützen. Auf die Standzeit hat die Fase im Bereich von 100 bis 300 m/min Schnittgeschwindigkeit keinen nennenswerten Einfluß. Bei höheren Schnittgeschwindigkeiten kann man jedoch in manchen Fällen ein Absinken der Standzeit durch die Fase beobachten.

Die Hartmetallerzeuger der Deutschen Bundesrepublik geben in ihren Prospekten für Schneidkeramikplatten (Widalox, Titoxit usw.) an, daß Wegwerfplatten sowohl in quadratischer Form (12×12×5 mm) sowie in Dreikantausführung (12 bzw. 16 mm Dreikant bei 5 bzw. 6 mm Stärke), allseitig mit einer Toleranz von ± 0,2 mm geschliffen, geliefert werden. Außerdem erzeugen diese Firmen Stäbe aus Schneidkeramik mit quadratischem, rechteckigem oder rundem Querschnitt sowie Schneidplatten nach DIN 4950 (ISO-Norm) und DIN 4966 (alte Form der Hartmetallplatten).

10.20 „Wegwerfplatten“ aus Schneidkeramik und ihre Bedeutung

Die Frage der sogenannten „Wegwerfplatten“ gewinnt für die Schneidkeramik aus verschiedenen Gründen eine besondere Bedeutung. An sich ist die Benutzung der Wegwerfplatten schon seit langem bekannt. Wegwerfplatten sind auch bereits beim Sinterhartmetall praktisch angewendet worden, haben aber dort keine größere Bedeutung erlangen können.

Zunächst war man vielfach der Meinung, daß die niedrigeren Kosten für die bei der Oxydkeramik verwendeten Rohstoffe zu wesentlich billigeren Erzeugnissen führen und die Schneidkeramikplatten daher nach Benutzung aller Schneiden „weggeworfen“ werden könnten. Die bisherige Preisentwicklung, die im besonderen in den westlichen Ländern festzustellen ist, hat jedoch noch nicht zu einer starken Preisherabsetzung gegenüber vergleichbaren Platten aus Sinterhartmetall geführt. Dies war auch deswegen kaum zu erwarten, weil die Fertigungskosten bei der Schneidkeramik infolge des annähernd gleichen Herstellungsverfahrens etwa dieselben wie beim Sinterhartmetall sein dürften.

Entscheidender war der Umstand, daß die hohe Härte der Schneidkeramik die Anbringung einwandfreier Schneiden durch Schleifen schwieriger und kostspieliger macht. Es lag daher nahe, daß die keramischen Schneidplatten von den Herstellerbetrieben geschliffen geliefert werden, um den Anwendern bereits Werkzeuge erstklassiger Beschaffenheit zur Verfügung zu stellen. Bei kubischen oder prismatischen Plattenformen mit quadratischer, rechtwinkliger oder rhombischer Querschnittfläche ergeben sich acht geschliffene Schneiden, bei der Dreiecksausführung sechs. Rechnet man damit, daß eine Hartmetallplatte normalerweise zwölf- bis fünfzehnmal nachgeschliffen werden kann, bis sie so weit aufgebraucht ist, daß sie nicht weiter benutzt werden kann, dann läßt sich eine keramische Wegwerfplatte zwar nicht ganz so oft, aber doch immerhin sechs- bis achtmal durch Umschaltung auf frische Schneidkanten verwenden.

Die wirtschaftliche Berechtigung für „Wegwerfplatten“ aus Schneidkeramik liegt in erster Linie in der Ersparnis der zeitraubenden, teuren und schwierigen

Nachschleifarbeit. Durch unsachgemäßes Schleifen kann die Güte und damit die Zerspanungsleistung einer Schneidkeramikplatte beeinträchtigt werden. Es ist festgestellt worden, daß im besonderen der Anfangsverschleiß sehr stark von dem Gütegrad der Schneide abhängig ist. Sauberste Schneiden mit Rauhigkeiten unter 6 μ sind daher Voraussetzung für eine gute Zerspanungsleistung der Schneidkeramik. Es lassen sich dann bei hohen Schnittgeschwindigkeiten Oberflächen sehr großer Güte an den bearbeiteten Werkstoffen erreichen, deren geometrische Genauigkeit, wie auch von W. Dawihl und E. Klingler bestätigt wird, in den durch die Drehmaschine bedingten Toleranzen liegt.

Die Tatsache, daß Schneidkeramikplatten vorzugsweise in Klemmhaltern befestigt werden, läßt eine schnelle Umspannung der Wegwerfplatten auf neue Schneiden zu. Die Werkzeugwechselzeit ist daher in diesem Fall sehr klein.

10.30 Vergleich verschiedener Keramiksorten hinsichtlich ihres Verschleißverhaltens

In einer längeren Versuchsreihe wurden alle erreichbaren Keramiksorten verschiedener Hersteller hinsichtlich ihres Verschleißverhaltens untereinander verglichen. In Tabelle 39 sind die untersuchten Erzeugnisse mit ihren wichtigsten Eigenschaften zusammengestellt.

Tabelle 39

Zusammensetzung und Eigenschaften von Schneidkeramik verschiedener Hersteller

Gewählte Bezeichnung	Zusammensetzung	Spez. Gewicht g/cm³	Oberflächenfärbung
1	Al_2O_3, MgO	3,69	hellgrau
2	Al_2O_3	3,70	weiß
3	Al_2O_3	3,82	weiß
4	Al_2O_3	3,86	hellgrau
5	Al_2O_3	3,93	weiß
6	Al_2O_3	3,96	weiß
7	Al_2O_3	3,87	weiß
8	Al_2O_3, TiC, Fe	4,12	schwarz-grau
9	Al_2O_3, Mo	4,10	schwarz-grau
C 40	Al_2O_3, Mo_2C, WC	5,35	schwarz-grau
10	Al_2O_3, WC	6,91	schwarz-grau
D 25	Al_2O_3, Schwermetallkarbide	4,30	schwarz-grau

Zwecks Ermittlung des Schneidverhaltens wurden mit allen Schneidkeramiksorten Drehversuche durchgeführt, bei denen die Bedingungen, wie Werkstoff, Werkstück, Drehmaschine, Werkzeug, Schneidenwinkel, Schnittiefe und Vorschub konstant gehalten wurden. Die Prüfungsergebnisse sind in den Abb. 146 und 147 zusammengefaßt.

Für die Lage der Standzeitlinien im doppellogarithmischen Liniennetz ist in erster Linie die Verschleißfestigkeit der Schneidkeramik ausschlaggebend, die dann, wenn die Platten aus fast reinem Aluminiumoxyd bestehen, meistens am höchsten ist. Durch die große Bruchempfindlichkeit wird die Brauchbarkeit allerdings sehr eingeschränkt.

Die Sorten 1, 2, 3, 4, 5, 6 und 7 bestehen aus reinem Aluminumoxyd mit oder ohne Glasphase. Die Sorte 9 ist in die Gruppe der Cermets einzuordnen,

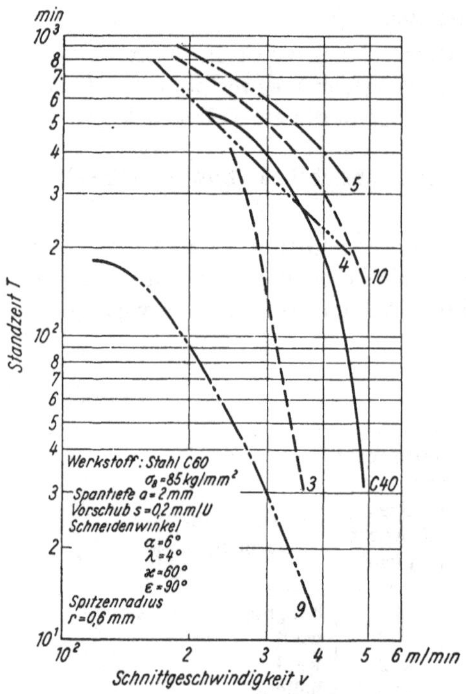

Abb. 146. Standzeit in Abhängigkeit von der Schnittgeschwindigkeit für verschiedene Keramiksorten

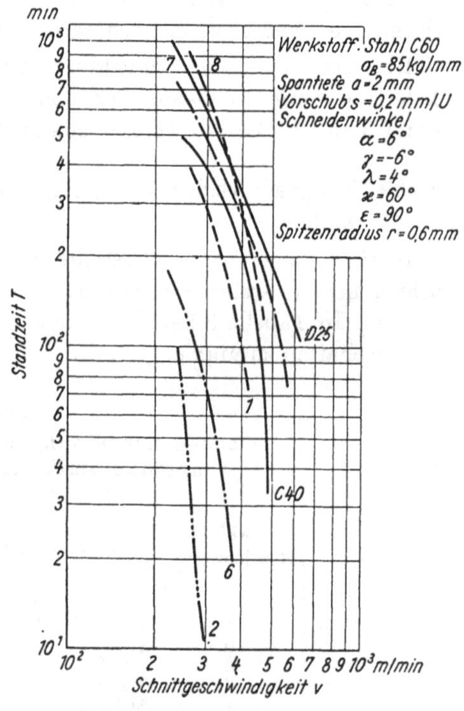

Abb. 147. Standzeit in Abhängigkeit von der Schnittgeschwindigkeit für verschiedene Keramiksorten

während die Sorten 8, 10, C 40 und D 25 typische Vertreter der Oxyd–Karbid-Keramik sind. Die Sorte D 25 stellt die neueste Entwicklung der Schneidkeramik in der Deutschen Demokratischen Republik dar. In der Praxis wird der Oxyd–Karbid-Keramik wegen ihrer größeren Zähigkeit bei noch beachtlicher Verschleißfestigkeit oft der Vorzug gegeben.

Wie man sieht, sind die Leistungen der Schneidkeramiksorten, die bei den Versuchen zur Verfügung standen, und die den verschiedensten Erzeugern in mehreren Ländern entstammen, bei der Zerspanung von Stahl C 60 mit ca. 85 kg/mm² Festigkeit stark unterschiedlich. Der Unterschied im Standzeitverhalten unter gleichen Zerspanungsbedingungen beträgt in extremen Fällen 30:1 und mehr.

Es zeigt dies eindeutig, daß teilweise in manchen Ländern und von einigen Herstellern Sorten der Schneidkeramik auf den Markt gebracht werden, deren Leistungen völlig unbefriedigend, und die sogar teilweise den Standard-Hartmetallen leistungsmäßig erheblich unterlegen sind. Es ist klar, daß man solche ,,minderwertigen" Qualitäten nicht als oxydkeramische Schneidwerkstoffe bezeichnen

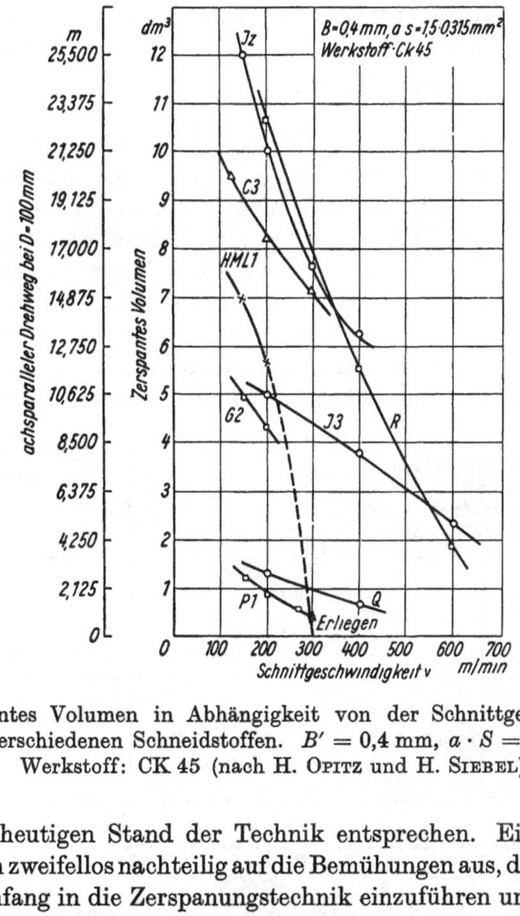

Abb. 148. Zerspantes Volumen in Abhängigkeit von der Schnittgeschwindigkeit beim Drehen mit verschiedenen Schneidstoffen. $B' = 0{,}4$ mm, $a \cdot S = 1{,}5 \cdot 0{,}315$ mm², Werkstoff: CK 45 (nach H. Opitz und H. Siebel)

kann, die dem heutigen Stand der Technik entsprechen. Ein Einsatz solcher Sorten wirkt sich zweifellos nachteilig auf die Bemühungen aus, die Schneidkeramik in größerem Umfang in die Zerspanungstechnik einzuführen und die Anwendung dieses neuen Schneidwerkstoffes zu popularisieren.

Einen Vergleich der Zerspanungsleistungen verschiedener Schneidkeramiksorten untereinander haben neuerdings auch H. Opitz und H. Siebel [224] gegeben. Sie gelangen zu ähnlichen Feststellungen wie die Verfasser bei ihren Untersuchungen im Prüffeld des VEB Hartmetallwerk Immelborn. In Abb. 148 sind die Ergebnisse der Versuche von H. Opitz und H. Siebel wiedergegeben, wobei ein Vergleich mit der Hartmetallsorte L 1 (S 1) gezogen wurde. Bei der Schneidkeramiksorte R der Abb. 148 handelt es sich um eine Oxyd–Karbid-Keramik mit relativ hoher Wichte (6,0 g/cm³), bei den übrigen Sorten um rein oxydische Schneidwerkstoffe.

Die Oxyd–Karbid-Schneidkeramiksorten schneiden sowohl nach den Ermittlungen der Verfasser als auch bei den Versuchen von H. Opitz und H. Siebel hinsichtlich ihres Schneidverhaltens nicht schlecht ab. Sie liegen in bezug auf ihre Zerspanungsleistung mit an der Spitze aller untersuchten Keramiksorten.

Einen Leistungsvergleich zwischen den in der Deutschen Demokratischen Republik zur Zeit erzeugten Schneidkeramiksorten A 10 und C 40 haben kürzlich C. Agte und R. Kohlermann [184] gegeben, und zwar unter besonderer Berücksichtigung wirtschaftlicher Aspekte, die sich aus den in ihnen vorhandenen Anteilen an „devisenbelasteten" Rohstoffen ergaben.

10.40 Zerspanungsleistung im Vergleich zu Sinterhartmetallen

In einer großen Zahl von Anwendungsbeispielen hat die Schneidkeramik — und insbesondere die Oxyd–Karbid-Keramik C 40, an der die hauptsächlichsten Untersuchungen durchgeführt wurden — ihre Daseinsberechtigung als Schneidwerkstoff bewiesen. Nicht in allen Fällen war ihre Zähigkeit ausreichend, so daß aus diesem Grunde bei einigen Anwendungsfällen keine Einführung möglich war. Meistens konnte jedoch beim Vergleich mit Sinterhartmetallen eine bessere Zerspanungsleistung zugunsten der Schneidkeramik festgestellt und die Betriebe zur ständigen Benutzung des neuen Schneidstoffes veranlaßt werden.

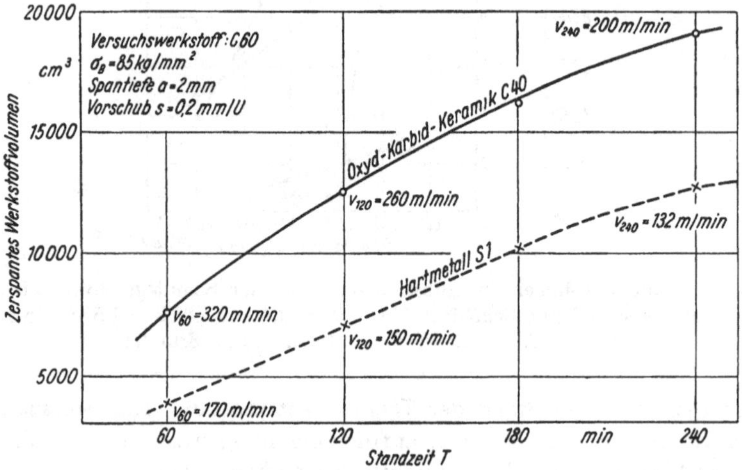

Abb. 149. Zerspantes Werkstoffvolumen

Tabelle 40 nennt einige Beispiele aus der praktischen Anwendung der Oxyd–Karbid-Keramik C 40, die die günstigen Einsatzmöglichkeiten des neuen Schneidstoffes klar erkennen lassen. Die erzielten Einsparungen machen bis zu 85% der reinen Schnittzeit aus.

Vergleicht man die Zerspanungsleistungen der Oxyd–Karbid-Keramik C 40 mit dem Hartmetall S 1, so entstehen die Kurven der Abb. 149. Es geht daraus hervor, daß im glatten Schnitt mit Schneidkeramik bei allen genannten Standzeiten die größeren Werkstoffmengen zerspant werden können.

Tabelle 40

Bearbeitungsbeispiele aus der Praxis Schneidstoff: Oxyd-Karbid-Keramik C 40

Lfd. Nr.	Werkstoff	Arbeitsgang	Werkzeug	Schnittbedingungen	Bemerkungen
1	C 60 Vergütet 90 kg/mm²	Kopierdrehen von Steckachsen	Stahlhalter mit Keilspangen $\alpha = 5°$, $\gamma = 6°$ $\lambda = 5°$, $\varkappa = 45°$ $\varepsilon = 130°$ mit Spanleitstufe	$v_{max} = 85$ m/min $s = 0{,}2$ mm/U $a = 0{,}5$ mm	3fache Standzeit gegenüber HM S 1
2	Stahl 60 kg/mm² mit Walzhaut	Überdrehen von Kolbenbolzen	Gerader Schruppstahl nach DIN 4971, Plattenform 25×14×7, geklebt $\alpha = 6°$, $\gamma = 0°$, $\lambda = 4°$, $\varkappa = 60°$, $\varepsilon = 90°$, $r = 1{,}5$mm	$v = 220$ m/min $s = 0{,}5$ mm/U $a =$ bis 3 mm (wechselnde Schnittiefe)	nach 60 min Schnittzeit Verschleißmarkenbreite an der Freifläche $B = 0{,}4$ mm 3fache Standstückzahl gegenüber HM S 1
3	SS gehärtet 65 Rc	Überdrehen von Dornen	Stahlhalter mit Keilspangen $\alpha = 5°$, $\gamma = 6°$, $\lambda = 5°$, $\varkappa = 45°$, $\varepsilon = 130°$,	$v = 150$ bis 180 m/min $s = 0{,}1$ mm/U $a = 1$ mm	T = 5 min
4	St 60	Drehen von Vorrichtungssäulen	Stahlhalter mit Keilspangen $\alpha = 6°$, $\gamma = 0°$, $\lambda = 5°$, $\varkappa = 45°$, $\varepsilon = 130$, $r = 1$ mm	$v = 185$ m/min $s = 0{,}3$ mm/U $a = 3$ mm	nach 20 min Schnittzeit nur sehr geringer Verschleiß
5	C 60 83 kg/mm²	Schlichten von Walzen 300 mm Dmr.	Stahlhalter mit Wegwerfplatte $\alpha = 5°$, $\gamma = 5°$, $\lambda = 4°$, $\varkappa = 45°$ $\varepsilon = 90°$	$v = 300$ m/min $s = 0{,}2$ mm $a = 2$ mm	$T = 180$ min (gleiche Standzeit für HM S 1) bei $v = 140$ m/min
6	C 60 Ti- und Mn-haltig 100 kg/mm²	Drehen von Wellen	Stahlhalter mit Wegwerfplatte $\alpha = 5°$, $\gamma = 5°$, $\lambda = 4°$, $\varkappa = 45°$, $\varepsilon = 90°$	$v = 100$ m/min $s = 0{,}2$ mm/U $a = 3$ mm	stark verschleißender Werkstoff, 70% Zeiteinsparung gegenüber HM S 1
7	GG 18 (Sandguß)	Schlichten von Riemenscheiben	Stahlhalter mit Keilspangen $\alpha = 5°$, $\gamma = 0°$, $\lambda = 5°$, $\varkappa = 45°$, $\varepsilon = 130°$	$v = 200$ m/min $s = 0{,}3$ mm/U $a = 0{,}5$ mm	Zeiteinsparung 75%, 1,4fache Standstückzahl
8	GG 22 Kokillenguß	Überdrehen von vorgedrehten Zahnradrohlingen	Stahlhalter mit Keilspangen $\alpha = 5°$, $\gamma = 0°$, $\lambda = 5°$, $\varkappa = 45°$, $\varepsilon = 130°$	$v = 420$ m/min $s = 0{,}3$ mm/U $a = 0{,}5$ mm	Zeiteinsparung 85%, 8fache Standstückzahl
9	Stahl und Guß	Feinstbohren von Zylinderbuchsen	Klemmstahlhalter mit Sonderformeinsatz $\alpha = 3°$, $\gamma = -3°$, $\lambda = 5°$, $\varkappa = 80°$, $\varepsilon = 90°$	$v = 207$ m/min $s = 0{,}04$ mm/U $a = 0{,}07$ mm	unterbrochener Schnitt! auf 100 mm Länge 2μ konisch; mittlere Rauhtiefe 4 bis 7μ entspricht der Qualität einer H 6-Bohrung; pro Anschliff 15 Bohrungen
10	GG 18	Überdrehen von Zylinderbuchsen	Stahlhalter mit Keilspannung $\alpha = 5°$, $\gamma = 0°$, $\lambda = 5°$, $\varkappa = 45°$, $\varepsilon = 130°$	$v = 130$ m/min $s = 0{,}73$ mm/U $a = 1{,}25$ bis 1,5mm	absichtlich rauhe Oberfläche 55% Zeiteinsparung, 8fache Standstückzahl

Bei allen anderen Hartmetallsorten, soweit ihre Schneidleistungen überhaupt mit denen der keramischen Schneidstoffe vergleichbar sind, wurden ähnliche Ergebnisse ermittelt, die sinngemäß für das Drehen der meisten metallischen und vieler nichtmetallischer Werkstoffe Gültigkeit haben.

Mit einem Leistungsvergleich zwischen den Schneidkeramiksorten einerseits und den Hartmetallen andererseits haben sich zahlreiche Forscher in den letzten Jahren beschäftigt. Es handelt sich hierbei zweifellos um ein Kernproblem, welches für die Beurteilung des wirtschaftlichen Wertes der Schneidkeramik von höchster Bedeutung ist. Im folgenden beschränken sich die Verfasser auf die Wiedergabe der Ergebnisse einiger weniger Arbeiten. Es wurden nur solche Arbeiten berücksichtigt, in denen einwandfreie Zahlenvergleiche gegeben worden sind, und weiterhin nur solche jüngeren Datums. Die ständige Weiterverbesserung der Schneidkeramik läßt nämlich frühere Versuche weitgehend als überholt ansehen.

Bereits von A. O. Schmidt, W. J. Phillips und G. F. Wilson [225] ist festgestellt worden, daß sehr große wirtschaftliche Vorteile beim Einsatz der Schneidkeramik bei der Bearbeitung von Grauguß zu erzielen sind. Dieses Ergebnis wurde u. a. von W. Dawihl und E. Klingler [209] sowie von H. Opitz und H. Siebel [224] in vollem Umfang bestätigt. Oxyd–Karbid-Keramik zeigt einen wesentlich geringeren Freiflächenverschleiß als die Hartmetallsorten G 1 und H 1 unter gleichen Zerspanungsbedingungen sowie überhaupt keine Auskolkungserscheinungen im Vergleich zu diesen Hartmetallsorten. In Abb. 150 sind die Standzeiten beim Drehen von Grauguß mit einer Härte von HB = 200 kg/mm² nach den Untersuchungen von W. Dawihl und E. Klingler wiedergegeben. Schneidkeramik (Sorte SPK der Südplastik G. m. b. H., Plochingen) zeigt danach bei einer Schnittgeschwindigkeit von 200 m/min eine Standzeit von 100 Minuten, wogegen die Hartmetallsorte G 1 bereits nach 3 Minuten außer Schnitt genommen werden muß.

Ein Vergleich der Standzeitkurven der Oxyd-Karbid-Schneidkeramik C 40 und der Hartmetallsorte G 1 beim Drehen von Grauguß GG 22 ist bereits in Abb. 77 gegeben worden.

EinVergleich zwischen den Standzeiten verschiedener Schneidwerkstoffe, darunter auch zwischen einer Oxydkeramik und der Hartmetallsorte F 1, ist von G. Metcalfe [140] gegeben worden (vgl. Abb. 151).

Wie man sieht, ist die Oxydkeramik der Hartmetallsorte F 1 bei der Stahlbearbeitung im Schnittgeschwindigkeitsbereich von 120 m/min an beträchtlich überlegen. Bei einer Schnittgeschwindigkeit von 300 m/min zeigt die Oxydkeramik eine Standzeit von 40 Minuten, die Hartmetallsorte F 1 dagegen von nur 6 Minuten. Die unterschiedliche Neigung der Standzeitgeraden zwischen Oxydkeramik und der Hartmetallsorte S 1 dürfte auf die unterschiedlichen Verschleißursachen zurückzuführen sein.

---

[225] Schmidt, A. O., Phillips, W. J., und Wilson, G. F., Schneidversuche mit keramischen Schneidplatten bei Kearnay und Trecker „Machinery“, **63**, 175 (1957).

Leistungsvergleiche zwischen Schneidkeramik und Hartmetallen haben weiterhin H. OPITZ und H. SIEBEL [224], H. J. SIEKMANN [227] sowie H. J. SIEKMANN, E. W. GOLIBER und K. W. STALKER [228] gegeben. Auch in einer Arbeit von M. C. SHAW [61] finden sich Leistungsvergleiche zwischen verschiedenen Keramiksorten und Hartmetallen, ebenso in einer Arbeit von H. SIEBEL [229]. Sehr häufig beschränkt sich dabei der Leistungsvergleich auf die unterschiedlich erhaltene Verschleißmarkenbreite, ohne daß genaue Standzeitkurven aufgenommen wurden. Auch J. PEKLENIK [230] hat sich mit Standzeitvergleichen zwischen Hartmetallen und Schneidkeramik beschäftigt, wobei Forschungsergebnisse und Erfahrungen

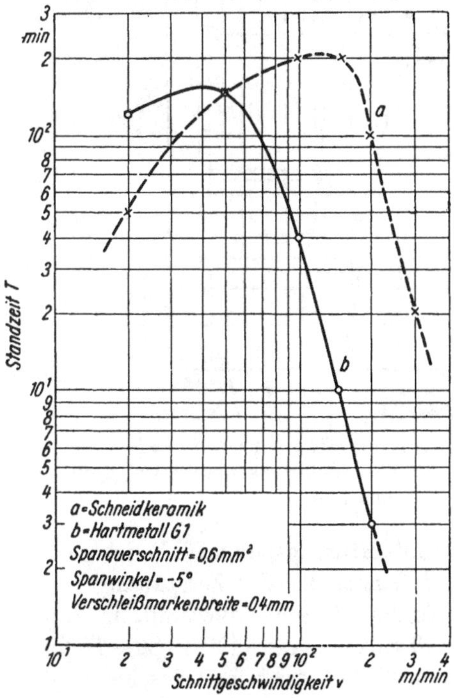

Abb. 150. Standzeiten beim Drehen von Grauguß mit einer Brinellhärte von 200 kg/mm². Spanquerschnitt = 0,6 mm², Spanwinkel $\gamma = -5°$, Verschleißmarkenbreite = 0,4 mm (nach W. DAWIHL und E. KLINGLER)

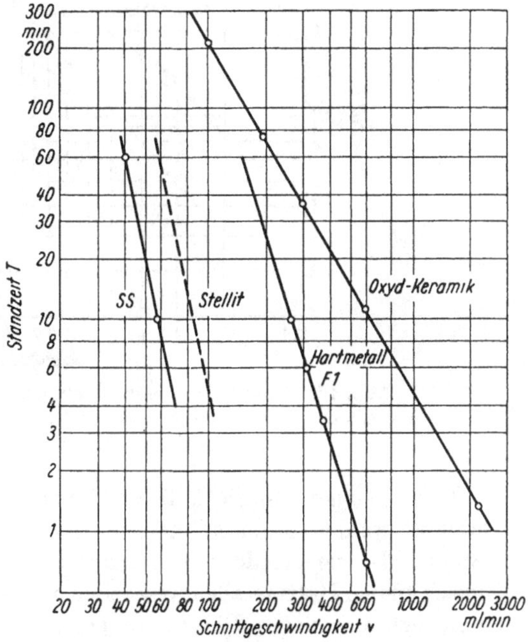

Abb. 151. Standzeitkurven verschiedener Schneidwerkstoffe bei der Bearbeitung von Stahl (nach METCALFE [226])

[227] SIEKMANN, H. J., Schneidkeramik oder Hartmetall? „Machinery", **63**, 204 (1956).

[228] SIEKMANN, H. J., GOLIBER, E. W., und STALKER, K. W., Einen Ausblick auf die Schneidwerkstoffe der Zukunft „American Machinist", **100**, 160 (1956).

[229] SIEBEL, H., Zerspanungsuntersuchungen mit oxydkeramischen Schneidplatten. „Industrie-Anzeiger", Ausgabe „Werkzeugmaschine und Fertigungstechnik", **79**, 25 (1957).

[230] PEKLENIK, J., „Industrie-Anzeiger", Ausgabe „Werkzeugmaschine und Fertigungstechnik", **79**, 17 (1957)

ausgewertet wurden, die beim Zerspanen mit keramischen Schneidplatten in der UdSSR und der ČSR erhalten wurden.

Schließlich haben auch W. Dawihl und E. Klingler [209] solche Standzeitvergleiche beim Drehen von Stahl mit 60 kg/mm² Festigkeit durchgeführt (vgl. Abb. 152).

Bezüglich eines Leistungsvergleiches zwischen der Oxyd-Karbid-Schneidkeramik C 40 und der Hartmetallsorte S 1 sei auf Abb. 76 verwiesen.

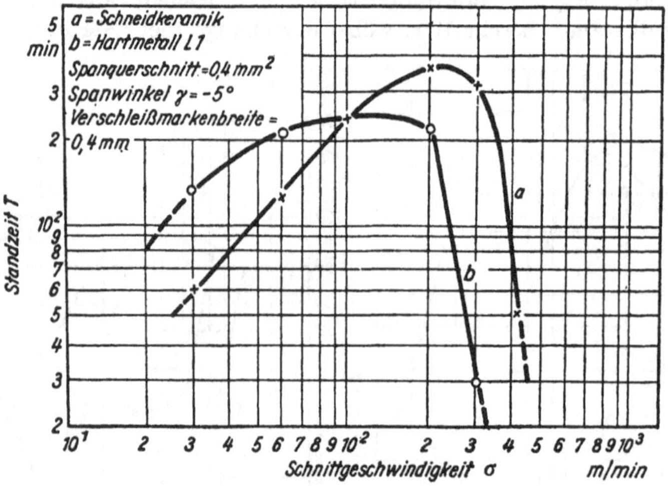

Abb. 152. Standzeiten beim Drehen von Stahl mit 60 kg/mm² Festigkeit Spanquerschnitt = 0,4 mm², Spanwinkel $\gamma = -5°$, Verschleißmarkenbreite = 0,4 mm (nach W. Dawihl und E. Klingler)

Diese wenigen Beispiele, die auf Grund von Literaturangaben noch beliebig erweitert werden könnten, zeigen eindeutig, daß auch bei der Zerspanung von Stählen der verschiedensten Arten und Festigkeiten die Schneidkeramik im Vergleich zu den Hartmetallen wesentlich größere Standzeiten im Schlicht- oder Halbschruppschnitt zeigt. Dies gilt im besonderen für die höheren Schnittgeschwindigkeitsbereiche.

Zum Berechnen der Wirtschaftlichkeit [210] für das Drehen wurden von W. Dawihl und E. Klingler [185] zwei Gleichungen veröffentlicht. Beim Vergleich mit Hartmetall ist Voraussetzung, daß beide Schneidstoffe für den gleichen Bereich von Vorschub und Spantiefe einsetzbar sind. Man kann also die Hartmetalle L 1 und G 1, aber nicht die zähen Sorten L 3, L 4 und L 6 mit Keramik vergleichen.

Werden sogenannte Nachschleifwerkzeuge verwendet, so betragen die Drehkosten je Werkstück

$$K = \frac{V_0}{vas}\left[D + E + \frac{D\,W_w}{T} + \frac{W_z - W_u + n\,S}{(n+1)\,T}\right].$$

[210] Witthoff, J., Die Hartmetallwerkzeuge in der spanabhebenden Formung. Carl Hauser Verlag, München (1952) S. 28—37.

Benutzt man Schneidwerkzeuge mit eingeklemmten Schneidplatten, so belaufen sich die Kosten für die Dreharbeit an einem Werkstück auf

$$K = \frac{V_0}{vas}\left[D + E + \frac{D\,W_w}{T} + \frac{W_z}{m\,T}\right].$$

In den Gleichungen bedeuten:

K = Kosten für ein Werkstück
V_0 = abzudrehendes Spanvolumen je Werkstück in cm^3
v = Schnittgeschwindigkeit in m/min
a = Spantiefe in mm
s = Vorschub in mm/U
D = Minutenlohn des Drehers einschließlich des Werkstattzuschlags
E = Stromkosten je Minute
W_w = Werkzeugwechselzeit in min
T = Standzeit der Werkzeugschneide in min
W_z = Beschaffungskosten des Werkzeuges. Bei den Klemmplatten ist darunter der Beschaffungspreis der Schneidplatte zu verstehen, zu dem ein Zuschlag von 5% des Halterpreises kommt
W_u = Restwert des gebrauchten Werkzeuges
n = Anzahl der Scharfschliffe
S = Kosten für einmal Scharfschleifen
m = Anzahl der Schneidkanten bei Wegwerfplatten
vas = abgehobenes Spanvolumen in cm^3/min
t_h = Drehzeit je Werkstück in min, während der Späne abgehoben werden:

$$t_h = \frac{V_0}{vas}$$

z = Stückzahl an Werkstücken je Standzeit =

$$\frac{T}{t_h} = \frac{T\,vas}{V_0}$$

Es wird angenommen, daß zum Abheben der Werkstoffzugabe nur ein Schnitt erforderlich ist. Die günstige Schnittgeschwindigkeit muß aus dem T-v-Schaubild entnommen werden.

An Hand eines Zahlenspiegels ergeben sich beim Drehen von Grauguß mit einer Oxydkeramik die Kostenkurven der Abb. 153.

Auch M. C. Shaw [61] hat sich mit der Frage eines Kostenvergleichs bei der Anwendung von Keramik- und Hartmetallplatten beschäftigt, wobei den Berechnungen die amerikanischen Verhältnisse (Wegwerfplatte) zugrunde lagen[1]). Das Ergebnis aller dieser Feststellungen zeigt, daß keramische Schneidwerkstoffe bei mittleren und hohen Schnittgeschwindigkeiten den Hartmetallwerkzeugen in bezug auf den Kostenaufwand bei der Zerspanung zum Teil stark überlegen sind. Es ist jedoch nach M. C. Shaw wirtschaftlich sinnlos, sie bei niedrigen Schnittgeschwindigkeiten zu verwenden.

In Abb. 154 sind nach H. Opitz und H. Siebel die Fertigungskosten für eine Riemenscheibe aus Grauguß angegeben, wobei neben den Gesamtfertigungskosten (A) auch die Kosten aus der Haupt- (B) und Nebenzeit (C), die Werkzeug- (D) und

[1]) Vgl. auch H. Opitz und H. Siebel [224]

Werkzeugwechselkosten (E) aufgeführt wurden. Es wurden die Fertigungskosten einmal für die Bearbeitung mit Hartmetall und zum anderen für die Bearbeitung mit einem oxydkeramischen Werkzeug gegenübergestellt.

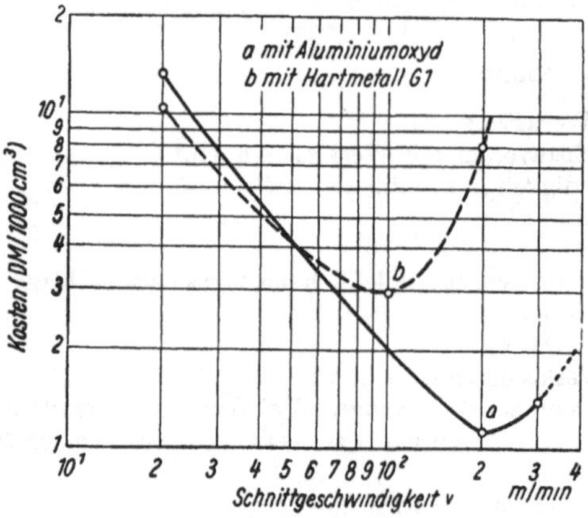

Abb. 153. Die Kosten beim Drehen von Grauguß mit einer Härte HB = 200 kg/mm²
a mit Aluminiumoxyd, *b* mit Hartmetall G 1

Für die Gesamtfertigungskosten ergibt sich bei Hartmetall die bekannte Becherkurve, die einen scharf ausgeprägten Kleinstwert zeigt. Demgegenüber verläuft

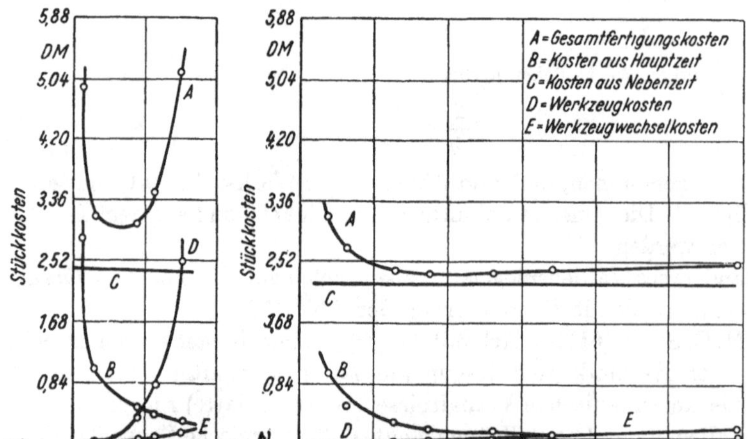

Abb. 154. Fertigungskosten für die Bearbeitung eines Werkstückes aus Grauguß mit Hartmetall (a) und oxydkeramischem Werkzeug (b)
Dollar umgerechnet in DM (1 Dollar = DM 4,20)
(nach H. Opitz und H. Siebel)

die Kurve bei der Oxydkeramik sehr flach. Eine Steigerung der Schnittgeschwindigkeit über etwa 130 m/min (z. B. auf das Doppelte) bringt im vorliegenden Fall nur noch eine unwesentliche Kostensteigerung mit sich.

C. Agte und R. Kohlermann [184] sowie E. Heymel [218] haben eine größere Anzahl von Beispielen aus der Praxis dafür gegeben, in welchem Umfang die Arbeitsproduktivität durch den Einsatz der Schneidkeramik C 40 im Vergleich zu der Bearbeitung mit Hartmetallen gesteigert werden kann. Das in Abb. 155 gezeigte Beispiel bezieht sich auf die Bearbeitung von Riemenscheiben aus Grauguß GG 18. Verglichen wurden die Oxyd–Karbid-Schneidkeramik C 40 und die Hartmetallsorte G 1, und zwar unter in Tabelle 41 angegebenen Zerspanungsbedingungen.

Tabelle 41

Anwendung der Schneidkeramik C 40 beim Drehen von Riemenscheiben aus GG 18 (im Vergleich zu Hartmetall G 1)

Werkstoff	Schneidwerkstoff	v m/min	s mm/U	a mm	t min	Standzeit T min
GG 18	Hartmetall G 1	70	0,2	0,5	12,8	100
	Schneidkeramik C 40	200	0,3	0,5	3,0	30

Wie aus Abb. 155 ersichtlich, ist eine sehr große Zeit- und Lohnkosteneinsparung durch den Einsatz der Schneidkeramik C 40 zu erreichen. Der Zeitaufwand wird um mehr als 75% erniedrigt, während die Lohnkosten im vorliegenden Beispiel bei der Schneidkeramik C 40 nur noch 23% im Vergleich zu dem Lohnkostenaufwand bei der Bearbeitung mit der Hartmetallsorte G 1 betragen.

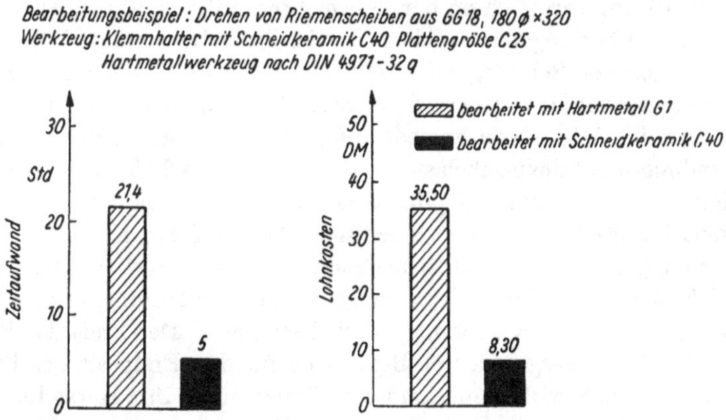

Abb. 155. Drehen mit Schneidkeramik C 40 im Vergleich zu Hartmetall G 1. Zeit- und Lohneinsparung (bezogen auf 100 Werkstücke)

Mitunter wird auch die Wirtschaftlichkeit eines Einsatzes der verschiedenen Sorten der Schneidkeramik unter dem Gesichtspunkt betrachtet, ob und wieviel Schwermetall- oder Schwermetallkarbidanteile in ihnen enthalten sind.[1]) Bei der reinen Oxydkeramik werden überhaupt keine metallischen oder karbidischen Zu-

[1]) Vgl. die Kontroverse in der Tagespresse der Deutschen Demokratischen Republik anläßlich der Technologenschau im Spätsommer 1957 in Leipzig [89—92].

sätze verwendet, während diese bei den sogenannten „Cermets“ nur eine verhältnismäßig geringe Menge (bei der Schneidkeramik A 10 der Deutschen Demokratischen Republik etwa 10%) ausmachen. In der Oxyd-Karbid-Keramik C 40 der Deutschen Demokratischen Republik dagegen ist der Bestandteil an Schwermetallkarbiden größer (etwa 40%, bzw. auf Metall umgerechnet, ca. 37%).

Nun ist die Frage der Wirtschaftlichkeit eines Schneidwerkstoffes sicherlich nicht allein von dem Standpunkt aus zu sehen, ob in ihm teurere oder „devisenbelastete“ Rohstoffe vorhanden sind. Würde man dies nämlich tun, dann müßte man z. B. den Sinterhartmetallen, die nur Schwermetallkarbide mit kleineren metallischen Bindemitteln enthalten, jede wirtschaftliche Berechtigung absprechen, was zweifellos absurd wäre. Maßgebend ist in erster Linie die Zerspanungsleistung eines Schneidwerkstoffes. Ist die Leistung eines etwas teureren Schneidwerkstoffes, der nennenswerte Anteile an karbidischen oder metallischen Bestandteilen enthält, beträchtlich größer als die eines rein oxydischen Materials, dann ist sein Einsatz zweifellos berechtigt und auch wirtschaftlich zu verantworten. Dabei ist noch zu bemerken, daß nicht alle Schwermetallkarbide oder -metalle als „devisenbelastet“ anzusehen sind. Beim Titankarbid z. B., welches als karbidische Komponente einer Oxyd-Karbid-Schneidkeramik durchaus in Betracht kommt, ist dies sicherlich nicht der Fall.

C. Agte und R. Kohlermann [184] haben untersucht, wie groß z. B. die Zerspanungsleistung, ausgedrückt als in der Zeiteinheit zerspantes Volumen, der Oxyd-Karbid-Schneidkeramik C 40, bezogen auf 1 g im Schneidwerkstoff enthaltenes Metall, im Vergleich zu der „Cermetkeramik“ A 10 ist. Die genannten Verfasser haben überzeugend dargelegt, daß in dieser Beziehung die Schneidkeramik C 40 bei höheren Schnittgeschwindigkeiten und die Schneidkeramik C 20 in allen Schnittgeschwindigkeitsbereichen wesentlich günstiger abschneiden als die „Cermetkeramik“ A 10. Jede Erniedrigung des karbidischen Bestandteiles oder die Verwendung nicht devisenbelasteter Schwermetallkarbide verschiebt das Bild noch weiter zu Gunsten einer Oxyd-Karbid-Schneidkeramik.

Außerdem ist zweifellos zu berücksichtigen, daß die Oxyd-Karbid-Schneidkeramik erfahrungsgemäß weitere entscheidende Vorteile besitzt, wie im besonderen in Kapitel 5.00 eingehend dargelegt wurde (bessere Schleiffähigkeit und Wärmeleitfähigkeit, günstigeres Ausdehnungsverhalten usw.). Der Preis des Rohstoffes schließlich ist von untergeordneter Bedeutung für den Endpreis des Produktes, da die Kosten der Schneidkeramik im wesentlichen durch ihre Herstellung bedingt sind, die Kosten hierfür aber bei allen Schneidkeramiksorten etwa gleich liegen.

11.00 Auswirkungen der Schneidkeramik auf den Werkzeugmaschinen- und Vorrichtungsbau [120]

(E. Heymel)

Viele der heute gebauten Werkzeugmaschinen vereinen noch nicht alle Eigenschaften in sich, die für einen wirtschaftlichen Hartmetalleinsatz notwendig wären. Für die Verwendung von Schneidkeramik existieren nur sehr wenige besonders für diesen Zweck konstruierte und gebaute Maschinen. Die Auswahl aus dem vorhandenen Maschinenpark fällt oft schwer, weil die Hauptspindeldrehzahlen zu niedrig und die Leistungen der Antriebsmotoren zu klein sind. Oft steht auch der schlechte Zustand der Lager und Führungen dem Keramikeinsatz im Wege.

Es erhebt sich die Forderung nach Werkzeugmaschinen, die diese Mängel nicht aufweisen und die so gebaut sind, daß die guten Eigenschaften des keramischen Schneidstoffes voll ausgenutzt werden können.

Welche Forderungen müssen nun an die Werkzeugmaschinen der Zukunft, und zwar in erster Linie an die Drehmaschinen, gestellt werden?

1. Erhöhung der Hauptspindeldrehzahlen, so daß auch bei Werkstücken kleineren und mittleren Durchmessers der wirtschaftliche Schnittgeschwindigkeitsbereich eingestellt werden kann. Es werden dabei keine übertrieben hohen Forderungen wie in der Anfangszeit der Schneidkeramik gestellt, sondern als obere Schnittgeschwindigkeitsgrenze wird 500 m/min für ausreichend gehalten. Die normale Schnittgeschwindigkeit soll zwischen 200 und 400 m/min betragen.

2. Stufenlose Drehzahlregelung für die Hauptspindel wird nicht für unbedingt notwendig gehalten, jedoch muß ein Getriebe mit genügend feiner Drehzahlstufung zur Verfügung stehen. Dies ist hauptsächlich beim Arbeiten im oberen Schnittgeschwindigkeitsbereich wichtig, weil dann die Schnittgeschwindigkeitsempfindlichkeit der Schneidkeramik stärker in Erscheinung tritt.

3. Es sollen Vorschübe zwischen 0,01 und 2 mm/U eingestellt werden können. Wichtig ist, daß die Vorschubeinrichtung auch bei den kleinsten Vorschüben nicht sprunghaft, sondern kontinuierlich arbeitet. Die Vorschubgetriebe sollen mit möglichst kleinen Stufensprüngen ausgelegt sein.

4. Werden Werkstücke mit stark unterschiedlichen Durchmessern bearbeitet, wie dies häufig auf Kopier- und Revolverdrehmaschinen der Fall ist, so muß die Drehzahl beim Wechsel von einem Durchmesser zum anderen automatisch umgestellt werden können.

5. Die Maschinen müssen noch starrer und schwingungsärmer werden. Es genügt aber nicht allein die weitere Versteifung des Maschinengrundkörpers,

sondern auch die Spann- und Aufnahmevorrichtungen für die Werkstücke und Werkzeuge müssen mit berücksichtigt werden.

a) Bei der Konstruktion von Werkstückspannvorrichtungen muß den bei hohen Drehzahlen auftretenden großen Fliehkräften Rechnung getragen werden.

b) Die Werkzeugspanner müssen so kräftig wie nur irgend möglich ausgeführt werden.

6. Der Maschinengrundkörper muß so konstruiert sein, daß eine ungehemmte Späneableitung möglich ist. Eine sinnvolle Anordnung der Werkzeugaufnahmen muß diese Forderung mit unterstützen.

7. Die Bedienungselemente müssen so vereinfacht, übersichtlich und leicht bedienbar sein, daß die bei Keramikanwendung auftretende Schnittzeitverkürzung durch erhöhte Nebenzeiten zumindest nicht unwirksam wird. Sie müssen außerhalb des Gefahrenbereiches liegen.

8. Bedienungsmann und Umgebung müssen durch sinnvoll angebrachte, den Arbeitsablauf nicht hemmende Schutzvorrichtungen gegen umherfliegende Späne geschützt werden.

Der neue Schneidstoff „Schneidkeramik“ kann ohne eine, seine guten Eigenschaften ausnutzende Werkzeugmaschine seine volkswirtschaftliche Aufgabe nicht erfüllen. Er wird erst vom Schneidstoff der Zukunft zum Schneidstoff der Gegenwart werden, wenn in den Betrieben auch eine genügend große Zahl von Keramik-Werkzeugmaschinen zur Verfügung steht.

12.00 Voraussichtliche technologische Weiterentwicklung der Schneidkeramik

(C. Agte)

Aus der in den vorhergehenden Kapiteln gebrachten Darstellung geht hervor, daß man sich auf dem Gebiet der Schneidkeramik erst in den Anfangsstadien einer Entwicklung befindet. Dies ist verständlich, weil in mancherlei Beziehung dabei Neuland beschritten werden mußte und der Zeitraum, in welchem mit Nachdruck eine intensive Forschungs- und Entwicklungsarbeit in den verschiedensten Industriestaaten betrieben wurde, relativ kurz ist.

12.10 Verbrauch an Hartmetallen und Schneidkeramik

Es hat vergleichsweise eine Zeit von mehr als 30 Jahren gedauert, bevor die Sinterhartmetalle auf den hohen Stand ihrer jetzigen Entwicklung gebracht werden konnten. Auch die Sinterhartmetalle stellten zur Zeit ihrer Erfindung Anfang der zwanziger Jahre dieses Jahrhunderts einen völlig neuartigen Schneidwerkstoff dar, der nur langsam und zögernd Eingang in die Zerspanungstechnik fand. Es bedurfte nicht nur auf der technologischen Seite der Erzeugung, sondern noch viel stärker bei der Anwendung dieses Schneidwerkstoffes einer entscheidenden Umstellung des Denkens, die einen Bruch mit alten Anschauungen und Gewohnheiten bedeutete. Erst nachdem sich die Sinterhartmetalle in der Zerspanungstechnik bei einfachen Drehvorgängen durchgesetzt hatten, trat in zunehmendem Maße eine Verbreiterung ihres Anwendungsgebietes ein. Neue Möglichkeiten des Einsatzes wurden erschlossen, und die Produktion weitete sich ständig aus.

In Abb. 156 ist nach K. Krekeler [211] die Zunahme der Hartmetallproduktion seit den Anfängen der Erzeugung bis zur Beendigung des zweiten Weltkrieges graphisch dargestellt, wobei sich die Zahlen ausschließlich auf die Erzeugung von Platten für Schneidzwecke der Widia-Fabrik Essen (Deutschland) beziehen.

Unberücksichtigt ist die Erzeugung anderer deutscher Hartmetallbetriebe geblieben, so daß der Gesamtausstoß an Hartmetall für Schneidzwecke in Deutschland noch wesentlich größer gewesen ist. Die außerordentlich großen Mengen an Hartmetall, die während des zweiten Weltkrieges für Geschoßkerne hergestellt wurden, und die allein im Jahre 1940 680 britische Tonnen betrugen [212], sind nicht in den oben genannten Zahlen enthalten.

---

[211] Krekeler, K., Zerspanbarkeit der metallischen und nichtmetallischen Werkstoffe. Springer-Verlag Berlin (1951) S. 31.

[212] B. J. O. S. Final Rep. Nr. 1385 (1945) 66–81.

J. Hinnüber [213] teilte mit, daß auch in den USA eine starke Erhöhung des Hartmetallverbrauches in den Jahren von 1937 bis 1953 eingetreten ist. Während 1937 nur 1 t pro Monat produziert wurde, wurden bereits 1953 mehr als 80 t pro Monat (ca. 1000 t pro Jahr) in den Vereinigten Staaten gefertigt. Der Verbrauch zeigt weiterhin eine zunehmende Tendenz. Es darf damit gerechnet werden, daß die jährliche Gesamterzeugung an Hartmetall in der Welt derzeit mehr als 5000 t[1]) ausmacht, wenn man den Bedarf an Hartmetall für die spanlose Verformung mit einbezieht. Die große Bedeutung des Hartmetalls für die industrielle Erzeugung wird auch dadurch charakterisiert, daß der Wert der jährlichen Weltproduktion den Betrag von 1 Milliarde DM überschreitet.

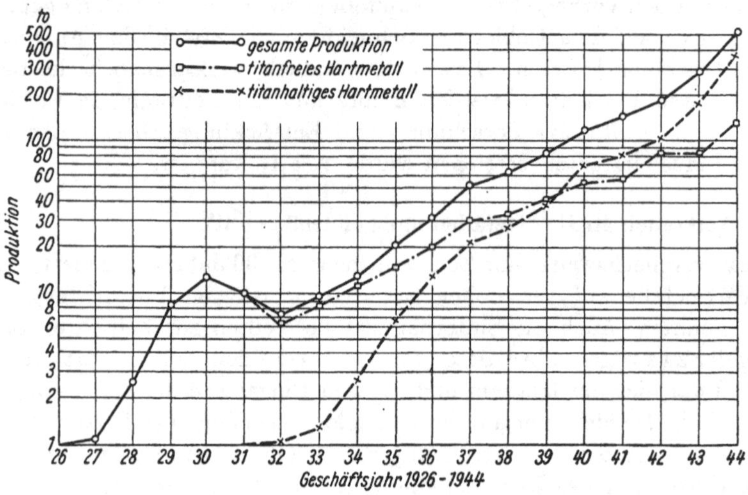

Abb. 156. Erzeugung von Hartmetallen für Schneidzwecke der Widia-Fabrik Essen in den Jahren 1926—1944 (nach K. Krekeler)

Nun ist wohl kaum in der Zukunft mit einer ähnlichen Entwicklung der Schneidkeramik zu rechnen. F. Kölbl [120] ist der Meinung, daß der prozentuale Anteil, den die Schneidkeramik bei dem augenblicklichen Stand ihrer Entwicklung und des derzeitigen Werkzeugmaschinenparkes im gesamten Gebiet der gesinterten Schneidwerkstoffe einnehmen kann, etwa 5% ausmachen könnte. Schon nach die-

[1]) Die Erzeugung an Hartmetall für die spanabhebende und spanlose Verformung gliedert sich schätzungsweise wie folgt auf:

UdSSR	1500 t
Nordamerika (USA und Canada)	1400 t
Deutsche Bundesrepublik	800 t
Schweden	400 t
sonst. europäische Länder	500 t
volksdemokratische Länder (einschl. Deutsche Demokratische Republik)	400 t
Südamerikanische Länder	50 t
sonstige Länder	50 t

[213] Hinnüber, J., „Techn. Mitteilungen“. (Organ des Hauses der Technik), 47, 183 (1954).

ser rohen Schätzung wäre die mögliche Erzeugung an Schneidkeramik nicht unbeträchtlich. Es darf aber erwartet werden, daß bei weiterer Vervollkommnung und Verbesserung dieses Sinterwerkstoffes ein prozentual größerer Umsatz erreichbar ist.

Es setzt dies voraus, daß einige für die Anwendung der Schneidkeramik wesentliche Eigenschaften erheblich verbessert werden müßten. Die Möglichkeiten hierzu erscheinen durchaus gegeben, ohne daß aber etwa von einem weitgehenden Ersatz des Hartmetalles durch die Schneidkeramik gesprochen werden kann [35, 64, 82, 214]. Beide Schneidwerkstoffe werden nebeneinander bestehen und ein spezifisches Anwendungsgebiet einnehmen. Die Erfindung der Sinterhartmetalle hat bekanntlich auch nicht das Anwendungsgebiet des Schnellarbeitsstahles vollständig ersetzen können. Nach wie vor wird in erheblichem Umfang Schnellarbeitsstahl verwendet. Die Schneidkeramik wird voraussichtlich nur einen Teil der spröderen, sehr verschleißfesten Hartmetallsorten ersetzen, im übrigen aber das Anwendungsgebiet der Hochleistungsschneidwerkstoffe erheblich erweitern und ergänzen. Der Einbruch, den die Schneidkeramik in das Anwendungsgebiet der Sinterhartmetalle voraussichtlich verursachen wird, kann durch die bereits erfolgte Schaffung zäherer Hartmetallsorten, die als Ersatz für die Schnellarbeitsstähle dienen, mehr als kompensiert gelten.

Den verhältnismäßig geringen Anteil, den nach Meinung von F. Kölbl die Anwendung der Schneidkeramik im Vergleich zu den Sinterhartmetallen nach dem augenblicklichen Stand der Technik zur Zeit erreichen kann, begründet dieser Autor im wesentlichen durch den Zusammenhang zwischen Biegebruchfestigkeit und Härte bei den „klassischen" Schneidwerkstoffen. Er formuliert dies wie folgt:

> „Es gibt keinen Schneidwerkstoff, der sehr hohe Härte und hohe Biegebruchfestigkeit in sich vereinigt, da diese beiden Eigenschaften absolut gegenläufig sind."

Zur Erläuterung des Zusammenhanges zwischen Härte und Zähigkeit wird in Anlehnung an F. Kölbl eine vereinfachte schematische Darstellung (Abb. 157) gebracht, in der auf der Ordinate die Härte und Biegebruchfestigkeit der verschiedenen Schneidwerkstoffe und auf der Abszisse die diesen Schneidwerkstoffen zukommenden relativen Schnittgeschwindigkeiten bei der Bearbeitung von Stahl mit 70 kg/mm² Festigkeit, bezogen auf Schnelldrehstahl = 1, angegeben sind. Diesen relativen Schnittgeschwindigkeiten wurden vom Schnelldrehstahl über die Hartmetalle bis zur Schneidkeramik und dem Diamanten fallende Spanquerschnitte zugeordnet.

In Abb. 157 sind für die Sinterhartmetalle diejenigen Kurzbezeichnungen für verschiedene Anwendungsgruppen gewählt worden, die von den zuständigen JSO-Stellen als Vorschlag ausgearbeitet sind, sich aber noch nicht allgemein eingeführt haben [215]. K bedeutet Sinterhartmetalle für kurzspanende, P für langspanende Werkstoffe und M für Mehrzweckanwendungen.

[214] Opitz, H., „Industrie-Anzeiger Essen" (1957) Nr. 20, S. 271.
[215] Kölbl, F. „Österr. Maschinenmarkt und Elektrowirtschaft", 5, 396 (1950).

Wie man sieht, sinkt die Biegebruchfestigkeit von den Schnellarbeitsstählen (ca. 380 kg/mm²) zu den Sinterhartmetallen (120 bis 260 kg/mm²) und weiter zu den Sonderhartmetallen (80 bis 120 kg/mm²) bis zur Schneidkeramik (30 bis

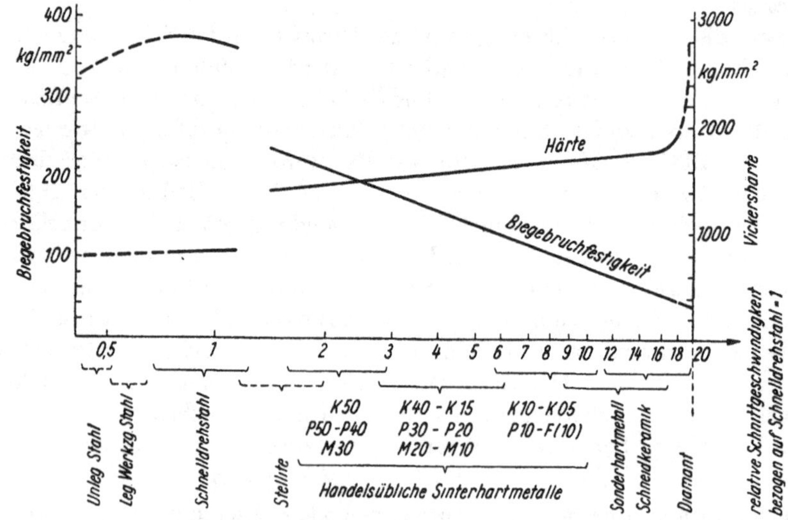

Abb. 157. Zusammenhänge zwischen Härte, Biegebruchfestigkeit und Schnittgeschwindigkeit der Schneidwerkstoffe

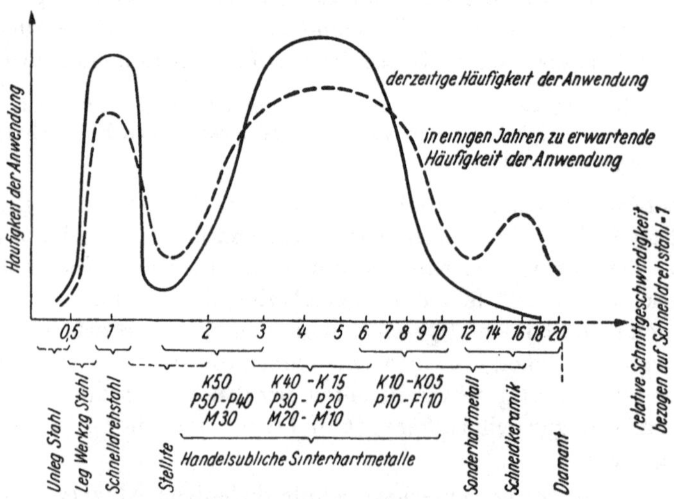

Abb. 158. Geschätzte Häufigkeit der Anwendung der wichtigsten Schneidwerkstoffe nach F. Kölbl (in bezug auf Schneidkeramik abgeändert)

50, max. 60 bis 70 kg/mm²) und zum Diamanten (30 kg/mm²) stark ab. Dagegen nimmt die Vickershärte in dieser Reihenfolge stark zu. Sie liegt bei den Standard-Sinterhartmetallen bei 1200 bis 1600 kg/mm², um bei den Sonderhartmetallen den Wert von 1700 kg/mm² und bei der Schneidkeramik etwa 2500 bis 2800 kg/

mm² (Diamant 8000 bis 10000 kg/mm²) zu erreichen. Mit Erhöhung der Härte und damit der Verschleißfestigkeit können steigende Schnittgeschwindigkeiten angewendet werden, wie dies in Tabelle 42 zahlenmäßig angegeben ist.

Tabelle 42

Härte, Biegebruchfestigkeit und relative Schnittgeschwindigkeit von Sinterhartmetallen und Schneidkeramik (bei der Bearbeitung von Stahl mit 70 kg/mm² Festigkeit)

Schneidwerkstoff		Biegebruchfestigkeit ca. kg/mm²	Vickershärte ca. kg/mm²	relative Schnittgeschwindigkeit, bezogen auf Schnellarbeitsstahl ca.
Art	Sorte			
Sinterhartmetall	K 50 P 40– P 50 M 30	260–200	1200–1400	2– 3 ×
Sinterhartmetall	K 15– K 40 P 20– P 30 M 10– M 20	200–150	1400–1500	3– 6 ×
Sinterhartmetall	K 10– K 05 P 10 (F 10)	150–90	1500–1650	5–10 ×
Sonderhartmetalle*)	HT HF 1	100–60	1650–1800	8–16 ×
Schneidkeramik*)	C 40	60–40	2500–2800	12–20 ×
Diamant		30	ca. 8000	mehr als 25×

*) Marken der Deutschen Demokratischen Republik

Die von F. Kölbl geschätzte Häufigkeit der Anwendung der wichtigsten Schneidwerkstoffe ist in Abb. 158 wiedergegeben. Es wird dabei unterschieden zwischen der derzeitigen Häufigkeit (ausgezogener Kurvenverlauf) und der in einigen Jahren zu erwartenden (gestrichelter Kurvenverlauf). Die Darstellung von F. Kölbl für die zu erwartende Anwendung der Schneidkeramik ist vom Verfasser dieses Kapitels insofern geändert worden, als der Schneidkeramik in einigen Jahren eine etwas günstigere Prognose bezüglich ihrer Anwendung gestellt wird, als es F. Kölbl getan hat.

12.20 Steigerung der Festigkeit und Zähigkeit der Schneidkeramik

Aus der Darstellung des vorhergehenden Abschnittes darf nun keineswegs der Schluß gezogen werden, daß eine Verbesserung der Schneidkeramik und damit eine Ausweitung ihres Anwendungsbereiches nicht möglich wäre. Es sollte nur eine bisher nicht widerlegte und durch Tatsachenmaterial erhärtete Auffassung zum Ausdruck gebracht werden, daß Härte und Zähigkeit (Biegebruchfestigkeit) aller bekannten Schneidwerkstoffe in einem ursächlichen Zusammenhang stehen, und daß eine hohe Biegebruchfestigkeit mit einer großen Härte nicht vereinbar ist.

Die Geschichte der Entwicklung der Sinterhartmetalle zeigt aber eindeutig, daß innerhalb gewisser Grenzen eine nicht unwesentliche Verbesserung dieses Schneidwerkstoffes möglich gewesen ist. So konnte z. B. eine Steigerung der Härte und Verschleißfestigkeit ohne wesentliche Beeinträchtigung der Zähigkeit und Biegebruchfestigkeit durch Beeinflussung der Struktur und Kristallgröße sowie der auftretenden Phasen erzielt werden, und umgekehrt.

Es darf angenommen und aus den bereits erreichten Erfolgen geschlossen werden, daß eine Qualitätsverbesserung der Schneidkeramik ebenfalls in einem gewissen Umfange auf die gleiche oder ähnliche Weise erreicht werden kann. Dabei ist das Bestreben vor allem darauf auszurichten, die Festigkeit und Zähigkeit des Schneidmaterials ohne wesentliche Erniedrigung seiner Härte und Verschleißfestigkeit zu steigern.

Dies bedeutet, daß der Zusammenhalt zwischen den harten Körnern des oxydischen Grundmaterials verbessert werden muß. Alle guten, dichten und leistungsfähigen Sorten der Schneidkeramik enthalten Zusätze und Bestandteile, die als Bindemittel zwischen den harten Körnern des Grundmaterials wirken, ähnlich wie es bei den Sinterhartmetallen der Fall ist. Hier ergibt sich zweifellos noch ein weites Feld für die zukünftige Entwicklung. Von derartigen Zusätzen muß eine gute Benetzbarkeit der oxydischen Grundkörner bei den Sintertemperaturen verlangt werden, wobei ein guter Zusammenhalt zwischen den oxydischen Körnern durch das Bindemittel auch nach dem Abkühlen gewährleistet sein muß. Es darf erwartet werden, daß eine systematische Untersuchung der Benetzbarkeit oxydischer Pulver mit Metallen, Karbiden, Silikaten usw. zu bedeutenden Erfolgen führen kann. An einer Lösung dieses Grundlagenproblems ist nicht nur die Schneidkeramik interessiert. Ähnliche Probleme treten auch bei anderen Hartstofflegierungen (z. B. Schwermetallboriden) und bei auf Hartstoffbasis aufgebauten warm- und zunderfesten Legierungen, die für die zukünftige Entwicklung der Technik ebenfalls von hervorragender Bedeutung sind, auf.

Wenn es gelingt, die Biegebruchfestigkeit der Schneidkeramik von ca. 50 kg/mm^2 auf etwa 80 bis 100 kg/mm^2 ohne erhebliche Einbuße der Härte zu steigern, wäre ein wesentlicher Fortschritt erreicht. Das mögliche Anwendungsgebiet der Schneidkeramik würde sich dadurch stark ausweiten. Man würde auf diese Weise in das Festigkeitsgebiet der spröden, aber sehr verschleißfesten Sonderhartmetallsorten gelangen. Gleichgültig, ob es sich dabei um hilfsmetallarme oder um auf vorwiegender Titankarbidbasis aufgebaute Hartmetallegierungen handelt.

Eine weitere Frage, die in diesem Zusammenhang Beachtung verdient, ist das Auftreten von Oberflächenreaktionen zwischen den Komponenten einer Schneidkeramik. Hiervon darf ebenfalls ein besserer Zusammenhalt der Körner bei der Sinterung und damit eine Erhöhung der Festigkeit und Zähigkeit erwartet werden.

Der Vorgang von festigkeitssteigernden Oberflächenreaktionen wurde bereits bei der in Immelborn durchgeführten Entwicklung der Oxyd-Karbid–Schneidkeramik mehr als wahrscheinlich gemacht. Durch Verwendung von Kombinationen des Aluminiumoxydes mit Schwermetallkarbiden trat eine nicht unbeachtliche Steigerung der Biegebruchfestigkeit ein, unter gleichzeitiger Verbesserung anderer Eigenschaftswerte (12.30).

Verbunden mit der Erhöhung der Festigkeit war eine Steigerung der Verschleißfestigkeit, die sich in einer Verbesserung der Schneidfähigkeit auswirkte. Aus diesem Grunde verdienen die im VEB Hartmetallwerk Immelborn durchgeführten Untersuchungen, bei denen ein Zusatz von zwei oder mehr Schwermetallkarbiden unterschiedlicher Zusammensetzung und Menge in den Kreis der Betrachtungen einbezogen wurden, zweifellos Beachtung.

Es kommen jedoch auch andere Hartstoffe als Schwermetallkarbide, wie z. B. Schwermetallboride, als Zusätze zum Grundoxyd in Betracht. Gewisse Schwermetallboride, wie z. B. TiB_2, zeichnen sich bekanntlich durch eine besonders große Härte aus. Es ist aber nach dem augenblicklichen Stand der Erkenntnisse zu erwarten, daß bei Oxyd-Schwermetallborid- oder ähnlichen Kombinationen ungünstigere Verhältnisse für die Benetzbarkeit der oxydischen Grundkörner auftreten.

Es liegt nahe, bei Oxyd–Karbid- oder ähnlichen Verbundwerkstoffen auf Grund der Erfahrungen der Hartmetalltechnik mit metallischen Zusätzen zwecks Verbesserung der Bindungsverhältnisse zu arbeiten. Derartige metallische Zusätze dürfen jedoch nur in geringer Menge hinzugefügt werden, da anderenfalls eine nicht erwünschte Beeinträchtigung der Härte und Verschleißfestigkeit des Sinterwerkstoffes erfolgt. Es kann hierdurch unter Umständen eine merkliche Herabsetzung der zur Dichtsinterung erforderlichen Sintertemperaturen erreicht werden. Nach den bisherigen Feststellungen hat sich ein Zusatz von metallischen Komponenten, die relativ niedrig schmelzen (z. B. von Metallen der Eisengruppe), und die bei den Sintertemperaturen der Schneidkeramik bereits stark verdampfen, als nicht besonders zweckmäßig erwiesen. Günstigere Voraussetzungen bieten höher schmelzende Metalle, wie z. B. Molybdän, Chrom usw., in nicht zu großen Mengen. Diese bieten außerdem den Vorteil, daß bei einer Sinterung in einer kohlenden Atmosphäre, die sowieso bei der Oxyd–Karbid-Keramik vorhanden sein muß, eine langsame Karburierung der Metallkomponente, sofern diese Karbide bildet, stattfindet, wodurch die Zusammensinterung durch das Auftreten von Oberflächenreaktionen begünstigt wird [216].

Eine weitere Möglichkeit der Verbesserung der Festigkeit der Schneidkeramik besteht in der Ausbildung eines geeigneten Gefüges. Die Entwicklung der verschiedenen Arten der Schneidkeramik ist deutlich durch den Übergang zu einem

[216] Agte, C., Kohlermann, R. und Dübel, W., WPa (1958).

feineren Gefüge gekennzeichnet. Es erscheint lohnend, wenn genauere Untersuchungen darüber angestellt werden würden, welche Feinheit des Gefüges optimale Werte der Zähigkeit und Schneidhaltigkeit ergibt, zumal Anzeichen dafür vorhanden sind, daß sich ein extrem feinkörniges Gefüge ungünstig auswirkt.

Mit den hier aufgezeigten Vorschlägen sind indessen die Möglichkeiten einer weiteren Qualitätsverbesserung der Schneidkeramik hinsichtlich ihrer Festigkeit und Zähigkeit keineswegs erschöpft.

12.30 Verbesserung weiterer Eigenschaften der Schneidkeramik

Mit Erhöhung der Festigkeit und Zähigkeit werden zwangsläufig auch einige andere Eigenschaften der Schneidkeramik verbessert. Dies ist deswegen verständlich, weil mit der Festigkeitssteigerung meist eine Erhöhung der Dichte und eine Erniedrigung der Porosität verbunden ist. Aus diesem Grunde wird nicht nur die Biegebruchfestigkeit — als wichtigstes Kriterium der Zähigkeit — erhöht, sondern auch andere mechanische Eigenschaften, wie die Druckfestigkeit, der Elastizitätsmodul und die Härte sowie Verschleißfestigkeit. Sofern die Schneidkeramik metallisch leitend ist, was bekanntlich für die Oxyd–Karbid-Keramik zutrifft, wird auch die elektrische Leitfähigkeit infolge der Dichtesteigerung verbessert. Das gleiche trifft auch für weitere Eigenschaften zu.

Man kann aber auch gewisse Eigenschaften durch die Struktur des Schneidwerkstoffes einerseits und durch seine Zusammensetzung andererseits in günstigem Sinne beeinflussen. Es wurde z. B. festgestellt, daß die Wärmeleitfähigkeit der Schneidkeramik ganz wesentlich durch den Zusatz von Schwermetallkarbiden erhöht wird. Die Wärmeleitfähigkeit der Schneidkeramik C 40 nähert sich hierdurch derjenigen der normalen Sinterhartmetalle. Sie erreicht und übertrifft die Wärmeleitfähigkeit der spröden, aber verschleißfesten Sondersorten des Hartmetalles. Auch der lineare Wärmeausdehnungskoeffizient der Schneidkeramik wird durch den Zusatz von Schwermetallkarbiden etwas erhöht, d. h. günstig beeinflußt.

Diese Verhältnisse sind jedoch bisher keineswegs genügend genau untersucht. Es wäre nicht unwichtig, die Einflüsse von Zusätzen bzw. Bindern der verschiedensten Art auf die obengenannten Eigenschaften zu bestimmen.

12.40 Rückwirkung der Eigenschaftsverbesserungen auf das Verhalten der Schneidkeramik bei ihrer Anwendung

Mit einer Verbesserung der Eigenschaften der Schneidkeramik sind Rückwirkungen auf den betrieblichen Einsatz der Schneidplättchen und auf ihre Vorbereitung (z. B. Schleifen) verbunden. Die Erhöhung der Zähigkeit und Festigkeit ermöglicht es, größere Vorschübe bei der Zerspanung zu verwenden. Der Schneidwerkstoff wird weniger zu Ausbrüchen neigen. Es bestehen bessere Möglichkeiten beim Einsatz im unterbrochenen Schnitt oder bei der Bearbeitung von Werkstücken mit rauher Oberfläche, Guß- oder sonstigen Krusten und mit harten Einschlüssen. Besonders wird sich eine Zähigkeitserhöhung günstig beim Fräsen auswirken. Das Schneidmaterial wird insgesamt weniger störanfällig.

Die Zähigkeitserhöhung macht den Schneidwerkstoff weniger schleifempfindlich. Es sind leichter bessere Schneidengüten zu erzielen. Die Schleifzeiten, z. B. bei Wegwerfplatten, können erniedrigt werden, was zu wirtschaftlich bedeutsamen Zeiteinsparungen führt.

Eine Erhöhung der Wärmeleitfähigkeit des Schneidwerkstoffes ist gleichfalls für die Durchführung des Schleifvorganges günstig. Mit einer Steigerung der Wärmeleitfähigkeit ist weiterhin eine Verbesserung der Temperaturwechselbeständigkeit verbunden, was sich ebenfalls beim Schleifen vorteilhaft auswirkt. Eine Erhöhung des Wärmeausdehnungskoeffizienten schließlich trägt infolge der Angleichung an das Ausdehnungsverhalten des Schaft-, Träger- oder Einspannungsmaterials zu einer Verminderung der Spannungen bei. Eine Steigerung der Druckfestigkeit ist bei Arbeiten mit negativem Spanwinkel vorteilhaft, da der Schneidwerkstoff hierbei teilweise auf Druck beansprucht wird.

Wie man sieht, bestehen also perspektiv die verschiedensten Möglichkeiten einer Qualitätsverbesserung der Schneidkeramik, die es systematisch auszunutzen gilt. Mit solchen Verbesserungen wird die oben diskutierte Häufigkeit (12.10) des voraussichtlichen zukünftigen prozentualen Einsatzes der Schneidkeramik im Vergleich zu anderen gesinterten Schneidwerkstoffen (Sinterhartmetallen) zu Gunsten der Schneidkeramik verschoben.

Es ist durchaus wahrscheinlich, daß sich — ähnlich wie in der Hartmetalltechnik — mehrere Sorten der Schneidkeramik herausbilden werden, die jeweils für bestimmte Anwendungsgebiete optimale Schneidleistungen zeigen. Die bisherige Entwicklung der Schneidkeramik hat diesem Gesichtspunkt bereits weitgehend Rechnung getragen. Es darf erwartet werden, daß sich zunächst zum mindesten drei, wahrscheinlich später aber noch mehr Sorten herausschälen werden, die in ihrer Zusammensetzung wesentlich voneinander abweichen werden. Diese Sorten könnten etwa folgende sein:

1. Eine besonders harte und verschleißfeste Sorte, die dann aber spröder und weniger zäh ist, als die unter 2. und 3. genannten Qualitäten. Ihr Einsatz kommt vor allem dann in Betracht, wenn Werkstoffe bei sehr hohen Schnittgeschwindigkeiten und geringen Vorschüben (Schlichtschnitt) bearbeitet werden sollen. Die Werkstücke selbst müssen in sich homogen sein und dürfen keine sandigen oder rauhen Oberflächen aufweisen. Die Anwendung setzt das Vorhandensein schwingungsfreier und stabiler Werkzeugmaschinen voraus, die höchste Schnittgeschwindigkeiten zulassen. Nach dem augenblicklichen Stand der Technik wäre eine derartige Schneidkeramiksorte z. B. die heißgepreßte Sorte SK der Deutschen Demokratischen Republik. Diese ist allerdings infolge des kostspieligen und schwierigen Herstellungsverfahrens relativ teuer. Sie wäre möglichst durch eine billigere Sorte zu ersetzen, die annähernd gleiche Eigenschaften zeigt. Ihrer Natur nach wäre sie voraussichtlich rein oxydisch, gegebenenfalls mit geringen silikatischen oder oxydischen Zusätzen (Glasphase).

2. Eine besonders zähe Sorte, an deren Verschleißfestigkeit aber noch hohe Ansprüche zu stellen sind. Sie kommt vornehmlich für hohe Schnittgeschwindigkeiten in Frage, die aber niedriger liegen als diejenigen, die bei der Sorte 1. zur

Anwendung gebracht werden. Ihr Einsatz muß auch bei mittleren Vorschüben — etwa bis 1,0 bis 1,2 mm/U — möglich sein. Es muß angestrebt werden, daß auch — bei geeigneter Schneidengeometrie — das Arbeiten im „unterbrochenen Schnitt" oder bei der Zerspanung harter, sandiger Oberflächen mit Lunkern und Einschlüssen durchgeführt werden kann. Eine derartige Sorte würde insofern eine „Mehrzwecksorte" darstellen, als sie in gewissem Umfange die Sorte 1. und vollständig die Sorte 3. ersetzen kann. Nach dem augenblicklichen Stand der Entwicklung würde eine Oxyd–Karbid-Keramik den obigen Forderungen am ehesten gerecht werden. Wegen der vergleichsweise relativ hohen Zähigkeit der Oxyd–Karbid-Keramik sollte sie zunächst vorzugsweise eingesetzt werden, da sie am wenigsten „störanfällig" ist und bei ihrer Einführung in die Zerspanungsbetriebe die geringsten Schwierigkeiten zu erwarten sind (Beispiel: Schneidkeramik C).

3. Gegebenenfalls wäre eine dritte Sorte in Betracht zu ziehen, von der keine besseren Schneidleistungen gefordert werden, als sie beispielsweise die Standardhartmetallsorte S 1 zeigt. Sie ist mit den gleichen Schnittgeschwindigkeiten wie die Hartmetallsorte S 1, jedoch bei Vorschüben einzusetzen, die nicht über 0,4 bis 0,5 mm/U hinausgehen. Schneidtechnisch ist sie den vorgenannten Schneidkeramiksorten 1. und 2. beträchtlich unterlegen. Sie ist aber auf dem zur Zeit vorhandenen Werkzeugmaschinenpark anzuwenden. Es sind vornehmlich wirtschaftliche Gesichtspunkte bei ihrem Einsatz maßgebend. Es ist anzunehmen, daß sie im Zuge der Entwicklung später durch die Sorten 1. und 2. überholt sein wird. Nach dem augenblicklichen Stand der Entwicklung entspricht eine Cermetsorte (Schneidkeramik A der Deutschen Demokratischen Republik) den hier genannten Forderungen.

Ob es notwendig sein wird, später weitere Spezialsorten, die sich nicht in das obige Schema einordnen lassen, so z. B. für das Fräsen oder für die Zerspanung anderer Werkstoffe als Stahl (wie Guß), zu entwickeln, muß die Zukunft zeigen.

Zur Bearbeitung von langspanenden Werkstoffen, wie Stählen der verschiedenen Festigkeit, kann eine rein oxydische Keramik besonders günstig sein, da sie mit dem ablaufenden Span nicht reagiert und demzufolge keine oder nur sehr geringe Kolkerscheinungen an der Spanablauffläche auftreten. Wird eine Oxyd–Karbid-Schneidkeramik zur Zerspanung von Stahl benutzt, dann können demgegenüber, besonders bei sehr hohen Schnittgeschwindigkeiten, größere Kolkerscheinungen auftreten, die allerdings im allgemeinen wesentlich geringer sind, als sie bei Sinterhartmetallen in Erscheinung treten. In diesem Falle wären Karbide oder Karbidgemische zu verwenden, die mit dem ablaufenden Span weniger leicht verschweissen, also z. B. TiC, TiC-TaC, TiC-Mo_2C usw.

Werden dagegen kurzspanende Werkstoffe, wie etwa Guß, zerspant, dann erweisen sich durchaus Karbidzusätze zur Oxydkeramik als geeignet, die zur Stahlbearbeitung nicht zu empfehlen sind, wie z. B. WC. Dieser hier vertretenen Auffassung liegen Versuchsergebnisse zugrunde, die bei einer systematischen Untersuchung der Zerspanungseigenschaften der verschiedensten Oxyd–Karbid-Kombinationen erhalten wurden.

Schlußwort

Die Verfasser des vorliegenden Buches sind sich darüber im klaren, daß nur ein Bild von dem augenblicklichen Entwicklungsstand gegeben werden konnte, den die Schneidkeramik bis Mitte 1958 erreicht hat. Es handelte sich also nicht darum, eine in wesentlichen Punkten abgeschlossene Entwicklung zu beschreiben, sondern die Aufgabe bestand vielmehr darin, die bereits erkennbare Bedeutung, die die Schneidkeramik in der Zerspanungstechnik in den letzten 5 bis 10 Jahren gewonnen hat, herauszustellen. Es ist verständlich, wenn bei einer derartigen, noch im Fluß befindlichen Entwicklung die persönlichen Ansichten der Autoren in viel stärkerem Maß in Erscheinung treten mußten, als dies gemeinhin bei der Abfassung einer Monographie der Fall zu sein pflegt. Die Schneidkeramik ist — wenn auch unbestreitbar zum mindesten in der Verfahrenstechnik enge Parallelen zu den Sinterhartmetallen bestehen — ein neuartiger Schneidwerkstoff mit sehr spezifischen Eigenschaften. Diese Eigenschaften führen zu Besonderheiten zerspanungstechnischer Art schon deswegen, weil der Anwendungsbereich der Schneidkeramik in das Gebiet hoher und höchster Schnittgeschwindigkeiten verlagert wird. Hierdurch werden zweifellos die Erkenntnisse über die zerspanungstechnischen Gesetzmäßigkeiten nach verschiedenen Richtungen hin wesentlich vertieft und erweitert.

Die Schneidkeramik in ihren verschiedenen Sorten und Abarten stellt einen neuartigen Hochleistungs-Schneidwerkstoff dar, dessen Bedeutung nicht allein in seiner überragenden Schneidhaltigkeit liegt, sondern der auch aus wirtschaftlichen Gesichtspunkten starkes Interesse verdient. Es darf als sicher gelten, daß die weitere Entwicklung der Schneidkeramik zu bedeutenden Erfolgen führen wird. Man wird dabei zu unterscheiden haben zwischen den Verbesserungen, die der Schneidwerkstoff selbst noch erfahren wird, und denen, die sich in bezug auf die zerspanungstechnischen Grundlagen ergeben und die das endgültige Anwendungsgebiet der Schneidkeramik entscheidend bestimmen werden.

Die voraussichtlich stürmische Entwicklung, die die Schneidkeramik in den kommenden Jahren erfahren wird, wird das vorliegende Buch wahrscheinlich schon in relativ kurzer Zeit überholt erscheinen lassen. Auf jeden Fall wird es notwendig werden, eine Überarbeitung — etwa in einer zweiten Auflage — in nicht zu ferner Zukunft vorzunehmen. Es ist jedoch zu hoffen, daß die Gliederung des vorliegenden Buches bei einer Neuauflage im wesentlichen beibehalten werden kann.

Die Verfasser sind der Meinung, daß der augenblicklich erreichte Entwicklungsstand und die bisher gewonnenen Erkenntnisse die Herausgabe eines sich ausschließlich mit der Schneidkeramik beschäftigenden Werkes rechtfertigen. Sie sind davon überzeugt, daß die Sammlung und kritische Bewertung der vorliegenden Literatur sowie die Bekanntgabe eigener Versuchsergebnisse in breiten Kreisen des In- und Auslandes Interesse hervorrufen werden. Sie glauben darüber hinaus, daß die Form der gewählten Darstellung zur Klärung der Ansichten und Auffassungen beizutragen vermag.

Dr.-Ing. Curt Agte
Ing. Ernst Heymel
Ing. Rudolf Kohlermann

Zusammenfassende Literaturübersicht

[1] HIRSCHFELD, E., Hartmetalle. Schweizer Druck- und Verlagshaus A. G., Zürich 1949, S. 15ff. sowie die 2. Ausgabe dieses Buches.

[2] SCHRÖTER, K., DRP 420 689 (1923), DRP 434 527 (1925) u. weitere.

[3] AGTE, C., SCHRÖTER, K., MOERS, K., WOLFF, H., DRP 622 347 (1931).

[4] KIEFFER, R. und SCHWARZKOPF, P., Hartstoffe und Hartmetalle. Springer-Verlag Wien (1953).

[5] AGTE, C. und PETRDLÍK, R., Tvrdékovy, Prace, Praha 1951.

[6] AGTE, C. und BECKER, K., Hartmetallwerkzeuge. Verlag Chemie G.m.b.H. Berlin (1937) 2. Auflage.

[7] RAPATZ, F., POLLACK, H. und HOLZBERGER, J., „Stahl und Eisen“, 58, 265 (1938).

[8] LAUSSMANN, H., Vortrag Berlin 1951.

[9] AGTE, C., Entwicklung der Hartmetalltechnik während der letzten Jahre in der Deutschen Demokratischen Republik. „Neue Hütte“, 2, 537 (1957) (Vortrag auf der 1. Internationalen pulvermetallurgischen Tagung 1957 in Eisenach).

[10] AGTE, C. und KOHLERMANN, R., Hilfsmetallarme Hartmetallegierungen. „Die Technik“, 12, 686 (1957) (Vortrag auf der 1. Internationalen pulvermetallurgischen Tagung 1957 in Eisenach).

[11] AGTE, C. und WEHNER, R., Schneidwerkstoffe für hohe und höchste Schnittgeschwindigkeiten. „Neue Hütte“, 1, 7, 421 (1955/56).

[12] WEHNER, R. und KOHLERMANN, R., Hartmetalle auf TiC-Basis für Schneidzwecke. „Fertigungstechnik“, 7, 498 (1957) (Vortrag auf der 1. Internationalen pulvermetallurgischen Tagung 1957 in Eisenach).

[13] SIEBEL, H. und FLECK, R., „Industrie-Anzeiger“, 273 (1957).

[14] Hersteller: Rand Development Corp., Cleveland.

[15] BÖHNE, C., „Maschinenmarkt“, 58, 15 (1957).

[16] BENESOVSKY, F., „Neue Hütte“, 2, 545 (1957).

[17] KIEFFER, R. und SCHWARZKOPF, P., Hartstoffe und Hartmetalle. Springer-Verlag Wien (1953) S. 329 und 330.

[18] SCHRÖTER, K. und DAWIHL, W., „Werkstattstechnik“, 31, 201 (1937).

[19] Die Entwicklung des Borkarbides „Norbide“ durch die Norton Corp., USA.

[20] Anonym., „Management Digest“, 12, 47 (1957).

[21] Techn. Rundschau, Bern, 49, 31 (1957).

[22] NOVOTNY, H. und VITOVEC., Vortrag Planseeseminar 1952 Reutte/Tirol.

[23] RYSCHKEWITSCH, E., Oxydkeramik der Einstoffsysteme. Springer-Verlag, Berlin-Göttingen-Heidelberg (1948).

[24] BÁRTA, Č., Vyrobá synthetického korundu a jeho vlastnosti in Pokroky práškové metalurgie, Praha 1954 NCSAV, S. 611.

[25] DRP 284 808 (1913) Allgem. Elektrizitäts-Gesellschaft A. G.

[26] JAEGER, G., „Zs. VDJ“, 89, 19 (1945).

[27] JAEGER, G., Die Umschau, Nr. 14 (1949).

[28] GEIGER, A., „Melliands Textilberichte“, 31, 671 (1950).

[29] KIEFFER, R. und SCHWARZKOPF, P., Hartstoffe und Hartmetalle. Springer-Verlag Wien (1953) S. 332.

[30] WEILL, „L'usine nouvelle“, Nr. de Printemps 1957.

[31] OSENBERG, W., „Maschinenbau/Der Betrieb“, 17, 127 (1938).
[32] RYSCHKEWITSCH, E., „Schweizer Arch. angew. Wiss. Technik“, 5, 203 (1939).
[33] RICHTER, W. und KAMMERICH, G., „Silikattechnik“, 6, 529 (1955).
[34] GRUDOW, P. P. und ZYGANOWA, M. P., Keramikbestückte Schneidwerkzeuge, B. G. Teubner Verlagsgesellschaft Leipzig (1954) S. 4.
[35] RICHTER, A., „Fertigungstechnik“, 7, 489 (1957).
[36] GELFLAND, O. E. und FUTORJAN, S. B., „Westnik Maschinostroenija“, 37, 50 (1957).
[37] KITAIGORSKIJ, J. J. und PAVLUSCHKIN, N. M., Keramika, Moskau 1953.
[38] BELJAJEW, M. F., „Stanki i instrument“, 11, 21 (1956).
[39] GRUDOW, P. P. und ZYGANOWA, M. P., Keramikbestückte Schneidwerkzeuge, B. G. Teubner Verlagsgesellschaft Leipzig 1954.
[40] KOVALENKO, G. D., „Stanki i instrument“ 35, 11 (1956).
[41] LIPSKIJ, J. D. und SUKAREW, J. A., „Stanki i instrument“, 37, 7 (1956).
[42] NOTIK, S. M. und KULIKOW, G. P., „Stanki i instrument“, 39, 7 (1956).
[43] RASTORTSCHEW, W. J., „Westnik Maschinostroenija“, 33, 6 (1956).
[44] SCHALNOW, V. A., „Stanki i instrument“, 26, 1 (1956).
[45] SCHICHAREW, V. J., „Stanki i instrument“, 19, 2 (1956).
[46] SCHICHAREW, V. J., „Westnik Maschinostroenija“, 42, 7 (1956).
[47] SEREBROVSKIJ, V. B., Maschgio, Moskau, 1953.
[48] KACER, V. A., „Stanki i instrument“, 28, 4 (1957).
[49] KARATAGUINE, A. M., „Westnik Maschinostroenija“, 4 (1955).
[50] Pokroky práškové metalurgie, Praha 1954 NCSAV.
[51] WOLFE, H. J. B., „Machine moderne“, Aprilheft, S. 27 (1954).
[52] VINTER, F., „Strojirenska vyroba“, 8, 362 (1956).
[53] BIERNAWSKI, W., Sinterkorund als Werkzeugstoff für das Zerspanen (Vortrag auf der polnischen Fachtagung „Konstruktion, Fertigung und Benutzung von Hartmetallwerkzeugen“ im Februar 1958 in Katowice).
[54] BIERNAWSKI, W., GIBAS, T., JÓZEFIK, A. und ZALESKI, K., „Mechanik“, Nr. 1, 33 (1958).
[55] BIERNAWSKI, W., „Mechanik“, Nr. 5—6, 229 (1957).
[56] BIERNAWSKI, W. und KACZMAREK, J., „Mechanik“, Nr. 5 (1953).
[57] GIBAS, T., „Szklo i Ceramika“, Nr. 2, 33 (1955).
[58] JÓZEFIK, A., „Mechanik“, Nr. 12 (1956).
[59] BARNA, G., „Magyar Technika“, Nr. 1, 49 (1954).
[60] TANGERMANN, E. J., „American Machinist“, 100, 154 (1956).
[61] SHAW, M. C., „Industrie-Anzeiger“, März 1957, 282.
[62] WOLFF, H., „Teknisk Information“, Stockholm, 1, 1 (1957).
[63] WEILL, „L'usine nouvelle“, Nr. de printemps 185, 1957.
[64] HINNÜBER, J., „Industrie-Anzeiger“ 71/72, 1082 (1956).
[65] HINNÜBER, J., Fortschrittliche Fertigung und moderne Werkzeugmaschinen. „Eisen“, 56 (1954).
[66] KOHLERMANN, R., in Fachkunde Spitzendreher Teil I, Kapitel Schneidkeramik, Verlag Volk und Wissen, Berlin (erscheint demnächst).
[67] RICHTER, A., „Fertigungstechnik“, 3, 479 (1953).
[68] RICHTER, A., „Fertigungstechnik“, 2, 291 (1952).
[69] WOLF, W., „Technische Gemeinschaft“, 3, 298 (1955).
[70] WOLF, W., „Der Maschinenbau“, 3, 122 (1954).
[71] Prospekt „Keramische Schneidplatten — Typ S“ (1954) DHZ Maschinen- und Fahrzeugbau, Niederlassung Eisenach, Referat Hartmetall, Immelborn/Thür.
[72] WP 88 86 (1955) (Richter, A., Wolf, W. und Weber, H., Oxydkeramische Schneidkörper mit Kohle- oder Metallzusatz).
[73] „Tägliche Rundschau“ vom 17. 11. 1953.
[74] BLACKBURN, A. R., SHEVLIN, T. S. und LOWERS, H. R., „Journ. Americ. Ceram. Soc.“, 32, 81 (1949).

[75] Koshuba, W. J. und Stavrolakis, J. A., „Iron Age", 168, Nr. 22 (1951) 77 und 168, Nr. 23, 154 (1951).
[76] Meyer-Hartwig, E., „Mitt. Deutsche Luftfahrtforschung", Nr. 785 (1944).
[77] Seith, W. und Schmecken, H., Heraeus Festschrift, Hanau (1950) 218.
[78] Dawihl, W., „Metallkunde", 43, 295 (1952).
[79] Shevlin, T. S., „Eng. Exp. Stat. News Ohio Univ.", 22, 22 (1950).
[80] Eisenkolb, F. und Richter, W., „Wiss. Zeitschrift der Techn. Hochschule Dresden", 3, 71 (1953/54).
[81] Agte, C. und Dübel, W., WP angemeldet (1955) — 401/39 821.
[82] Agte, C., „Fertigungstechnik", 7, 10, 446 (1957) (Vortrag auf der 1. Internationalen pulvermetallurgischen Tagung 1957 in Eisenach).
[83] Richter, A. und Mitarbeiter, WP angemeldet (1956).
[84] Barr, H. N., Cramer, G. D. und Koshuba, W. J., „Vortrag Electrochem. Soc., Cleveland 1950, „Ref. Powder Mat. Bull", 5, 62 (1950).
[85] Ueltz, H. F. G., „Journ. Americ. Ceram. Soc.", 33, 340 (1950).
[86] Agte, C., Kohlermann, R. und Dübel, W., WP angemeldet (1957) Auslandspatente beantragt.
[87] Economos, G. und Kingery, W. D., „Journ. Americ. Soc.", 36, 403 (1953).
[88] Eisenkolb, F., Die neuere Entwicklung der Pulvermetallurgie. VEB Verlag Technik, Berlin, 1955, S. 416.
[89] „Technische Gemeinschaft", 5, 444 (1957).
[90] Jokiel, „Kirow-Echo" vom 30. 8. 1957.
[91] Allihn, W., „Sächs. Landeszeitung" vom 21. 9. 1957.
[92] Jurowiecz, K., „Neues Deutschland" vom 11. 10. 1957.
[93] Agte, C. und Kohlermann, R., „Fertigungstechnik", 8, 4 (1958).
[94] Ryschkewitsch, E., „Ber. Dtsch. keram. Ges.", 25, 95 (1944).
[95] Glocker, R., Materialprüfung mit Röntgenstrahlen, Springer-Verlag, 3. Auflage (1949) S. 252.
[96] Grames, A., „Silikattechnik", 6, 347 (1955).
[97] Smothers, W. J. und Reynolds, H. J., „Journ. Americ. Ceram. Scc.", 37, 588 (1954).
[98] Campbell, J. B., Materials and Methods, May 1950.
[99] Fahlenbrach, H., „ETZ", 71, 295 (1950).
[100] Hausner, H. H., „Metal Industry", 14, 405 (1948).
[101] Skaupy, F., „Technik", 7, 157 (1947).
[102] Skaupy, F., Metallkeramik. Verlag Chemie, Neueste Ausgabe, Weilheim.
[103] Hausner, H. H., Internationale pulvermetallurgische Tagung 1948, Graz, (vorgetragen von F. Held, Zürich).
[104] Jellinghaus, W. und Toshimori Shuin, „Stahl und Eisen", 78, 419 (1958).
[105] Cronin, L. J., Refractory Cermets. Americ. Bull. Ceram. Soc., 30, 234 (1957).
[106] Irmscher, R., „Schweiz. Arch. angew. wiss. Technik", 20, 327 (1954).
[107] Shevlin, T. S. und Hauck, C. A., „Journ. Americ. Ceram. Soc.", 39, 64 (1956).
[108] Blackburn, R. A. und Shevlin, T. S., „Journ. Americ. Ceram. Soc.", 34, 327 (1951).
[109] Tacvorian, S., „Recherche Aéronautique", 33, 51 (1953).
[110] Hilvert, A. und Tacvorian, S., „Rev. Métallurg. Mém.", 54, 57 (1957).
[111] Mashinat, J. und Tacvorian, S., „Rev. Métallurg. Mém.", 54, 65 (1957).
[112] Carter, A., „Metallurgia", 49, 8 (1954).
[113] Eisenkolb, F. und Schatt, W., „Wiss. Zeitschrift der Techn. Hochschule Dresden", 6, 283 (1956/57).
[114] Eisenkolb, F. und Schatt, W., „Die Technik", 12, 824 (1957).
[115] Mc Bride, C. C., Greenhouse, H. M. und Shevlin, T. S., „Journ. Americ. Ceram. Soc.", 35, 28 (1952).
[116] Humenik, M. jr. und Kingery, W. D., „Journ. Americ. Ceram. Soc.", 37, 18 (1954).
[117] Agte, C. und Alterthum, H., „Zeitschr. für techn. Phys.", 11, 182 (1930).

[118] AGTE, C., Dissertation, Techn. Hochschule Charlottenburg, 1930.
[119] AGTE, C., KOHLERMANN, R. und DÜBEL, W., vgl. (82).
[120] KÖLBL, F., „Maschinenwelt und Elektrotechnik", 13, 7 (1958), sowie Vortrag am 21. 3. 1958 Wien.
[121] ULLMANN's Encyklopädie der technischen Chemie, 3. Auflage 1953, S. 331 und folgende, Verlag Urban und Schwarzenberg, München-Berlin.
[122] GION, L. und PERRIN, L., Techn. Rundschau, Bern, 1952, Nr. 52, Blatt 2.
[123] GION, L. und PERRIN, L., Machine moderne (1957), Heft 8.
[124] BALLHAUSEN, C., „Stahl und Eisen", 71, 1090 (1951).
[125] DRP 289 864 (1913).
[126] DRP 307 764 (1917).
[127] DRP 504 484 (1926).
[128] „Werkstoffe und Korrosion", 3, 401 (1952).
[129] „Die Umschau in Wissenschaft und Technik", 14, 432 (1949).
[130] RYSCHKEWITSCH, E.: Oxydkeramik der Einstoffsysteme. Springer-Verlag Berlin/Göttingen/Heidelberg 1948, S. 39—70.
[131] BONE, W. A. und TOWNEND, D. T. A., Flame and Combustion, London (1927), S. 200.
[132] SCHACK, A., Der industrielle Wärmeübergang. Verlag Stahleisen, Düsseldorf (1929).
[133] RYSCHKEWITSCH, E., „Chem. Fabrik", 1, 61 (1930).
[134] KIEFFER, R. und HOTOP, W., Pulvermetallurgie und Sinterwerkstoffe. Springer-Verlag Wien/Berlin, 1. Auflage (1943) S. 52 und 2. Auflage (1948).
[135] KIEFFER, R. und KRALL, F., „Elektrowärme", 12, 33—37 (1942).
[136] KANOLT, C. W., „Zs. f. anorgan. Chemie", 85, 1 (1941).
[137] KNOOP, F., PETERS, C. G. und EMERSON, W. B., „Journ. Res. Nat. Bur. Stand.", 23, 39 (1939).
[138] KRUSCHOV, M. M., „Zavod. Lab.", 15, 213 (1949).
[139] HANEMANN, H. und BERNHARDT, E. O., „Zs. für Metallkunde", 32, 35 (1940).
[140] SIEBEL, H. und FLECK, R., „Industrieanzeiger", 79, 12 (1957).
[141] RYSCHKEWITSCH, E., „Ber. Dtsch. Keram. Ges.", 22, 363 (1941).
[142] RYSCHKEWITSCH, E., Oxydkeramik der Einstoffsysteme. Springer-Verlag.
[143] HINNÜBER, J., „Industrieanzeiger", Essen (1957) S. 1082.
[144] RYSCHKEWITSCH, E., AP, Techn. Report Nr. 6330 (1950).
[145] AGTE, C. und KOHLERMANN, R., „Fertigungstechnik", 8, 4, 150 (1958).
[146] RYSCHKEWITSCH, E., „Ber. Dtsch. Keram. Ges.", 23, 243 (1942).
[147] EBERT, H. und TINGVALDT, C., „Physikal. Zeitschr.", 37, 471, (1936).
[148] VOSS, K., Unveröffentlichte Versuche (1957).
[149] ENGLE, E. W. und WULFF, J., Powder Metallurgy, Am Soc.. Met., Cleveland (1942) 436.
[150] SANDFORD, E. J., „Alloy Metals Rev.", 7, 2 (1949).
[151] AMMAN, E. und HINNÜBER, J., „Stahl und Eisen", 71, 1081 (1951).
[152] HINNÜBER, J., „ZVDJ", 92, 111 (1950).
[153] COMSTOCK, G. J., „Trans. Amer. Soc. Steel Treat.", 18, 993 (1930)
[154] MC KENNA, P. M., Am Inst. min. metallurg. Engrs. Techn. Publ., Nr. 897 (1938).
[155] GERDIEN, H., „Zs. f. Elektrochem.", 39, 13 (1933).
[156] DEMARQUEST, J. M., Métaux, 28 (1955) Nr. 329, A 340, S. 24.
[157] WILKES, G., „Journ. Americ. Ceram. Soc.", 15, 72 (1932).
[158] KIEFFER, R. und SCHWARZKOPF, P., Hartstoffe und Hartmetalle. Springer-Verlag Wien (1953), S. 688.
[159] RÖGENER, H., „Zs. f. Elektrochem.", 46, 25 (1941).
[160] GERDIEN, H., „Zs. f. Elektrochem.", 39, 39 (1933).
[161] RYSCHKEWITSCH, E., Oxydkeramik der Einstoffsysteme. Springer-Verlag Berlin/Göttingen/Heidelberg (1948) S. 100.
[162] EISENKOLB, F. und RICHTER, W., in F. EISENKOLB „Neuere Entwicklung der Pulvermetallurgie". VEB Verlag Technik, Berlin (1955) S. 419.

[163] Shevlin, T. S., Vortrag Electrochem. Soc. Cleveland 1950, Eng. Exp. Stat. New Ohio Univ., 22 (1950) Nr. 4, S. 22, 41/46.
[164] Strobel, E. und Richter, W., „Mischkeramische Werkstoffe“ in F. Eisenkolb: „Neuere Entwicklung der Pulvermetallurgie“. VEB Verlag Technik (1955) S. 411 bis 429.
[165] Ziemens, K. E., „Chem Zentralbl.“ II, 2994 (1940).
[166] Jaeger, G. und Krasemann, R., „Werkstoffe und Korrosion“, 3, 401 (1952).
[167] Becker, K., Hartstoffe. Verlag Chemie, Berlin (1932) 1.
[168] Dübel, W. und Warkentien, H., Unveröffentlichte Versuche (1957).
[169] Kieffer, R. und Schwarzkopf, P., Hartstoffe und Hartmetalle. Springer-Verlag Wien (1953) S. 522.
[170] Nieberding, O., Abnutzung von Metallen unter besonderer Berücksichtigung der Meßflächen von Lehren. VDJ-Verlag Berlin (1930).
[171] Nieberding, O. und Sporkart, K., „Werkstattstechnik“, 30, 221 (1936).
[172] Savin, N., „Werkstattstechnik“, 33, 165 (1939).
[173] Blake, H. N., „Proc. Amer. Soc. Test. Met.“, 28, II, 341 (1928).
[174] Kieffer, R. und Kölbl, F., Vortrag JPT, Graz, Ref. Nr. 28, „Powder Met. Bull.“, 4, 4 (1949).
[175] Avery, H. S., Hard Surfacing by Fusion Welding. Am. Broke Shoe Corp., New York (1947) S. 18ff.
[176] Ryschkewitsch, E., Oxydkeramik der Einstoffsysteme. Springer-Verlag Berlin/Göttingen/Heidelberg (1948) S. 116—126.
[177] Agte, C. und Petrdl'k, M., Vlastností kovových prášků a jechích měřeni, Praha 1953.
[178] Agte, C., Schönborn, H. und Schröter, K., „Zs. f. techn. Physik“, 7a, 293 (1925).
[179] Onitsch-Modl, E. M., in F. Benesovsky, 2. Planseeseminar „De re metallica“, Springer-Verlag Wien (1956) S. 427.
[180] Axer, H., Über die Ursachen des Werkzeugverschleißes an Hartmetall-Drehwerkzeugen, Dissertation TH Aachen (1956).
[181] Ostermann, G., Über die Ursachen des Werkzeugverschleißes. Forschungsbericht „Zerspanung“ II, Mitteilungen aus dem Laboratorium für Werkzeugmaschinen und Betriebslehre an der Rhein.-Westf. Techn. Hochschule Aachen.
[182] Dawihl, W. und Klingler, E., „VDJ-Zs.“, 100, 13, 560 (1958).
[183] Agte, C. und Wehner, R., Schneidwerkstoffe für hohe und höchste Schnittgeschwindigkeiten. „Neue Hütte“, 1, H. 7. (1955/56).
[184] Agte, C. und Kohlermann, R., „Fertigungstechnik“, 8, H. 8 (1958).
[185] Dawihl, W. und Klingler, E., Standzeit und Wirtschaftlichkeit oxydkeramischer Drehwerkzeuge, „VDJ-Zs.“, 100, 13, 562 (1958).
[186] Issajew, A. J., Kutschma, L. K. und Sorjew, N. N., Über die Anwendung von keramischen Werkstoffen zum Zerspanen von Metallen. Werkzeugmaschinen und Werkzeuge, Moskau (1952) H. 4, 12—14, Übersetzung: „Fertigungstechnik“, 3, 5, 70—71 (1953)
[187] Gelfland, O. E. und Futorjan, S. B., Die Einführung oxydkeramischer Werkzeuge. Mitteilungen für den Maschinenbau, April 1957, S. 50—56 (russisch).
[188] Kisselew, N., Befestigung keramischer Werkzeugschneiden, Moskau (1952) H. 8, 36. Übersetzung: „Fertigungstechnik“, 3, 5, 142 (1953).
[189] Beljajew, M. F., Mechanische Befestigung keramischer Plättchen. „Werkzeugmaschinen und Werkzeuge“, Moskau 1956, Nr. 11, 21—23.
[190] Kennedy, W. B., Keramische Werkstoffe für Schneidwerkzeuge. „Machine moderne“, S. 65—70, Sept. 1956.
[191] WPa 49 a/47 309.
[192] Urheber: Lehrstuhl für Fertigungstechnik an der Techn. Hochschule Dresden.
[193] Koloc, J., Nutzen und Anwendung keramischer Schneidwerkstoffe. „Techn. Rundschau“, Bern, Nr. 7, vom 15. 2. 1957, S. 10, 11 und 13.

[194] LÜDER, E., Handbuch der Löttechnik. Verlag Technik, Berlin (1952) S. 13.

[195] KRIWOUCHOW, W. A. und MARKOW, A. I., Befestigung von Schneidplättchen aus Keramik oder Hartmetall mit wärmebeständigem Klebstoff. „Fertigungstechnik", 3, 4, 112—113 (1953), (Übersetzung aus: Werkzeugmaschinen und Werkzeuge, Moskau, Heft 6, 35—36, 1952).

[196] PEKLENIK, J., Forschungsergebnisse und Erfahrungen beim Zerspanen mit keramischen Schneidplatten in der UdSSR und der Tschechoslowakei. „Industrie-Anzeiger" Nr. 20, März 1957, S. 280—282.

[197] Druckschrift des VEB Leuna-Werke „Walter Ulbricht".

[198] Schriftenreihe der CIBA Aktiengesellschaft, Basel.

[199] MÜLLER, M. E., Die Beherrschung der Spanform beim Drehen. „Werkstattstechnik und Maschinenbau", 47, 6, 269—273 (1957).

[200] Anonym., Die Spanformung beim Drehen mit Hartmetallwerkzeugen. „Technika", Nr. 13, 22. Juni 1956.

[201] TEN HORN, B. und SCHÜRMANN, R. A., Spanformung beim Drehen mit Hartmetall. „Mikrotecnic", IX (1955) S. 1—9.

[202] HENRIKSEN, E., Die Abmessungen der Spanbrechernute. „American Machinist", New York (1954) H. 9, 117—124.

[203] STANESCU, J., Gegenüberstellung verschiedener Spanbrecher für die Zerspanung von Stahl. „Fertigungstechnik", 6, 2, 65—70 (1956).

[204] RYWKIN, G. M. und SAMOILOW, B. J., Kinetische Spanbrechung beim Drehen. „Stanki i instrument", Moskau (1953) H. 12, 15—16.

[205] URBANEK, J. W., Diamanten als Feinstbearbeitungswerkzeuge. Deutscher Zeitschriften- und Fachbuchverlag G.m.b.H. Stuttgart, 1956, S. 41—53.

[206] „Werkstattstechnik und Maschinenbau", H. 7 (1956).

[207] WOLF, W., Das Drehen mit keramischen Schneiden. „Der Maschinenbau", Nr. 5, 123—124 (1954).

[209] DAWIHL, W. und KLINGLER, E., „VDJ-Zeitschrift", 100, 13, 1 (1958).

[210] WITTHOFF, J., Die Hartmetallwerkzeuge in der spanabhebenden Formgebung. Carl Hauser Verlag, München (1952) S. 28—37.

[211] KREKELER, K., Zerspanbarkeit der metallischen und nichtmetallischen Werkstoffe. Springer-Verlag Berlin (1951) S. 31.

[212] B.J.O.S. Final Rep. Nr. 1385 (1945) 66—81.

[213] HINNÜBER, J., „Techn. Mitteilungen" (Organ des Hauses der Technik), 47, 183 (1954).

[214] OPITZ, H., „Industrie-Anzeiger Essen" (1957) Nr. 20, S. 271.

[215] KÖLBL, F., „Österr. Maschinenmarkt und Elektrowirtschaft", 5, 396 (1950).

[216] AGTE, C. KOHLERMANN, R. und DÜBEL, W., WPa (1958).

[217] HEYMEL, E., Zerspanungstechnische Untersuchungen an keramischen Schneidstoffen. „Fertigungstechnik", 7, (1957) 496—497.

[218] HEYMEL, E., Anwendungsmöglichkeiten der Schneidkeramik. „Fertigungstechnik", 8, 2—9 (1958).

[219] REINHOLD, R., Befestigung keramischer Schneidplatten mittels Epoxydharz-Kleber. „Fertigungstechnik", 8, 353 (1958).

[220] ŠOLAJA, V., „The Institution of Production Engineers Journal" (1958) Juniheft.

[221] Prospektmaterial „Harith Schneidkeramik C 40", DHZ Maschinen- und Fahrzeugbau, Referat Hartmetall, Immelborn, Ausgabe Frühjahr 1958.

[222] Prospektmaterial der Gebr. Böhler & Co A.G. Düsseldorf-Oberkassel (1957).

[223] Prospektmaterial der Deutschen Edelstahlwerke A.G., Krefeld (1957) für die Schneidkeramik Titoxit.

[224] OPITZ, H. und SIEBEL, H., Oxydkeramische Werkzeuge für die spanende Fertigung. „Werkstattstechnik und Maschinenbau", 48, 2 (1958).

[225] SCHMIDT, A. O., PHILLIPS, W. J. und WILSON, G. F., Schneidversuche mit keramischen Schneidplatten bei Kearnay und Trecker. „Machinery", 63, 175 (1957).

[226] Metcalfe, A.G., zitiert bei SIEBEL, H. und FLECK, R., „Industrie-Anzeiger", 79, 15 (1957).
[227] SIEKMANN, H. J., Schneidkeramik oder Hartmetall? „Machinery", **63**, 204 (1956).
[228] SIEKMANN, H. J., GOLIBER, E. W. und STALKER, K. W., Einen Ausblick auf die Schneidwerkstoffe der Zukunft. „American Machinist", **100**, 160 (1956).
[229] SIEBEL, H., Zerspanungsuntersuchungen mit oxydkeramischen Schneidplatten. „Industrie-Anzeiger", Ausgabe „Werkzeugmaschine und Fertigungstechnik", **79**, 25 (1957).
[230] PEKLENIK, J., „Industrie-Anzeiger" Ausgabe „Werkzeugmaschine und Fertigungstechnik", **79**, 17 (1957).
[231] Anonym., „American Machinist", April 21, 1958, S. 122.
[232] SCHAUMANN, R., 3. Forschungs- und Konstruktionskolloquium „Werkzeugmaschinen und Betriebswissenschaft", Oktober 1957, München, Band I, Seiten C 1—C 6.
[233] AGTE, C., KOHLERMANN, R. und DÜBEL, W., (vgl. E. HEYMEL, Vortrag auf der Tagung „Zerspanungstechnik", Leipzig, Anfang November 1958).

Namenverzeichnis

Sachverzeichnis

Quellenverzeichnis

der Abbildungen, die Publikationen anderer Verlage entnommen wurden.
Die Wiedergabe erfolgt mit Genehmigung der aufgeführten Verlage.

Abb.-Nr.	erschienen in
3	R. Kieffer und P. Schwarzkopf: Hartstoffe und Hartmetalle, Springer-Verlag Wien, 1953, S. 582, Abb. 211.
4	dto. S. 344, Abb. 109.
11	Fertigungstechnik 7 (1957), Heft 10, S. 446, Bild 1.
12	dto. S. 447, Bild 2.
13	dto. S. 447, Bild 3.
14	Fertigungstechnik 8 (1958), Heft 4, S. 152, Bild 6.
15	dto. S. 152, Bild 5.
18a	dto. S. 152, Bild 2.
19a	dto. S. 152, Bild 3.
24	F. Eisenkolb: Die neuere Entwicklung der Pulvermetallurgie, VEB Verlag Technik Berlin, 1955, S. 423, Bild 179.
25	dto. S. 422, Bild 178.
34	Technische Rundschau Bern, vom 13. 12. 1957, Nr. 52, 2. Blatt, Bild 2 c
35	dto. Bild 2 b.
36	dto., Nebenabbildung zu 2 a.
37	dto., Nebenabbildung zu 2 b.
40	Prospekt „Liliput-Ofenanlage“, Degussa, Frankfurt a. M., Guthmutstraße 215.
41	E. Ryschkewitsch: Oxydkeramik der Einstoffsysteme, Springer-Verlag Berlin/Göttingen/Heidelberg, 1948, S. 61, Abb. 23.
42	R. Kieffer und W. Hotop: Sintereisen und Sinterstahl, Springer-Verlag Wien, 1948, S. 296, Abb. 145.
43	R. Kieffer und W. Hotop: Pulvermetallurgie und Sinterwerkstoffe, Springer-Verlag Berlin/Göttingen/Heidelberg, 1948, S. 52, Abb. 29 b.
46	Fertigungstechnik 7 (1957), Heft 10, S. 447, Bild 4.
47	E. Ryschkewitsch: Oxydkeramik der Einstoffsysteme, Springer-Verlag Berlin/Göttingen/Heidelberg, 1948, S. 94, Abb. 35.
48	F. Kölbl: Maschinenwelt und Elektrotechnik, XIII (1958) Heft 7, Abb. 1.
49	Fertigungstechnik 8 (1958), Heft 4, S. 151, Bild 1.
50	E. Ryschkewitsch: Oxydkeramik der Einstoffsysteme, Springer-Verlag Berlin/Göttingen/Heidelberg, 1948, S. 97, Abb. 37.
52	E. Ryschkewitsch: Oxydkeramik der Einstoffsysteme, Springer-Verlag Berlin/Göttingen/Heidelberg, 1948, S. 102, Abb. 39.

Abb.-Nr.	erschienen in
53	F. Eisenkolb: Die neuere Entwicklung der Pulvermetallurgie, VEB Verlag Technik Berlin, 1955, S. 419, Bild 176.
54	Fertigungstechnik 8 (1958), Heft 4, S. 152, Bild 4.
55	E. Ryschkewitsch: Oxydkeramik der Einstoffsysteme, Springer-Verlag Berlin/Göttingen/Heidelberg, 1948, S. 119, Abb. 52.
139	Fertigungstechnik 8 (1958), Heft 1, Bild 3.
148	Werkstattstechnik und Maschinenbau 48 (1958), Heft 1, S. 5, H. Opitz und H. Siebel: Oxydkeramische Werkzeuge für die spanende Fertigung.
150	VDJ-Zeitschrift 100 (1958) 13, 1. Mai, S. 560, Bild 5, W. Dawihl und E. Klingler: Standzeit und Wirtschaftlichkeit oxydkeramischer Drehwerkzeuge.
152	dto. Bild 6.
154	Werkstattstechnik und Maschinenbau 48 (1958), Heft 1, S. 6, Bild 12 a und 12 b.
155	Fertigungstechnik 8 (1958), Heft 8, S. 351, Bild 3.